全国高职高专食品类、保健品开发与管理专业“十三五”规划教材
（供食品营养与检测、食品质量与安全专业用）

食品安全与质量控制技术

主　编　张　挺
副主编　裴爱田　王延辉
编　者　（以姓氏笔画为序）
王延辉（浙江医药高等专科学校）
吴炎松（广州中认认证培训有限公司）
张　挺（广州城市职业学院）
欧爱芬（广州城市职业学院）
周　昀（福建生物工程职业技术学院）
黄佳佳（广东食品药品职业学院）
谢桂勉（揭阳职业技术学院）
裴爱田（淄博职业学院）

中国健康传媒集团
中国医药科技出版社

内容提要

本教材为“全国高职高专食品类、保健品开发与管理专业‘十三五’规划教材”之一，系根据本套教材的编写指导思想和原则要求，结合专业培养目标和本课程的教学目标、内容与任务要求编写而成。本教材具有专业针对性强、紧密结合新时代行业要求和社会用人需求、与职业技能鉴定相对接等特点；内容主要包括食品安全的危害因素及预防、食品质量控制方法、食品生产许可制度、食品良好生产规范（GMP）、卫生标准操作程序（SSOP）、危害分析与关键控制点（HACCP）、ISO 9001 质量管理体系、ISO 22000 食品安全管理体系、食品企业内部审核等。本教材为书网融合教材，即纸质教材有机融合电子教材、教学配套资源（PPT、微课、视频、图片等）、题库系统、数字化教学服务（在线教学、在线作业、在线考试）。

本教材主要供高职高专食品营养与检测、食品质量与安全专业师生使用，也可作为食品相关企业从业人员的参考用书。

图书在版编目（CIP）数据

食品安全与质量控制技术／张挺主编．—北京：中国医药科技出版社，2019.1

全国高职高专食品类、保健品开发与管理专业“十三五”规划教材

ISBN 978－7－5214－0592－7

Ⅰ．①食…　Ⅱ．①张…　Ⅲ．①食品安全－高等职业教育－教材 ②食品安全－质量控制－高等职业教育－教材　Ⅳ．①TS201.6 ②TS207.7

中国版本图书馆 CIP 数据核字（2018）第 266150 号

美术编辑　陈君杞
版式设计　南博文化

出版　**中国健康传媒集团**｜中国医药科技出版社
地址　北京市海淀区文慧园北路甲 22 号
邮编　100082
电话　发行：010－62227427　邮购：010－62236938
网址　www.cmstp.com
规格　889×1194mm 1/16
印张　13 1/4
字数　279 千字
版次　2019 年 1 月第 1 版
印次　2022 年 10 月第 5 次印刷
印刷　三河市百盛印装有限公司
经销　全国各地新华书店
书号　ISBN 978－7－5214－0592－7
定价　35.00 元

获取新书信息、投稿、为图书纠错，请扫码联系我们。

数字化教材编委会

主　编　张　挺

副主编　裴爱田　王延辉

编　者　（以姓氏笔画为序）

王延辉（浙江医药高等专科学校）

吴炎松（广州中认认证培训有限公司）

张　挺（广州城市职业学院）

欧爱芬（广州城市职业学院）

周　昀（福建生物工程职业技术学院）

黄佳佳（广东食品药品职业学院）

谢桂勉（揭阳职业技术学院）

裴爱田（淄博职业学院）

出版说明

为深入贯彻落实《国家中长期教育改革发展规划纲要（2010—2020年）》和《教育部关于全面提高高等职业教育教学质量的若干意见》等文件精神，不断推动职业教育教学改革，推进信息技术与职业教育融合，对接职业岗位的需求，强化职业能力培养，体现“工学结合”特色，教材内容与形式及呈现方式更加切合现代职业教育需求，以培养高素质技术技能型人才，在教育部、国家药品监督管理局的支持下，在本套教材建设指导委员会专家的指导和顶层设计下，中国医药科技出版社组织全国120余所高职高专院校240余名专家、教师历时近1年精心编撰了“全国高职高专食品类、保健品开发与管理专业‘十三五’规划教材”，该套教材即将付梓出版。

本套教材包括高职高专食品类、保健品开发与管理专业理论课程主干教材共计24门，主要供食品营养与检测、食品质量与安全、保健品开发与管理专业教学使用。

本套教材定位清晰、特色鲜明，主要体现在以下方面。

一、定位准确，体现教改精神及职教特色

教材编写专业定位准确，职教特色鲜明，各学科的知识系统、实用。以高职高专食品类、保健品开发与管理专业的人才培养目标为导向，以职业能力的培养为根本，突出了“能力本位”和“就业导向”的特色，以满足岗位需要、学教需要、社会需要，满足培养高素质技术技能型人才的需要。

二、适应行业发展，与时俱进构建教材内容

教材内容紧密结合新时代行业要求和社会用人需求，与职业技能鉴定相对接，吸收行业发展的新知识、新技术、新方法，体现了学科发展前沿、适当拓展知识面，为学生后续发展奠定了必要的基础。

三、遵循教材规律，注重“三基”“五性”

遵循教材编写的规律，坚持理论知识“必需、够用”为度的原则，体现“三基”“五性”“三特定”。结合高职高专教育模式发展中的多样性，在充分体现科学性、思想性、先进性的基础上，教材建设考虑了其全国范围的代表性和适用性，兼顾不同院校学生的需求，满足多数院校的教学需要。

四、创新编写模式，增强教材可读性

体现“工学结合”特色，凡适当的科目均采用“项目引领、任务驱动”的编写模式，设置“知识目标”“思考题”等模块，在不影响教材主体内容基础上适当设计了“知识链接”“案例导入”等模块，以培养学生理论联系实际以及分析问题和解决问题的能力，增强了教材的实用性和可读性，从而培养学生学习的积极性和主动性。

五、书网融合，使教与学更便捷、更轻松

全套教材为书网融合教材，即纸质教材与数字教材、配套教学资源、题库系统、数字化教学服务有机融合。通过“一书一码”的强关联，为读者提供全免费增值服务。按教材封底的提示激活教材后，读者可通过电脑、手机阅读电子教材和配套课程资源（PPT、微课、视频、动画、图片、文本等），并可在线进行同步练习，实时反馈答案和解析。同时，读者也可以直接扫描书中二维码，阅读与教材内容关联的课程资源（“扫码学一学”，轻松学习PPT课件；“扫码看一看”，即刻浏览微课、视频等教学资源；“扫码练一练”，随时做题检测学习效果），从而丰富学习体验，使学习更便捷。教师可通过电脑在线创建课程，与学生互动，开展布置和批改作业、在线组织考试、讨论与答疑等教学活动，学生通过电脑、手机均可实现在线作业、在线考试，提升学习效率，使教与学更轻松。

编写出版本套高质量教材，得到了全国知名专家的精心指导和各有关院校领导与编者的大力支持，在此一并表示衷心感谢。出版发行本套教材，希望受到广大师生欢迎，并在教学中积极使用本套教材和提出宝贵意见，以便修订完善，共同打造精品教材，为促进我国高职高专食品类、保健品开发与管理专业教育教学改革和人才培养做出积极贡献。

中国医药科技出版社

2019年1月

全国高职高专食品类、保健品开发与管理专业“十三五”规划教材

建设指导委员会

吴美香（湖南食品药品职业学院）
张　挺（广州城市职业学院）
张　谦（重庆医药高等专科学校）
张　镝（长春医学高等专科学校）
张迅捷（福建生物工程职业技术学院）
张宝勇（重庆医药高等专科学校）
陈　瑛（重庆三峡医药高等专科学校）
陈铭中（阳江职业技术学院）
陈梁军（福建生物工程职业技术学院）
林　真（福建生物工程职业技术学院）
欧阳卉（湖南食品药品职业学院）
周鸿燕（济源职业技术学院）
赵　琼（重庆医药高等专科学校）
赵　强（山东商务职业学院）
赵永敢（漯河医学高等专科学校）
赵冠里（广东食品药品职业学院）
钟旭美（阳江职业技术学院）
姜力源（山东药品食品职业学院）
洪文龙（江苏农林职业技术学院）
祝战斌（杨凌职业技术学院）
贺　伟（长春医学高等专科学校）
袁　忠（华南理工大学）
原克波（山东药品食品职业学院）
高江原（重庆医药高等专科学校）
黄建凡（福建卫生职业技术学院）
董会钰（山东药品食品职业学院）
谢小花（滁州职业技术学院）
裴爱田（淄博职业学院）

前言

QIANYAN

保障食品安全是建设健康中国、增进人民福祉的重要内容，是以人民为中心发展思想的具体体现。《“十三五”国家食品安全规划》指出“提高食品行业从业人员素质，开展食品安全法律法规、职业道德、安全管控等方面的培训。将食品安全教育纳入国民教育体系，作为公民法制和科学常识普及、职业技能培训等的重要内容”。加强食品安全人才培养和培训是促进保障食品安全的重要举措。

食品安全与质量控制技术是职业院校食品类等专业的必修课程，是食品类专业学生必须掌握的专业基础课和专业技能课。本教材紧贴国家食品安全政策法规及标准，密切联系食品及相关企业生产实际，系统介绍了食品安全与质量控制的专业知识和专业技能，每章均有知识目标、能力目标、课后思考题等，有利于学生知识的掌握和巩固。

本教材是根据全国高职高专食品类、保健品开发与管理专业培养目标和主要就业方向及职业能力要求，按照本套教材的编写指导思想和原则，结合本课程教学大纲，由全国多名职业院校教师和相关企业人员编写而成。全书共分十一章，内容主要包括食品安全的危害因素及预防、食品质量控制方法、食品生产许可制度、食品良好生产规范（GMP）、卫生标准操作程序（SSOP）、危害分析与关键控制点（HACCP）、ISO 9001 质量管理体系、ISO 22000 食品安全管理体系、食品企业内部审核等，并将纸质教材有机融合电子教材、教学配套资源、题库系统、数字化教学服务，以实现课堂教学和现场教学的延伸，有利于提高学生学习兴趣，培养出既具有一定的理论知识又有较强的操作技能的全面综合职业素质好的食品专业技术技能型人才。

本教材主要供食品营养与检测、食品质量与安全专业师生使用，也可作为食品相关企业单位从业人员的参考用书。

本教材实行主编负责制，其中第一、四、六章由张挺编写，第二章由周昀编写，第三章由裴爱田编写，第五章由黄佳佳编写，第七章由王延辉编写，第八章由欧爱芬编写，第九、十一章由吴炎松编写，第十章由谢桂勉编写。

本教材的编写借鉴、吸收了国内外的相关资料，各位编委及所在院校领导都给予了大力支持和帮助，谨此一并致谢！

由于编写时间仓促，编者水平有限，书中难免有纰漏和不妥之处，敬请使用本教材的师生和各位读者提出宝贵意见，以便再版时修订提高。

编　者

2019 年 1 月

目录

MULU

扫码“学一学”

第一章 绪 论

知识目标

1. 掌握 食品、食品安全、食品质量基本概念。
2. 熟悉 食品安全与质量控制的特殊性。
3. 了解 当今食品安全现状与发展趋势。

能力目标

能够分析我国食品安全现状与发展趋势。

一、食品

1. 食品的定义 在现实生活中，人们每天都会接触到很多食品，但对具体食品的定义可能会相对较模糊。

《食品工业基本术语》对食品的定义：可供人类食用或饮用的物质，包括加工食品（如罐头食品、面包）、半成品（如净菜、保鲜肉）和未加工食品（水果类），不包括烟草或只作药品用的物质。

《中华人民共和国食品安全法》对食品的法律定义：各种供人食用或者饮用的成品和原料以及按照传统既是食品又是中药材的物品，但是不包括以治疗为目的的物品。

上述两个对食品的定义比较全面地描述了人们所见到的食品，但只是对最终产品的描述。从全面质量管理的角度来讲，广义的食品概念还应涉及所生产食品的原料、原料种养殖过程中接触到的物质和环境、食品的添加物、所有直接或间接接触食品的包装材料、生产设施以及影响食品原有品质的环境。

2. 食品的特性 首先，食品应具有一定的色、香、味、质地和外形；其次，是含有人体需要的各种蛋白质、脂肪、碳水化合物、维生素、矿物质等营养素；第三，也是最重要的就是它们必须是无毒无害。也就是说，食品必须在洁净卫生的环境下种养殖、生产加工、包装、贮藏、运输和销售。由此可以得出食品的主要特点如下。

第一，食品对卫生的要求比较高。食品的卫生直接关系到人类的生命和健康，国内外发生的食物中毒事件，很多是由于不卫生的物质之间发生交叉污染所致。2002 年，国家质量监督检验总局对老五类食品即面、米、油、酱油、醋实施质量安全市场准入制度，即 QS 认证，要求这五类食品必须获得认证后才有资格进行生产和销售。

第二，食品是为人类提供营养的，是通过食用或饮用来实现它的使用价值，也就是满足人们的生理需求。

第三，食品只能使用一次，而其他产品一般可以重复使用。如水杯可以重复使用，而食品提供给人体营养素后就完成使命。

二、食品安全

1. 食品安全的定义 食品安全，一是讲保障食物的供应方面的安全，即从数量的角度，要使人们既能买得到，又买得起所需要的食品；二是讲食品质量对人体健康方面的安全，即从质量的角度，要求食品的营养全面、结构合理、卫生健康。

世界卫生组织（World Health Organization，WHO）将“食品安全（food safety）”定义为：食物中有毒、有害物质对人体健康影响的公共卫生问题。1997 年 WHO 在其发表的《加强国家级食品安全性计划指南》中把食品安全解释为“对食品按其原定用途进行制作和食用时不会使消费者受害的一种担保”。

真正意义上的食品安全可以从五方面来评价。

（1）营养成分　食品的用途之一就是为食用者提供必要的营养，但食品提供的营养成分过剩或缺失，都会造成对人体的营养性危害，特别是对特定人群危害更大。如 2004 年发生在安徽阜阳的“大头娃娃奶粉”事件，就是因为奶粉中营养素严重缺乏，致使婴儿停止生长，四肢短小，身体瘦弱，脑袋尤显偏大，被当地人称为“大头娃娃”。

（2）天然成分　指食品天然自带、生长产生、贮存生成的某些物质。如河豚鱼体内的神经毒素，其毒性是剧毒氰化物的几百倍，只有通过特殊的烹饪加工制作才能消除体内的毒性；玉米在贮藏不当时产生黄曲霉毒素等。

（3）微生物污染食品　是微生物生长的良好培养基。食品的腐败变质、食物中毒和食源性疾病绝大多数都是由微生物引起。

（4）食品添加剂　是国家允许的，实行限用；国家禁用的，不得添加使用。违背这个原则，就会造成食品安全风险。

（5）化学成分　指食物中含有有毒、有害化学物质，包括直接加入的和间接带入的。化学物质达到一定水平可引起急性中毒。如米粉、腐竹使用“吊白块”等，都是加入了化学成分的典型例子。

综上所述，食品安全是指食品既无危害又无危险，既不存在对人体有害的因素，也不造成对人体有害的近期或远期影响，兼具食品营养和安全要求，才是真正意义上的食品安全。

2. 食品安全现状 目前，食品安全问题突出表现在以下六方面：①微生物污染造成的食源性疾病问题是首要问题；②环境污染在一定程度上仍相当严重；③新技术、新工艺、新资源也带来了食品安全的新问题；④落后的加工工艺和贮存运输条件造成污染相当严重；⑤掺假作伪现象依然层出不穷；⑥食品安全问题已经严重影响到食品的贸易。

三、食品质量管理概述

（一）食品质量

1. 质量的定义 质量一词非常抽象，不同的人，由于所学专业、从事行业、年龄、素质、经验、时间、需求、文化水平等不同，对质量的理解也不同。美国质量管理专家戴明博士认为：“质量是从客户的观点出发加强到产品上的东西”；世界著名质量专家塔古奇博

士将质量定义为："质量是客户感受到的东西"；世界著名统计工程管理学专家道里安·舍宁认为"质量是客户的满意、热情和忠诚"；海尔集团总裁张瑞敏先生认为："质量意味着产品无缺陷"，"质量是产品的生命，信誉是企业的灵魂，产品合格不是标准，用户满意才是目的"。

国际标准化组织（International Organization for Standardization，ISO）在 ISO 9000：2000《质量管理体系：基础和术语》中对质量的定义是："一组固有特性满足要求的程度"。

特性分为固有特性和赋予的特性。固有特性是指事物本来就有的特性，如火腿中含有蛋白质和脂肪等营养素，含有人体所需的营养物质是火腿本来就有的特性；水果蔬菜中含有叶绿素而呈现绿色等。赋予的特性是指人为增加或给予事物的特性，如在火腿中添加亚硝酸盐和红曲色素，使其呈现红色；食品的价格；鲜奶、冷鲜肉在运输过程中要求在低温条件下运输和贮藏等。

要求可分为明示的、隐含的和必须履行的需求或期望。

明示的要求是指明确提出来的或规定的要求。如在水果买卖合同中明确提出水果的大小或顾客口头明确提出的要求。

隐含的要求是指组织、顾客和其他相关方的惯例或一般做法，所考虑的需求或期望是不言而喻的。例如采购方便面，只需要提出购买某一品牌的方便面就可以了，而不用单独提出方便面必须是安全的或要满足相应的国家标准，因为只要是生产食品，食品企业就知道必须满足这些要求。

必须履行的是指法律法规要求的或有强制性标准要求的。例如出口食品企业必须进行卫生注册或登记；必须通过食品生产许可，危害分析与关键控制点（hazard analysis critical control point，HACCP）或 ISO 9001 认证等。

从质量的概念中可以理解到：质量的内涵是由一组固有特性组成，并且这些固有特性是以满足顾客及其他相关方所要求能力加以表征。质量具有经济性、广义性、时效性和相对性。

（1）质量的经济性 人们在日常生活中经常要求"货真价实，物美价廉"实际上是反映了人们的价值取向，物有所值就表明质量有经济性的表征。企业从事生产活动，目的就是以最好的产品最大限度地满足顾客的需求，以求获得最大的利润。

（2）质量的广义性 质量不仅指产品质量，而且还包括过程质量、部门质量、体系质量、管理质量。在食品生产过程中，要按照全面质量管理的思想，实现"从农田到餐桌"的全程食品质量控制。

（3）质量的时效性 随着技术水平和人们生活水平的提高，对质量的要求也在不断提高，各种标准也在不断地被修订，旧的标准逐渐被淘汰。例如原先被顾客认为质量好的产品可能会因为顾客要求的提高而不再受到顾客的欢迎。因此，食品企业应不断地调整对质量的要求。

（4）质量的相对性 不同的人对质量的要求是不同的，因此会对同一产品的功能提出不同的需求，也可能对同一产品的同一功能提出不同的需求。例如薯片，有的人喜欢番茄酱口味的，有的人喜欢吃咸味的。因此，需求不同，质量要求也就不同。

通过以上内容可以总结出食品质量的定义，即食品的一组固有特性（营养、安全、色、香、味、质、形等）满足消费者需求的程度。

2. 质量形成过程

（1）质量环　任何产品都要经历设计、制造和使用的过程，食品质量相应也有一个产生、形成和实现的过程，这一过程由按照一定的逻辑顺序进行的一系列活动构成。人们往往用一个不断循环的圆环来表示这一过程并称之为质量环。它是对产品质量的产生、形成和实现过程进行的抽象描述和理论概括。过程中的一系列活动一环扣一环，互相制约、互相依存、互相促进。过程不断循环，每经过一次循环，就意味着产品质量的一次提高。通过将食品质量形成的全过程分解为若干相互联系而又相对独立的阶段，就可以对之进行有效的控制和管理。

任何产品质量的形成基本遵循这样的过程：市场调研→产品研发→生产设计→采购→生产制造→检验→包装→贮存→运输→销售→服务—营销和市场调研。

首先进行市场调研，了解顾客对烤鸡的消费需求（烤鸡的大小、价格、风味、宗教信仰等），针对顾客需求进行产品的研发以及生产工艺的设计，接着根据设计采购所需的原料，然后进行烤制、检验、包装、运输和销售；服务的内容主要包括食用方法、保存方法等；销售和服务的过程中，通过调研了解烤鸡存在的问题，以备下次烤制过程中进行改进。

（2）质量螺旋　美国质量管理专家朱兰于20世纪60年代用一条螺旋曲线来表示质量的形成过程，称之为朱兰质量螺旋曲线。在朱兰质量螺旋曲线图上可以看到，产品质量的形成由市场研究、开发（研制）、设计、制定产品规格、制定工艺、采购、仪器仪表以及设备装置、生产、工序控制、检验、测试、销售、服务共13个环节组成；产品质量形成的各个环节环环相扣，周而复始，不断循环上升。

（3）朱兰三部曲　朱兰博士认为质量管理是由质量策划、质量控制和质量改进三个相互联系的阶段所构成的一个逻辑的过程，每个阶段都有其关注的目标和实现目标的相应手段。

质量策划指明确企业的产品和服务所要达到的质量目标，并为实现这些目标所必需的各种活动进行规划和部署的过程。

质量控制就是为实现质量目标，采取措施满足质量要求的过程。

质量改进是指突破原有计划从而实现前所未有的质量水平的过程。

在质量管理的三部曲中，质量策划明确了质量管理所要达到的目标以及实现这些目标的途径，是质量管理的前提和基础；质量控制确保事物按照计划的方式进行，是实现质量目标的保障；质量改进则意味着质量水平的飞跃，标志着质量活动是以一种螺旋式上升的方式在不断攀登和提高。

3. 质量决定因素　从食品质量形成过程来看，食品质量是否能够满足消费者的要求，取决于四个因素：开发设计质量、生产制造质量、食用质量和服务质量。

（1）开发设计质量　开发设计是产品质量形成最为关键的阶段。设计一旦完成，产品的固有质量也就随之确定。食品质量设计的好坏，直接影响着消费者的购买和产品的食用安全。食品的开发设计主要包括产品的配方、加工工艺及流程、所需要的生产原料、生产设备、包装、运输和贮藏条件等。每一个环节设计出现问题，都将影响着最终产品的质量和安全。世界快餐巨头麦当劳和肯德基每年都会针对不同的消费群体开发出不同的产品，而且花样百出，从而吸引更多的消费者。

（2）生产制造质量　生产制造是将设计的成果转化为现实的产品，是产品形成的主要

环节。没有生产制造，就不可能有人们所需要的食品。生产制造质量体现在生产设备的稳定性、先进性及消毒、清洗和维修保养情况，生产人员的技术和管理水平以及管理体系运行情况等。

（3）食用质量 主要包括产品的颜色、风味、气味、口感、营养、安全以及食用方便等。食用质量是食品的价值体现，它的好坏直接决定着消费者是否重复购买或将其介绍给亲朋好友。

（4）服务质量 是产品质量的延续。服务质量体现了一个企业对顾客的重视，是企业形象的体现。每一个企业的产品不可能 100% 的完美，出现质量问题，能够及时跟上服务，是对产品质量的弥补，可以挽回企业的损失和声誉。

4. 食品质量管理 ISO 9000 标准对质量管理的定义是："在质量方面指挥和控制组织的协调的活动。"这里的活动通常包括制定质量方针和质量目标以及质量策划、质量控制、质量保证和质量改进。

食品质量管理就是为保证和提高食品质量所进行的质量策划、质量控制、质量保证和质量改进等活动的总称。

（二）食品安全与质量管理的重要性

1. 保障消费者的健康和生命安全 众所周知食品安全和质量管理工作的重要性，因食品在一定程度上影响着人们的身心健康，特别是对特定人群的身体健康的影响尤为明显，如长时间食用缺碘盐可能会引发甲状腺肿等病。

2. 提高产品的市场竞争力 产品质量与安全反映了一个企业的技术水平和管理水平。质量好的产品，在市场竞争中处于优势地位。每一个企业首先应该把产品质量放在第一位。例如世界快餐界的老大"麦当劳"的经营理念是"QSCV"，它们分别是英文 Quality，Service，Cleanness，Value 的第一个字母，意思是麦当劳为世人提供品质上乘、服务周到、环保清洁、物有所值的产品与服务，就是这种理念及其行为，使麦当劳在激烈的市场竞争中长期立于不败之地，跻身于世界强手之林。

所有麦当劳快餐店出售的汉堡包都严格执行规定的质量和配料。例如，要求牛肉原料必须挑选精瘦肉，不能含有内脏等下货，脂肪含量也不得超过 19%；与汉堡包一起销售的炸薯条，所用的马铃薯是专门培植并精心挑选的，再通过适当的贮存时间调整淀粉和糖的含量，放入可以调温的炸锅中油炸，立即供应给顾客。在保证质量的同时，他们还要求烧好的牛肉饼出炉后 10 分钟及法式炸薯条炸好后 7 分钟之内若尚未售出必须将它扔掉不再供应顾客，从而保证了鲜美的味道，汉堡包不仅新鲜可口而且营养搭配合理。由于到麦当劳快餐店就餐的顾客来自不同的阶层，具有不同的年龄、性别和爱好，因此，汉堡包的口味及快餐的菜谱、佐料也迎合不同的口味和要求，人们常对它的优质赞叹不已。

3. 促进国际贸易，规避各种壁垒 目前，与食品安全相关的贸易壁垒，主要是技术壁垒，成为国际贸易壁垒的主要内容之一，国际食品的自由贸易也为此受到了严重影响，其中的部分措施为保护消费者健康和安全所必需。但同时，由于世界贸易组织（World Trade Organization，WTO）相关协定具体条款的模糊性以及技术堡垒本身的技术性，很难对其中的必要措施和变相的贸易保护进行区分。这就难免造成泥沙俱下、鱼龙混杂，贸易保护主义假借食品质量与安全之名大行其道，对国际贸易造成不良影响。

自1995年WTO成立以来，WTO成员所做的《实施卫生与植物卫生措施协定》（SPS）通报逐年增加。这些通报可能一部分是技术壁垒，但其中的某些措施将对国际食品自由贸易造成障碍，甚至是扭曲。关于食品贸易的国际纠纷也成为WTO贸易纠纷的主要内容之一。

思考题

1. 食品的定义是什么？
2. 简述食品的主要特点。
3. 食品安全的定义是什么？
4. 食品加工中影响食品安全的危害因素有哪三类？
5. 食品质量的特点是什么？

（张 挺）

第二章　影响食品安全的危害因素及其预防措施

知识目标

1. 掌握　食品安全危害的种类、特性及其预防措施。
2. 熟悉　各类食品安全危害的区别，常见食品污染物的来源。
3. 了解　食品过敏原和流通环节易出现的危害及各类危害的检测手段。

能力目标

1. 能够分析和判断各类食品安全危害因素及性质。
2. 能够分析食品生产环节各类食品安全危害的来源。
3. 能够制定食品安全危害预防措施。

第一节　食品安全危害概述

扫码“学一学”

一、食品安全危害的定义及主要类型

食品安全危害是指潜在损坏或危及食品安全和质量的因子或因素，包括生物、化学以及物理性的危害，对人体健康和生命安全造成危险。一旦食品含有这些危害因素或者受到这些危害因素的污染，就会成为具有潜在危害的食品，给人体造成危害。

食品安全危害可分为 3 种类型：生物性、化学性和物理性。食品安全危害因子存在于这 3 种类型中。它们可以侵袭到从“农田到餐桌”的整个食物链的任何一个环节，造成食品（原料、半成品、成品）有毒有害，成为有毒食品。

二、食品安全危害导致的后果

食品安全危害导致的后果是食源性疾病。世界卫生组织认为，凡是通过摄食进入人体的各种致病因子引起的，通常具有感染性的或中毒性食源性疾病的一类疾病，都称之为食源性疾病。即指通过食物传播的方式和途径致使病原物质进入人体并引发的中毒或感染性疾病。从这个概念出发应当不包括一些与饮食有关的慢性病、代谢病，如糖尿病、高血压等，然而国际上有人把这类疾病也归为食源性疾患的范畴。顾名思义，凡与摄食有关的一切疾病（包括传染性和非传染性疾病）均属食源性疾患。

食源性疾病依致病种类、毒力大小、人体免疫力强弱，可造成以下 3 种状态：急性反应、亚急性反应、慢性反应。一般来说，存在于食品中的生物性危害因子常常导致急性反应，表现为各种食物中毒，构成当前突发公共卫生事件的主要因素。化学危害因子的种类较多，清晰到食品上的种类、剂量与环境条件、工艺过程、人为因素有密切关系。食品安全危害因子对人体健康的有害作用之一是导致急性表现，具有群体性、突发性、广泛性与社会性。但由于食品安全危害因子的毒性作用存在着剂量与反应关系，再加上目前食品安全控制技术的有限性，食品安全危害因子所导致的人体健康的亚急性、慢性反应构成与急性反应同等重要的威胁效果。

扫码“学一学”

第二节　生物性危害因素及其预防措施

食品在生产、加工或贮运不当时，极易遭受生物性污染，尤其是大量预包装食品的出现，进一步增加了其遭受生物性危害的风险，导致人体健康危害的同时，也给食品工业带来巨大经济损失。一般来说，食品中的生物性危害包括微生物、寄生虫和昆虫等的污染。到目前为止，生物性危害仍是整个食品工业中最重要的食源性危害。

微生物导致的中毒包括微生物增殖和微生物产生的有毒代谢物引起的中毒。不同的微生物产生的毒素各有特点，因此引起的后果也各有特点。根据其各自污染食物的途径进行针对性预防措施是极其有效的。

一、微生物污染

在食品生物性危害中，微生物污染所占比重最大，危害也较大，主要有细菌、真菌与真菌毒素和病毒。目前国际上认为食品危害人体健康的最大问题是由微生物引起的食物中毒。据国家相关卫生部门对全国食物中毒事件情况的通报显示，在引起食物中毒的各类原因中，由微生物引起的食物中毒事件在历年来都是最多。

（一）细菌

细菌是食品加工、销售过程中的重要污染来源之一。据国内外统计，细菌性食物中毒在各种食品中毒中所占比例最大。常见的细菌有致病菌、条件致病菌和非致病菌。致病菌污染食品后能使人出现病症；条件致病菌在一般条件下不致病，但是条件发生变化时有可能致病；非致病菌一般不引起人类疾病，但它们可引起食品的腐败变质，并为致病菌的生长繁殖提供条件，而在食品腐败变质时，一些细菌的代谢产物也会对人体产生危害。

常见的致病性细菌有志贺菌属（如痢疾杆菌）、沙门菌属、弧菌属（如霍乱弧菌）、致病性大肠埃希菌、变形杆菌、副溶血性孤菌、葡萄球菌、肉毒梭状芽孢杆菌、蜡样芽孢杆菌、单核细胞增生李斯特菌等。

1. 细菌污染食品的途径

（1）加工前食品原料的污染　食品原料在采集、加工之前表面往往被水中、土壤中的细菌污染，尤其在原料破损之处会聚集大量的细菌，使用未达卫生标准的水对原料进行预处理时，也会引起细菌污染。

（2）加工过程中的污染　直接接触（半成品、成品）的从业人员不严格执行卫生操作程序引起的细菌污染。从业人员的工作衣帽如果不定期清洗消毒，就会滋生大量的细菌，带病的从业人员工作时与食品接触，或者工作时谈话、咳嗽、打喷嚏会直接或间接引起细

菌污染。生产车间内外环境未达卫生标准也会造成细菌污染。

(3) 加工后贮存、运输、销售过程中的污染　存放食品的器具及容器导致的细菌污染。不洁净的食品加工设备、包装器具、运输工具等，都会引起不同程度的细菌污染。

(4) 烹调过程中的污染　各类食品在加工过程中未能做到生熟分开，未能彻底将食品烧熟煮透，能使食品中已经存在或污染的细菌大量生长繁殖，从而降低食品安全性。

2. 评价食品卫生质量的细菌污染指数　我国现行食品卫生标准中常用微生物指标有四种：菌落总数、大肠菌群、致病菌和霉菌、酵母菌数。一般将菌落总数及大肠菌群作为食品卫生质量的鉴定指标。菌落总数是指被检验食品中单位质量［体积（mL）或表面积（cm^2）］内所含的细菌数，菌落总数虽然不一定代表食品对人体健康的危害程度，但却反映了食品的卫生质量，是食品清洁状态的指标。肠杆菌科的埃希菌属、柠檬酸杆菌属、肠杆菌属和克雷伯菌属统称为大肠菌群，大肠菌群是肠道致病菌污染食品的指示菌，许多国家把大肠菌群数用于判断食品是否受动物粪便和肠道致病菌的污染，是食品被污染的指标。

3. 食品中常见的细菌　在历史数据中，副溶血性弧菌以及葡萄球菌、沙门菌属、志贺菌属等是细菌性食物中毒的首要致病因素，但近年来以上致病源均处于下降状态，而大肠菌科以及变形杆菌属的致病率在逐年上升。随着人们生活水平的不断提升以及生活方式的多样化，导致出现了新的病原菌，导致人们出现食物中毒，例如“O139”霍乱弧菌、“O157”大肠埃希菌等，虽然此类疾病在我国未大面积流行，但是从疾病的发展趋势来看，也需要引起全社会的重视。

(1) 大肠埃希菌与大肠埃希菌 O157：H7　大肠埃希杆菌又称大肠埃希菌在肠道内的正常繁殖对人体是基本无害的，如果它侵入了其他组织和器官，就会引发肠外的感染。大肠埃希菌 O157：H7，则是肠出血性大肠埃希菌中的一个最常见类型，是大肠埃希菌的一种特殊血清型，这种血清型又叫“肠出血性大肠埃希菌”，能够导致人类患上腹泻等疾病，严重时会导致死亡。大肠埃希菌 O157：H7 是两端钝圆的革兰阴性菌，周身鞭毛，能运动，最适的生长温度为 37 ℃。它能够引起人畜共患，比如猪、牛、羊和家禽等动物都可以作为宿主来传播。此外水源性传播是大肠埃希菌 O157：H7 的次要传播途径。其大量繁殖中会产生类似志贺毒素的内毒素。

大肠埃希菌 O157：H7 对热敏感，在 60 ℃、30 分钟或 75 ℃、1 分钟，可被杀死。原则上说应特别注意食品卫生，生熟食分开，不喝生水，不食不洁的食品，避免与患者密切接触就可避免广泛传播。

(2) 副溶血性弧菌　副溶血性弧菌是一种重要的食源性致病菌。广泛存在于鱼贝虾蟹等海产品中，其特点是必须在有盐分的环境中才能生长，因此被称为嗜盐性弧菌。人们在食用被该菌污染的水产品后，极易引起急性肠胃炎，严重时会引起脱水和其他并发症，甚至引起死亡。副溶血性弧菌是一种革兰阴性，多形态球杆菌。大多数菌体在液体培养基中有单端鞭毛、能运动。副溶血性弧菌能够在温度为 5 ~ 44 ℃范围内生长，但以 30 ~ 35 ℃为最佳。耐热直接溶血毒素被认为是该菌的主要毒力因子。

引起副溶血性弧菌中毒的食物除海产品外，还有凉拌菜和熟食制品等，由于从业人员卫生意识不强，交叉污染和再次污染的现象经常发生。受到副溶血性弧菌污染的食物，在较高温度下存放，食用前不加热，或加热不彻底，即可引起食物中毒。对于经常食用海产品的地区，要做到尽量采购新鲜的海产品，并在低温下贮藏，加工过程中要煮熟、煮透，

切生、熟食物的厨具要分开，用完后进行严格的消毒处理。同时，生、熟食物应分开放置，避免造成交叉污染。

（3）金黄色葡萄球菌　金黄色葡萄球菌广泛存在于自然界中，它为哺乳动物和鸟类皮肤及黏膜的正常菌群。在人体中主要存在于皮肤、黏膜以及外界相通的各种腔道中，特别是鼻咽部。为一种需氧或兼性厌氧革兰阳性球型细菌，营养要求不高，对不良环境抵抗力较强。肠毒素在该菌的致病中起重要的作用，有 70% 以上的金黄色葡萄球菌株产生一种或多种肠毒素，进入消化道后主要引起恶心、呕吐、腹痛、腹泻等症状，很少出现死亡病例。

金黄色葡萄球菌污染的食品主要为乳制品、蛋及蛋制品、各类熟肉制品，其次是含有乳类的冷冻食品等。食品成分、食品的生产、运输和销售环境、气候条件以及社会因素（如公共卫生）都可能对食品中金黄色葡萄球菌的污染率有较大的影响。预防金黄色葡萄球菌食物中毒需依靠良好的卫生规范，从食品的原料、加工、运输、贮藏以及销售等全过程进行控制，减少食品从业人员和保存环境对食品的污染。同时，通过冷藏保存、降低水活度等措施抑制金黄色葡萄球菌的生长和肠毒素的产生，能有效预防金黄色葡萄球菌引起的食物中毒。

（4）沙门菌　沙门菌是一种常见的人兽共患病原菌，是一类条件性细胞内寄生的革兰阴性肠杆菌。无牙孢，呈直杆状，一般无荚膜，大多有周身鞭毛，营养要求不高，需氧和兼性厌氧，最适宜温度 35 ~ 37 ℃。沙门菌有较强的内毒素，根据侵入机体沙门菌菌种的不同，在临床上引起四种不同的疾病：①伤寒、副伤寒；②食物中毒（急性胃肠炎）；③慢性肠炎；④败血症。

在沙门菌感染过程中病畜和带菌者是沙门菌病的主要传染源。蛋、家禽和肉类产品是其主要传播媒介。患病的人和动物机体内长期带菌和排菌，造成沙门菌的交叉污染。沙门菌食物中毒主要发生于夏、秋季节，引起中毒的食物主要为肉类、禽类、蛋类和奶类，豆制品和糕点有时也发生。其预防主要应采取积极措施，控制感染沙门菌的病畜肉类流入市场，加强卫生管理，生熟分开以防交叉感染。切断传播途径，保证杀菌的彻底性。对接触动物的所有人、动物预先接种沙门菌疫苗，增强免疫力。

（5）肉毒梭菌　肉毒梭菌是一种革兰阳性厌氧细菌，其广泛存在于土壤、鱼和家畜的肠内及粪便中，在罐头食品及密封腌制食品中具有极强的生存能力，菌体本身对人体没有危害，并且一般的加热手段就能将其杀死。但是肉毒杆菌在适宜的生长环境条件下会产生肉毒毒素，而肉毒毒素是目前发现的毒性最强的毒物之一。虽然肉毒毒素的毒性比较大，但它本身对热不稳定，100 ℃煮沸 10 分钟即可破坏。当肉毒杆菌逆境环境下存在时，为了保护自己就会形成芽孢，芽孢在一般加热条件下很难杀死，遇到适宜的环境条件芽孢就会“苏醒”。

引起肉毒毒素中毒的食品通常是因为食品原料被肉毒杆菌污染或食品在加工过程中未进行充分的加热处理，未杀灭芽孢等导致食品可能含有一定量的肉毒毒素。引起肉毒中毒的食品，常因人们的饮食习惯、膳食组成和食品制作工艺的不同而有差别。我国引起中毒的食品大多是家庭自制的发酵食品和腌制食品，也有少数是各种不新鲜肉、蛋、鱼类食品。肉毒毒素被人体吸收后，经淋巴和血液循环在人体内扩散，导致肌肉松弛性麻痹。最根本的预防措施是加强卫生管理，改进加工、贮存方式，改善饮食习惯。

（6）单核细胞增生李斯特菌　单核细胞增生性李斯特菌属于李斯特菌属，是革兰阴性

短杆菌，无芽孢，生长环境是需氧和兼性厌氧，可在极端的环境中生长和存活，耐高盐环境，能忍受冷冻和干燥，对热的抵抗力较弱，60 ℃、30 分钟灭活，对化学杀菌及紫外线照射均较敏感。单增李斯特菌在自然界中广泛存在，由于其能耐各种极端环境可造成多种食品的污染，如乳及乳制品、肉制品包括猪肉、牛肉、羊肉、腌腊食品、水产品、新鲜蔬菜等植物性食品，其不但存在食品原料中，在食品的加工、运输和冷冻保存的食品中均可存在。该菌在我国食物中毒事件零星发生，这可能与我国的饮食方式有关，我国主要以煮食为主。所以应多注意冷饮等即食低温食品的安全性问题。

（二）霉菌与真菌毒素

霉菌是真菌的一部分，在自然界分布很广，多数霉菌对人体是有益的，如发酵业、酿造、抗生素等的生产都需要霉菌，部分霉菌自身是无毒的，但它们污染食品后会导致其腐败变质；有些霉菌能产生毒素，人畜因误食真菌毒素而中毒。

真菌毒素是霉菌的有毒次生代谢产物，多数真菌毒素有致癌作用，具有耐高温、无抗原性等特点。然而，研究表明，并不是所有的产毒霉菌都产生毒素，只有其中的产毒菌株能产生毒素，即便是产毒菌株，也是在一定条件下才能产毒。

1. 食品中常见的霉菌及其毒素　主要产毒霉菌及其毒素包括：曲霉属中的黄曲霉、赭曲霉、杂色曲霉、烟曲霉、构巢曲霉和寄生曲霉等；青霉属中的岛青霉、橘青霉、黄绿青霉、红色青霉、展青霉、扩散青霉、圆弧青霉、皱褶青霉和荨麻青霉等；镰刀菌属中的玉米赤霉、梨孢镰刀菌、拟枝孢镰刀菌、三线镰刀菌、雪腐镰刀菌、粉红镰刀菌、禾谷镰刀菌；此外还有粉红单端孢霉、木霉属、漆斑霉属、黑色葡萄状穗霉等。

黄曲霉属于曲霉属，适宜生长温度为 25～42 ℃，最佳生长温度为37 ℃。黄曲霉是一种机会致病菌，可以感染人和动物，使其患曲霉病。黄曲霉毒素是黄曲霉菌和寄生曲霉菌分泌的一种次级代谢产物，容易污染粮食作物及其制品，主要存在于霉变的花生、大米、玉米等作物及与其相关食品中。其是自然界中已经发现的理化性质最稳定的一类真菌毒素，具有很强的毒性、致癌性、致突变性和致畸毒性，其中以黄曲霉毒素 B_1 的毒性最大。黄曲霉毒素进入动物体后会表现出强烈的亲肝性，可引起肝脏出血、脂肪变性、胆管增生等，并导致肝癌发生。黄曲霉和黄曲霉毒素虽然很早就已经被发现且被广泛地研究，但对黄曲霉及其毒素污染的根除依然没有找到快速有效的方法。

2. 避免霉菌污染的方法　要完全避免食物的霉菌污染是比较困难的，为了保证食品安全，必须将食物中的真菌毒素含量控制在允许的范围内，主要从两方面入手：一是减少谷物、饲料在田野、收割前后、贮运和加工过程中霉菌的污染和毒素的产生；二是在食用前去除毒素或不吃霉烂变质的谷物。目前采取的预防和去除真菌毒素污染的措施包括：利用合理耕作、灌溉及适时收获来降低霉菌的污染和毒素的产生；通过降低贮藏温度和改进贮藏、加工方式等措施，降低粮食及饲料水分含量，减少真菌毒素；严格执行食品卫生标准，加强污染检测。

（三）病毒

病毒是微生物中最小的类群，比细菌小得多，是一种具有细胞感染性的亚显微粒子，它实际上就是由一个保护性的外壳包裹的一段 DNA 或者 RNA，借由感染的机制，这些简单的生物体可以利用宿主的细胞系统进行自我复制，但无法独立生长和复制。

目前，传染给人类的病毒主要包括甲型肝炎、戊型肝炎、诺沃克病毒、轮状病毒、病毒性肠炎、脊髓灰质炎、疯牛病、口蹄疫病毒、猪水疱病毒、猪瘟疫病毒等，粪—口途径是病毒的主要传播途径，还可以以食品或水为媒介进入人体。

1. 肝炎病毒 肝炎病毒是引起病毒性肝炎的病原体。病毒性肝炎是当前危害人类健康的疾病之一。目前认为病毒性肝炎病原体至少有五种，包括甲型肝炎病毒（hepatitis A virus，HAV）、乙型肝炎病毒（hepatitis B virus，HBV）、丙型肝炎病毒（hepatitis C virus，HCV）、丁型肝炎病毒（hepatitis D virus，HDV）、戊型肝炎病毒（hepatitis E virus，HEV），它们的特性、传播途径、临床经过均不完全相同，但它们均能引起肝炎病变。除了甲型和戊型病毒为通过肠道感染外，其他类型病毒均通过密切接触、血液和注射方式传播。

甲型病毒性肝炎是由HAV引起的以肝脏损伤为主的急性肠道传染性疾病，临床上主要表现为畏寒、发热、恶心、疲乏、食欲减退、肝肿大、肝功能异常、黑尿和黄疸等症状。HAV的感染多为自限性，但严重时会导致死亡。HAV的传播途径主要为“粪—口”途径，病毒随粪便排出人体后，可通过被污染的水、食物经口传播，这种传播方式是导致急性病毒性肝炎的主要途径（约占43%），通常不会引起慢性感染。如1988年我国上海市出现了较大规模的流行性甲型肝炎，主要原因是人们食用了被甲肝病毒污染的毛蚶。为防止甲型肝炎的发生和流行，应重视保护水源，管理好粪便，加强饮食卫生管理，讲究个人卫生，患者排泄物、食具、床单衣物等应认真消毒。

2. 诺沃克病毒 诺沃克病毒属于杯状病毒科诺沃克病毒属成员，是一种分布很广泛的肠道腹泻病毒，导致成人和儿童的急性腹泻，是除轮状病毒外造成腹泻最主要的病毒病源。本病毒全年流行，但冬季较多见，常出现暴发流行。诺沃克病毒与食物、水源等的污染造成的急性胃肠炎暴发密切相关。被诺沃克病毒感染食品和诺沃克病毒感染者排泄物引起的粪—口传播是造成诺沃克病毒感染的主要途径。食用被病毒污染的食物如牡蛎、冰、鸡蛋、沙拉及水等最常引起暴发性胃肠炎流行。生吃贝类食物是导致诺沃克病毒胃肠炎暴发流行的最常见原因。

预防措施为加强控制传染源，个人防护方面一定要养成良好的生活及饮食习惯，对诺沃克病毒感染者严格消毒隔离。重视食品、饮水卫生，保护水源不受病毒污染，加强对海产品如牡蛎的卫生监督，海鲜食品的加工一定要符合卫生要求。

3. 疯牛病朊病毒 疯牛病又称为牛海绵状脑病，是动物传染性海绵样脑病中的一种，是由朊病毒引起的一种致死性人畜共患神经退行性疾病。疯牛病为一种亚急性进行性神经系统疾病，通常脑细胞组织出现空泡，星形胶质细胞增生，脑内解剖发现淀粉样蛋白质纤维，并伴随着全身症状，以潜伏期长，死亡率高，传染性为特征。1993年英国研究者通过对比实验证实疯牛病主要的传播方式是通过被朊病毒污染的肉骨粉，随后的研究显示肉骨粉加工工艺的缺陷和饲料质量监督部门的忽视导致了疯牛病随着动物饲料链循环并扩散到世界各地。除肉骨粉污染途径外，奶牛在夏季更容易患病的主要原因，是因为患病动物在其分泌液和排泄物中含有感染性朊病毒粒子，其他接触动物可能通过吞食或吸入这些感染颗粒而被感染疯牛病。

迄今针对疯牛病等朊病毒疾病仍然没有研发出特效的治疗药物和治疗办法，目前预防措施主要是主动监控处于疯牛病风险的牛群以降低疯牛病传播的风险。

4. 口蹄疫病毒 口蹄疫是由口蹄疫病毒引起的急性、热性、高度接触性传染的动物疫病。该病可快速远距离传播，侵染对象为猪、牛、羊等主要畜种及其他偶蹄动物，偶见于人和其他动物。发病动物的特征症状是口、鼻、蹄和母畜乳头等部位发生水泡，或水泡破损后形成溃疡或斑痂，表现为流涎、跛行和卧地，由此导致生产力大幅下降。口蹄疫的少数变种病毒亦可传染给人，主要是抵抗力弱的儿童，引起无症状感染或非特异性发热性疾病，对症治疗较快痊愈。但总体来说，该病毒对人类的健康危害不大。

一个多世纪以来，世界各国在与口蹄疫的斗争中，总结出了行之有效的防控措施。其内容主要包括扑杀患病及感染动物、疫苗免疫易感动物、限制动物及染毒物品移动、消毒灭源、流行病学监测和预警风险分析。

5. 禽流感病毒　禽流感是由禽流感病毒（avian influenza virus，AIV）引起的一种禽类传染病，鸡、火鸡、鸭和鹌鹑等家禽均可感染，发病情况差别较大，有的出现急性死亡，有的无症状带毒。水禽是 AIV 的自然宿主，也是流感病毒的天然基因库，几乎所有亚型的流感病毒都可以在水禽中被分离到。在世界范围内，家禽中流行的主要有 H5、H6、H7、H9 等亚型。H5 和 H7 亚型的某些毒株可以造成禽类很高的发病率和死亡率，被称为高致病性禽流感（HPAI）病毒。高致病性禽流感不仅可对养禽业造成毁灭性打击，而且能够持续不断地跨种间传播感染人类，人感染后死亡率高达 60%。

比如近几年在我国肆虐的 H7N9 就是变异演化的高致病亚型，病毒可通过呼吸道传播，也可通过接触带毒禽类及其排泄物、分泌物以及受其污染的环境及物品、水源等进行传播。活禽市场是一个潜在的病毒贮存库，从事禽类作业的相关人员以及暴露于市场环境的人群为高危人群。潜伏期一般为 7 天以内，患者开始可表现为流感样症状，如发热、咳嗽、咳痰，有时则伴有肌肉酸痛、头痛和周身不适等症状，随后病情发展迅速，表现为高热、重症肺炎、呼吸困难，病重者还可表现为急性呼吸窘迫综合征、休克、多器官功能障碍综合征等，甚至死亡。

预防禽流感应勤洗手，保持室内环境空气流畅，同时加强体育锻炼，增强抵抗力，保证睡眠时间；尽量减少与禽类尤其是病、死禽等不必要的接触，从事禽类作业相关人员在工作期间需穿戴手套、口罩等个人防护装备；尽量不购买活禽自行宰杀、加工；购买加工好的白条鸡等禽类产品时一定要确保经过正规检疫；食用禽类食物需要煮熟、煮透，不吃不熟的鸡蛋及禽肉。

二、寄生虫污染

寄生虫是指不能独立生存，需寄生于其他生物体内的虫类。寄生虫所寄生的生物体称为寄生虫的宿主，其中，成虫和有性繁殖阶段寄生的宿主称为终宿主；幼虫和无性繁殖阶段寄生的宿主称为中间宿主。寄生虫及其虫卵直接污染食品或通过患者、病畜的粪便污染水体或土壤后再污染食品，人经口摄入而发生食源性寄生虫病。畜禽、水产品是许多寄生虫的中间宿主，人类食用了含有寄生虫的畜禽和水产品后，就会感染寄生虫。

寄生虫能通过多种途径污染食品，经口进入人体，引起人的食源性寄生虫病的发生和流行。污染食品的寄生虫有囊虫、旋毛虫、肝片形吸虫、姜片虫、弓形体等。其中，囊尾蚴、旋毛虫、肝片形吸虫、姜片虫、弓形体等常寄生于畜肉中，华枝睾吸虫（肝吸虫病）、阔节裂头绦虫、猫后睾吸虫、横川后殖吸虫、异形吸虫、卫氏并殖吸虫、有棘颚口线虫、无饰线虫等常见于鱼贝类中，姜片虫则常寄生于菱角、茭白、荸荠等水生植物的表面，蔬

菜、瓜果则可引起蛔虫并传播。

（一）食品中常见的寄生虫

1. 囊尾蚴 囊尾蚴病是由猪带绦虫幼虫——囊尾蚴寄生于人、畜组织器官所致的疾病。囊尾蚴病呈世界性分布，在许多地区仍是一种重要公共卫生问题。人食入带绦虫虫卵的猪肉是引起人囊尾蚴病的主要原因，当摄入被猪带绦虫虫卵污染的食物，或猪带绦虫病患者因呕吐或肠道逆蠕动，造成绦虫孕节返流入胃而造成感染，虫卵在人体内发育成幼虫囊尾蚴，引起囊尾蚴病。囊尾蚴主要分布在中枢神经系统，也可侵入肌肉、眼睛和皮下组织等，常引起患者出现癫痫、头痛、头晕等症状。

2. 华枝睾吸虫 华枝睾吸虫病又称肝吸虫病，是由华枝睾吸虫寄生在人的肝胆管内所引起的肝胆病变为主的一种人兽共患寄生虫病，是当前我国最严重的食源性寄生虫病之一。肝吸虫成虫主要寄生在人、犬、猫和猪等的肝胆管内，成虫随粪便排出体外，随着生物链和交叉污染传递给其他生物。成虫在人体内的寿命一般为 20 ~ 30 年。人们生食或半生食鱼、虾是主要的感染方式。早期表现为低热、头痛、食欲减退、消化不良；到了中期可表现为上腹部疼痛、肝区隐痛、肝肿大、胆囊炎、甚至出现黄疸；如果得不到及时的治疗，晚期患者可发展为肝硬化、腹水、肝癌、胆管癌。

3. 蛔虫 蛔虫是无脊椎动物，线虫动物门，线虫纲，蛔目，蛔科，是人体肠道内最大的寄生线虫。肠道蛔虫感染是世界广泛流行的一种寄生虫病，以第三世界国家最为普遍，在小儿中尤其常见。蛔虫卵对自然因素的抵抗力强、一般消毒剂不易将其杀死，在环境中存活时间长。人受感染后，出现不同程度的发热、咳嗽、食欲不振或善饥、脐周阵发性疼痛、营养不良、失眠、磨牙等症状，有时还可引起严重的并发症。如蛔虫扭集成团可形成蛔虫性肠梗阻，钻入胆道形成胆道蛔虫病，进入阑尾造成阑尾蛔虫病和肠穿等，对人体危害很大。

（二）寄生虫的预防措施

对寄生虫的预防主要有以下几个方面：对于畜肉及禽肉，不吃未彻底熟的食品；对于菱角、荸荠、茭白等水生植物，应熟食，尽量不要生吃；定期对动物进行健康检查；切断传播途径。加强宣传教育，普及卫生知识，注意饮食卫生和个人卫生，做到饭前、便后洗手，不养成生食的习惯，不饮生水，防止食入虫卵，减少感染机会。

三、鼠类和昆虫污染

（一）鼠类

鼠类繁殖快，数量能在短期内急剧增加，且它的适应性很强，常对农业生产酿成巨大灾害。同时害鼠可以传播多种病毒性和细菌性疾病，包括鼠疫和出血性肾综合征。消灭鼠类是食品业卫生管理中一项重要工作。严格保管好各类食品，防止鼠类摄食，以提高药物灭效，减少鼠类生存环境。清理环境，搞好冷库内外卫生，清除卫生死角；保管好垃圾，及时集中处理；仔细检查，发现鼠洞及墙洞等及时堵好；不乱堆杂物，保持物品排列整齐。

（二）昆虫

昆虫是动物世界最大的一个类群，有一百多万种。昆虫携带有毒的病原微生物，可传染疾病。蟑螂、苍蝇、蚊子等昆虫，体表及腹中携带数量巨大的细菌、病毒和寄生虫卵，当人们食用被它们污染过的食物时，就可能导致肠道传染病或寄生虫病的发生。预防昆虫引起的生物性危害，一般可采取切断污染源，加强食品卫生和完善贮藏条件等措施。

扫码“学一学”

第三节　化学性危害因素及其预防措施

食品的化学性污染是指食品中含有的（或人为添加的）对人体健康产生急性或慢性危害的化学物质。食品的化学性污染主要包括工业“三废”中有害金属污染，食物中农药、兽药、鱼药残留，滥用食品添加剂和违法使用有毒化学物质，动植物中天然有毒物质，食品加工不当产生的有毒化学物质，以及包装材料和容器等。

化学性危害的种类最多，与侵袭到食品上的种类、剂量水平、环境条件、工艺过程、人为因素有密切关系，也成为目前最需要注意的一类危害。

一、有毒金属

食品中含有多种金属元素，其中钙、铁、锌、硒、锰、钒等是人体所必需的金属元素，这些金属元素可以维持人体的正常代谢和生理功能。还有些金属元素，人体只能忍耐极少的剂量，剂量稍高就会呈现一定的毒性，从而危害人体健康，这些金属即为有毒金属，也叫重金属，包括汞、镉、砷、铅、铬。

有毒金属主要来自于工业化的发展引起对环境的污染。工业废气、废渣、废水（“三废”）排放到人类生活环境中，经过水体污染、土壤污染、大气污染，有害成分被植物吸收而残留在植物中，聚集在动物的体内，通过食物链与生物富集中，最终通过食物和水源影响人类的健康。工业“三废”中对人体危害较大的有害物质是汞、镉、砷、铅、铬等重金属以及有机毒物，长期少量摄入这些有毒金属可以产生慢性中毒，严重的可以导致畸变或者致癌。

（一）铅

铅是一种用途广泛的重金属元素，在自然界中存在十分普遍。铅及其化合物是现代工业、交通运输业重要的原材料，应用于冶金、印刷、军事、医学、电子、陶瓷、颜料工业中，在使用过程中通过多种途径对食品造成污染。由于铅在自然环境中不能分解，并可不断蓄积，所以环境中的铅可通过生物富集作用、食品加工过程、包装物及生产设备、食品添加剂或配料等污染食品。

1. 铅污染的来源　食品中铅的来源主要有：①食品加工过程中出现的铅污染，如爆米花在加工过程中被铁罐制作机中造成的铅污染，超过我国食品卫生标准的40倍；传统工艺腌制的松花蛋的含铅量也超标。②食品包装和盛放过程造成的铅污染，如用铝合金、陶瓷、搪瓷等材料制备的容器和用具均含有铅，在接触食品是会造成污染，罐装食品或饮料也可能含铅，特别是酸性食品更容易使铅逸出。③环境中铅对食品的污染，环境的铅污染主要来自两方面：一是，铅矿的开采、冶炼及铅制品制造业产生的“三废”排入环境造成污染；二是，来自汽车的尾气，是我们日常生活中最为明显的铅污染源。④农业上施用的农药和化肥是造成食品污染的另一渠道，长期使用含铅的农药、化肥，也将导致土壤中铅的积累。

另外，不科学的饮食习惯会导致人体内的含铅量增加。

2. 铅的危害 铅中毒是一种蓄积性中毒，随着人体内铅蓄积量的增加可引起造血、肾脏及神经系统损伤。铅中毒后往往表现为智力低下、反应迟钝、贫血等慢性中毒症状。从危害程度来说，铅对胎儿和幼儿生长发育影响最大，因此儿童发生铅中毒的概率远远高于成年人，目前我国儿童金属铅污染较为严重。儿童行为异常与儿童铅中毒有密切关系，造成行为异常，表现出智力和注意力的改变，并最终造成智商损伤。同时铅能阻碍血红蛋白合成造成贫血，能蓄积于长骨组织，影响骨骼生长发育，甚至诱导肿瘤发生有致癌作用。

3. 铅的防控 改进食品生产工艺过程，加快推行标准化生产，加强农产品质量安全关键控制技术研究与推广，加大无公害农产品生产技术标准和规范的实施力度。加强对环境污染，特别是工业“三废”的治理，建立相关污染物排放标准。加强食品安全教育，提高食品安全意识以及公众环保意识，加强群众监督，共同保护自然生态环境，维护人体健康。另外，开展儿童血铅调查及时予以健康指导和驱铅治疗。

（二）汞

汞（又称水银）是一种有毒的重金属元素，可在水、空气和土壤中进行迁移，并通过食物链进入人体，在肝、肾、脑等器官组织富集，毒性与其存在形态密切相关。由于汞的毒性很强，且极易被生物富集，并通过食物链使人中毒，因此我国把汞列为“第一类污染物”。

1. 汞污染的来源 无机汞毒性相对较低，但在水生系统中可以通过生物和非生物的甲基化作用转化为甲基汞化合物，从而增强其毒性，直接对人类构成威胁。在农产品中受汞污染较严重的是水产品、蔬菜及动物的肾脏等。鱼被认为是人类汞暴露的主要来源，在水体中各种形式的汞通过微生物作用转化为甲基汞。汞极易与环境中的污染物通过各种途径对食品造成污染，直接影响人们的饮食安全，危害人体的健康。未经处理的工业废水的排放，是汞及其化合物对食品造成污染的主要渠道。一方面，通过灌溉农作物根系从土壤中吸收并富集重金属汞；另一方面，流入江河湖海中的废水经过非生物的作用使得甲基汞在鱼类等水产品中富集，再经过食物链的传递作用，进而导致人类的中毒现象。

2. 汞的危害 汞是吸入性毒物，且具有生物累积效应，最终会危害人类的生殖和发育，有致畸、致癌、致突变的作用。汞通过食物链的传递而在人体蓄积，蓄积于体内最多部位是骨髓、肾、肝、脑、肺、心等。重金属汞对人体的神经系统、肾、肝脏等可产生不可逆的损害，并对组织具有腐蚀作用。

3. 汞的防控 要减少汞超标对人体的危害，要大力治理水污染，严格控制工业“三废”和城市生活污水的任意排放。同时，要建立农产品产地环境、农兽药残留及化肥合理使用的安全监管体系，强化对农业投入品的质量和环境安全管理，同时建立严密的食品监管网络，对种植养殖、生产包装、贮运、销售等各个环节实行全过程监管，确保食品安全。此外，汞的检测技术在形态分析、样品前处理、快速检验等方面尚需不断的完善。

二、农药、兽药残留

（一）农药

农药是指用于预防、消灭或控制危害农业、林业的病虫草害和其他有害生物，以及有目的地调节植物、昆虫生长的药物的总称。农药按性质可分为化学性农药和生物性农药，按用途可分为杀虫剂、杀菌剂、除草剂、落叶剂和植物生长调节剂等，按照化学组成及结构可分为有机氯、有机磷、有机氟、有机氮、有机硫、有机砷、有机汞、氨基甲酸酯类等。

1. 农药残留的来源　农药在杀灭农作物病虫害、杂草，减少农作物损失，提高产量方面有显著作用。此外，农药还广泛地应用于畜牧业、林业，对控制人畜共患传染病、提高畜产品的产量和质量方面，也起到了重要作用。然而，由于农药长期大量的使用，通过喷洒在作物表面直接污染食用作物；植物根部吸收洒落到土壤中的农药，将其转移到组织内部和果实中；扩散到空气中的农药随雨雪降落，污染水源及土壤；水生生物通过食物链的富集作用等多种途径，对食品造成污染，最终进入人体。另外，有些农药虽然已经停止生产和禁止使用，但由于其化学性质稳定，不易降解，在食物链、环境和人体中可长期残留。

2. 农药残留的危害　有机氯类农药的挥发性并不高，但其脂溶性强，化学性质也比较稳定，其易于在动植物富含脂肪的组织中蓄积，在食物中的残留性也比较强，属于高毒高残留农药。人体中一旦长期摄入含有有机氯农药残留的食物，则主要会造成急性和慢性中毒，侵害人体的肝、肾和神经系统，同时对人体的内分泌系统、生殖系统也有不小的损害作用。有机磷农药在人体的危害作用是：主要抑制血液和组织中乙酰胆碱酯酶活性，如果经常摄入微量有机磷农药，甚至可能会引起精神异常和慢性神经炎；同时对视觉、生殖和免疫功能有较大影响，还包括有致癌、致畸、致突变等危害。氨基甲酸酯类农药的中毒症状与有机磷的比较一致，但比有机磷中毒恢复要快。拟除虫菊酯类农药的毒性比较大，有蓄积性，中毒的表现为神经系统症状和皮肤刺激症状。

3. 农药残留的控制　加强法制建设，加快无公害食品标准、检测、认证三大体系建设；严把市场准入关口，建立质量安全责任追溯制度；建立完善的食品质量安全监管体系、食品安全预警机制、重特大食品安全事故应急机制和食品安全信息服务体系；加大在新型、低毒、高效农药研制和推广方面的投入，淘汰对人体危害较大的剧毒、高残留农药；加强农产品基地采前和采后流通环节的农药残留监管，真正实现农产品“从农田到餐桌”的质量安全。

（二）兽药、渔药和饲料添加剂

随着人类生活水平的提高，动物性食品如肉、蛋、乳，水产品如鱼、虾、蟹等在人们的膳食结构中所占比例越来越大。为了保证这些动物性食品、水产品的产量，往往要在养殖过程中使用兽药、渔药和饲料添加剂。使用兽药、渔药的目的是预防和治疗畜禽、水产品的疾病；使用饲料添加剂则是为了促进动物、水产品的生长繁殖，以及提高饲料的利用率。这些兽药、渔药和饲料添加剂在提高畜牧业、水产品产量的同时，也给食品带来兽药、渔药残留污染问题。

1. 兽药及渔药残留的来源　一般来说，造成兽药及渔药残留的情况包括：随意加大药物用量或者把治疗药物当成添加剂使用；不按规定执行应有的休药期；滥用药物或用药方法错误；使用违禁或淘汰药物，例如盐酸克伦特罗（瘦肉精）、类固醇激素（乙烯雌酚）等。

2. 兽药及渔药残留的危害　长期食用含药物残留的动物性食品及水产品，这些药物在体内逐渐蓄积，对人体造成毒性作用、诱导病原菌产生耐药性、过敏性反应，以及致癌、致畸和致基因突变等危害。如因食用残留有盐酸克伦特罗的猪肉可导致食物中毒。人类的病原菌在长期接触这些低浓度药物后，容易产生耐药性菌株，使得人类疾病的治疗效果受到极大影响。此外，动物性产品加工的废弃物未经无害化处理就排放于自然界中，使得有毒有害物质持续性蓄积，从而导致环境受到严重污染，最后导致对人类的危害。

3. 兽药及渔药残留的控制 为了控制兽药、渔药及饲料添加剂的使用，降低其在食物中的残留，必须实施国家残留监控计划，加大监控力度，严把检验检疫关；完善饲料、肉制品及动物代谢物中兽药的检测方法；使用科学的免疫程序、用药程序、消毒程序、病畜禽处理程序、搞好消毒、驱虫等工作；食品企业严格按照 GMP、HACCP 等管理体系，控制好生产的每一道环节，把好质量关。

三、食品添加剂危害

食品添加剂本身不能作为食品消费，也不是食品的特有成分，它是在食品加工、处理、调制、包装、运输、保存过程中，为了改善食品品质和色、香、味，以及由于防腐、加工工艺等需要加入的天然物质或化学合成物质。

我国现行的 GB 2760—2014《食品安全国家标准　食品添加剂使用标准》将食品添加剂分为酸度调节剂、消泡剂、抗结剂、漂白剂、抗氧化剂、膨松剂、着色剂、胶基糖果中基础剂物质、护色剂、乳化剂、增味剂、酶制剂、面粉处理剂、被膜剂、营养强化剂、水分保持剂、防腐剂、稳定剂和凝固剂、增稠剂、食品用香料、甜味剂、食品工业用加工助剂等 23 类。食品添加剂具有五个功能：增加食品的保存时间，防止食品腐败变质；改善食品的色、香、味等感官性状；有利于食品的加工操作；保持或提高食品的营养价值；满足不同人群的特殊需求。

一般来说，如果严格按照标准来使用食品添加剂，食品安全问题不会出现。然而，在食品生产、加工过程中，仍然存在使用未经国家批准使用或禁用的添加剂、添加剂使用超出规定用量、添加剂使用超出规定范围、使用工业级食品添加剂替代食品级添加剂等现象，给消费者的健康造成了极大的伤害。

（一）违法使用非食品添加剂

有的企业非法使用未经国家批准或被国家禁用的添加剂，或以非食用化学物质代替食品添加剂来提高产量，如苏丹红、吊白块、三聚氰胺、柠檬黄和瘦肉精等。甚至在腐竹、粉丝、面粉、竹笋等食品中，利用二水甲醛和亚硫酸氢钠来达到增白、保鲜、增加口感和防腐的目的；或者添加味道类似于香油的香精来生产“香油”；甚至用工业用白油、双氧水掺入食用级白油、双氧水，严重违反了食品添加剂的使用原则。

（二）超限量使用食品添加剂

超限量使用防腐剂（苯甲酸或山梨酸）的现象也接踵而至。此类添加剂是酸性物质，会消耗人体内的碘、铁、钙等物质。尤其是苯甲酸及其钠盐，易引起儿童中毒现象。

（三）超范围使用食品添加剂

许多企业不按国标所规定的某类食品中所能加入的食品添加剂的种类，自己扩大使用其他食品添加剂的情况相当常见。诸如，不少儿童喜爱的膨化食品、面食中都加入了含铝的添加剂，使食物更加松软可口或颜色更诱人。但是此类添加剂不仅会给儿童身体功能代谢增加负担，还会对儿童的免疫系统造成影响，如儿童发生的皮肤紫癜性过敏症。

（四）食品添加剂监管

制定和完善食品添加剂相关法律法规；制定食品添加剂的生产规范、使用规范；建立定期对食品添加剂进行评估的机制；发展安全、营养、无公害的食品添加剂，诸如葡萄糖氧化酶、鱼精蛋白、溶菌酶、乳酸菌、壳聚糖、果胶分解物等新型防腐剂的出现；积极引导舆论宣传，提高整个社会对食品添加剂的认识。

四、动植物中天然有毒物质

动植物天然有毒物质是指有些动植物中存在的某种对人体有害的非营养性天然物质，或因贮存方法不当，在一定条件下产生的某种有毒成分。动植物中含有天然有毒物质的种类较多，结构复杂，有些物质化学成分还不清楚。这些天然有毒物质引起的食物中毒屡有发生，给人们带来了极大的健康危害和经济损失。

在食品中存在的动植物天然毒素，植物性毒素有苷类、生物碱、酚类及其衍生物、毒蛋白和肽、酶类、非蛋白类神经毒素、硝酸盐和亚硝酸盐、草酸和草酸盐等；水产类中的动物性毒素有河豚毒素、肉毒鱼类毒素、组胺、蛤类毒素、螺类毒素、海兔毒素、海参毒素、贝类毒素等；其他还有毒蘑菇和麦角毒素、西加毒素（来源于热带水体中有毒藻类）、组胺（源自产组胺菌的海产品）、蟾蜍毒素等。

（一）植物中的天然毒素

1. 毒蛋白和肽　目前所发现的有毒蛋白质包括血凝素和酶抑制剂。血凝素是某些豆科、大戟科等蔬菜中的有毒蛋白质。这类毒素已发现 10 多种，包括蓖麻毒素、巴豆毒素、相思子毒素、大豆凝集素和菜豆毒素等。酶抑制剂主要有胰蛋白酶抑制剂和淀粉酶抑制剂，它们能引起水解不良和过敏性反应，有人称其为过敏原。食用的黄豆能引起过敏性反应，其中主要的过敏原是胰蛋白酶抑制剂。这类毒素受热后变性，可破坏一些毒素，降低含毒量，所以豆浆等豆制品食用前的彻底热处理是非常重要的。

2. 生物碱　生物碱是一类含氮的有机化合物，绝大多数存在于植物中。存在于食用植物中的主要是龙葵碱、秋水仙碱、咖啡碱及吡咯烷生物碱等。马铃薯发芽后，其幼芽和芽眼部分会产生龙葵碱，其对胃肠道黏膜有较强的刺激性和腐蚀性，对中枢神经有麻痹作用，对红细胞有溶血作用，可引起急性脑水肿、胃肠炎等。预防中毒的措施首先是防止马铃薯发芽，轻度发芽的马铃薯在食用时应彻底挖去芽和芽眼，并充分削去芽眼周围的表皮，以免食入毒素而引起中毒。

3. 蕈蘑菇毒素　由野生毒蘑菇而引起的食物中毒称蕈毒中毒，其有毒物质称为蕈毒素。毒蕈是指食后可引起中毒的蕈类。含有剧毒可致死的不到 10 种。分别是褐鳞环柄菇、毒蝇鹅膏菌、鹿花菌、鳞柄白毒伞、秋生盔孢伞、包脚黑褶伞、毒粉褶菌、残托斑毒伞等。由于化学成分复杂，毒蘑菇引起的中毒症状也不一样，根据中毒时出现的临床症状不同，可将这些毒素分为胃肠毒素、神经精神毒素、血液毒素、原浆毒素和其他毒素五类。表现出剧烈腹痛、不间断呕吐、腹泻、干渴和少尿，随后症状很快进入到不可逆的严重肝脏、肾脏以及骨骼肌损伤，表现出黄疸、皮肤青紫和昏迷，中毒死亡率很高。因此，切勿采摘自己不认识的蘑菇食用，毫无识别毒蕈经验者，千万不要自采蘑菇。

4. 毒苷和酚类衍生物 主要毒苷化合物是氰苷。典型的有苦杏仁苷、芥子油苷、甾苷、多萜苷等，它们蓄积在植物的种子、果仁和茎叶中，在酶的作用下在摄入者体内水解生成剧毒氰、硫氰化合物。故不直接食用各种生果仁，对杏仁、桃仁等果仁及豆类在食用前要反复用清水浸泡，充分加热，以去除或破坏其中的氰苷。

食用植物原料中往往含有酚类化合物，其中的简单酚类物质毒性很小，有杀菌、杀虫作用；但有些植物中含有复杂酚类，如香豆素、鬼臼毒素、大麻酚和棉酚等特殊结构的酚类化合物，毒性较大，最典型的食物中毒是棉籽引发的棉酚中毒。因此不能吃粗制生棉籽油，而应食用经过炒、蒸或碱炼后的棉籽油。

5. 其他有毒物质 叶菜类蔬菜中含有较多的硝酸盐和极少量的亚硝酸盐。一般来说，蔬菜能主动从土壤中富集硝酸盐，其硝酸盐的含量高于粮谷类，叶菜类的蔬菜中其含量更高。人体摄入的 NO_3^- 中 80% 以上来自所食的蔬菜，蔬菜中的硝酸盐在一定条件下可还原成亚硝酸盐，当其积累到较高浓度时，就能引起中毒。硝酸盐被还原成亚硝酸盐。亚硝酸盐在人体内与蛋白质类物质结合，可生成致癌性的亚硝胺类物质。中毒症状与组织缺氧相同，出现紫绀（皮肤青紫），还伴有头痛、腹痛、腹泻、呕吐等症状。所以，每次选购绿色蔬菜时量不宜过多，避免存放时间过长；少吃发黄变枯的蔬菜，禁吃腐烂蔬菜；腌菜、泡菜和酸菜等腌渍品一定要熟透，一般应在 20 天以后。

（二）动物中的天然毒素

1. 河豚毒素 河豚毒素是河豚鱼体内的毒素，剧毒。河豚毒素的毒性比氰化钠高 1000 倍，因此食用后很容易引起中毒，甚至导致死亡。河豚毒素在体内的分布较广，以内脏为主。毒性大小随着季节、品种及生长水域而不同。河豚鱼的肝、脾、胃、卵巢、卵子、睾丸、皮肤以及血液均含有毒素，其中以卵和卵巢的毒性最大，肝脏次之。河豚毒素是一种毒性很强的神经毒素，它对神经细胞膜的钠离子通道有专一性作用，能阻断神经冲动的传导，使神经末梢和中枢神经发生麻痹。造成中毒的原因主要是误食或未将毒素去除干净的河豚鱼。中毒初期表现为感觉神经麻痹，全身不适，继而恶心、呕吐、腹痛，口唇、舌尖及指尖刺疼发麻，同时引起外周血管扩张，使血压急剧下降，最后出现语言障碍、瞳孔散大，中毒者常因呼吸的血管运动中枢麻痹而死亡。

防止河豚毒素中毒需加强管理，禁止擅自经营和加工河豚鱼；做好宣传，提高识别意识。掌握河豚鱼的特征，学会识别河豚鱼的方法，不食用河豚鱼；发现中毒者，要及时采取措施，以催吐、洗胃和导泻为主，尽快使食入的有毒物质及时排出体外，同时还要结合具体症状进行对症治疗。

2. 贝类毒素 我国海水贝类养殖品种众多，有牡蛎、贻贝、扇贝、文蛤、青蛤、蛏、蚶、鲍等 10 多种，是我国水产品出口创汇的重要品种。由于双壳贝类生长位置比较固定且具有非选择性滤食的习性，在海域生长过程中极易受到生物毒素、重金属、农兽药、放射性物质等的污染。而近年来，赤潮频繁出现，海洋环境农兽药、抗生素污染也不断加剧，食用贝类引起消费者中毒的事件也随之增加。贝类毒素也称为藻毒素，是一类因贝类摄取环境中的有毒海藻而使生物毒素在体内积累，贝类因此具有毒性的生物活性物质。目前已发现的贝类毒素有几十种，根据人们中毒的症状及毒素传递媒介的类型，可归纳为四大类：麻痹性贝类毒素、腹泻性贝类毒素、神经性贝类毒素、记忆缺损贝类毒素，其中以腹泻性

贝类毒素和麻痹性贝类毒素的危害最为广泛和严重。

防止此类毒素中毒的有效的方法是加强卫生防疫部门的监督和管理。所以，许多国家规定，从5月到10月进行定期检查，如有毒藻类大量存在，说明食用此时的贝类食品是不安全的，有发生中毒的危险。对贝类进行毒素含量测定，若超过规定标准，则应禁止食用。

3. 组胺 组胺是鱼体中的游离组氨酸，在组氨酸脱羧酶催化下，发生脱羧反应而形成的一种胺类。这一过程受很多因素的影响，鱼类在存放过程中，产生自溶作用，先由组织蛋白酶将组氨酸释放出来，然后由微生物产生的组氨酸脱羧酶将组氨酸脱羧产生。组胺中毒大多是由于食用不新鲜或腐败变质的鱼类而引起的，污染鱼类的微生物，如链球菌、沙门菌、摩氏摩根菌等都会使鱼类产生组胺。组胺中毒的特点是发病快、症状轻、恢复快。潜伏期仅数分钟至数小时，主要症状为：面部、胸部及全身皮肤潮红，眼结膜充血，并伴有头疼、头晕、脉搏快速、胸闷、心跳呼吸加快、血压下降，有时出现荨麻疹，咽部灼烧感，个别患者出现哮喘。

不新鲜或腐败变质的鱼类食品都是不安全的，应避免食用，防止中毒。预防组胺中毒的措施是鱼类食品必须在冷冻条件下贮藏和运输，防止组胺产生；加强市场监管，严禁出售腐败变质的鱼类。

五、加工贮藏过程中产生的有毒物质

在食品生产过程中，经常会用到油炸、煎制、烘烤、烧烤、烟熏、腌制等加工和贮藏技术，这些处理技术可以改善食品的外观和质地，增加风味，延长保存时间，提高食品的可食性。但随之也产生了一些有毒有害物质，包括硝酸盐、亚硝酸盐等*N*－亚硝基化合物，多环芳烃化合物、杂环胺、油脂氧化及有害加热物质，多氯联苯、二噁英、氯丙醇、丙烯酰胺等，这些物质对人体健康可产生很大的危害。

（一）多环芳烃化合物

多环芳烃是分子中含有2个以上苯环的碳氢化合物，包括萘、蒽、菲、芘等150余种化合物。常见的具有致癌作用的多环芳烃多为4～6个苯环的稠环化合物。由于苯并芘是第一个被发现的环境化学致癌物，而且致癌性很强，故常以苯并芘作为多环芳烃的代表。食物在熏制、烘烤和煎炸过程中，脂肪、胆固醇、蛋白质和碳水化合物等在高温条件下会发生热裂解反应，再经过环化和聚合反应就能够形成包括苯并芘在内的多环芳烃类物质，尤其是当食品在烟熏和烘烤过程中发生焦糊现象时，苯并芘的生成量将会比普通食物增加10～20倍。苯并芘对皮肤、眼睛有较强的刺激作用，是导致人体病变的诱变剂和致癌物。

苯并芘的防控方法：将用于熏烤的烟进行净化处理；控制油温，缩短煎炸时间；清理油内杂质；避免包装和贮运过程中被烟熏或含有苯并芘的水污染。

（二）二噁英

二噁英主要是指多氯代二苯并二噁英和多氯代二苯并呋喃。二噁英类化合物之所以引起国际社会的高度重视，是因为其具有的严重潜在毒性。美国国家环保局发现，二噁英类化合物不仅具有致癌作用，还有生殖毒性、神经毒性、内分泌毒性和免疫毒性效应。由于二噁英类化合物的化学稳定性强和高亲脂性，因此进入人体后很难排出体外，并且容易通过食物链富集于动物和人的脂肪及乳汁中，最终影响人类健康。

对于防止二噁英污染食品的最根本的方法就是“断源”。对主要污染源进行的焚烧过程采取多种措施，以尽量减少二噁英的排放。

六、包装材料和容器的污染

食品包装材料是指用于制造包装容器和构成产品包装的材料总称，包括纸、塑料、金属、玻璃、陶瓷等原材料以及黏合剂，涂覆材料等各种辅助材料。由于包装材料直接与食品接触，少量可迁移的物质可能渗透到食品中，包括塑料、纸、涂层材料、未涂层的金属和玻璃的原材料，以及原材料成分的异构体、杂质和发生生化反应后的产物，因此，食品包装材料的安全性问题显得至关重要。

（一）塑料和橡胶制品安全性

用于食品包装材料及容器的有聚乙烯（polyethylene，PE）、聚丙烯（polypropylene，PP）、聚苯乙烯（polystyrene，PS）、聚氯乙烯（polyvinyl chloride，PVC）、聚碳酸酯（polycarbonate，PC）等。塑料由于质量轻、运输销售方便、化学稳定性好、易于加工、装饰效果好以及良好的食品保护作用等特点，而受到食品包装业的青睐。它是近30年来世界上发展最快的包装材料。作为包装材料物质进行应用，大多数塑料材料可达到食品包装材料对卫生安全性的要求，但仍存在着不少影响食品的不安全因素。

1. 常见塑料制品 聚乙烯本身是一种无毒材料，聚乙烯塑料的污染物主要包括聚乙烯中的单体乙烯、低分子质量聚乙烯、添加剂残留以及回收制品污染物。由于回收渠道复杂，回收容器上常残留有许多有害污染物，很不易洗刷干净，从而将杂质带入再生制品中。聚丙烯塑料的安全性问题与聚乙烯塑料类似。聚苯乙烯树脂与聚乙烯、聚丙烯树脂不同，聚苯乙烯树脂常残留有苯乙烯、乙苯、异丙苯、甲苯等挥发性物质，有一定毒性。聚氯乙烯塑料中常加入多种添加剂，以增加塑料的可塑性和稳定性，种类有铅、钙、钡、锌、锡等金属的硬脂酸盐，接触食品可使这些金属溶出。由于这些因素影响食品安全性，决定了聚氯乙烯塑料使用上的局限性。

2. 常见橡胶制品 橡胶制品常用作奶嘴、瓶盖、高压锅垫圈及输送食品原料、辅料、水的管道等。有天然橡胶和合成橡胶两大类。天然橡胶是以异戊二烯为主要成分的天然高分子化合物，本身既不分解也不被人体吸收，因而一般认为对人体无毒。但由于加工的需要，加入的多种助剂，如促进剂、防老剂、填充剂等，给食品带来了不安全的问题。合成橡胶主要来源于石油化工原料，种类较多，是由单体经过各种工序聚合而成的高分子化合物，在加工时也使用了多种助剂。橡胶制品在使用时，这些单体和助剂有可能迁移至食品，对人体造成不良影响。有文献报道，异丙烯橡胶和丁橡胶的溶出物有麻醉作用，氯二丁烯有致癌的可能。丁腈橡胶，耐油，其单体丙烯腈毒性较大。

（二）包装纸安全性

食品包装纸种类很多，包括原纸、托蜡纸、玻璃纸、锡纸、彩色纸、防霉纸、纸杯、纸盒、纸箱等。纯净的纸是无毒、无害的，但由于原材料受到污染，或经过加工处理，纸中通常会有一些杂质、细菌和某些化学残留物，从而影响包装食品的安全性。食品包装纸中有害物质的主要来源有：造纸原料中的污染物，如棉浆、草浆和废纸等不清洁，残留农药及重金属等化学物质；添加的助剂残留，如硫酸铝、纯碱、亚硫酸钠、次氯酸钠、松香和滑石粉、防霉剂等；劣质印刷油墨产品甲苯等溶剂残留甚高，同时，劣质印刷油墨产品中“可溶性”铅含量也远超标准；包装纸在涂蜡、荧光增白处理过程中，使其含有较多的多环芳烃化合物和荧光增白化学污染物；成品纸表面的微生物及微尘杂质污染。

（三）其他包装材料和容器安全性

1. 金属容器　铁、铝和不锈钢是目前主要使用的金属包装材料。马口铁罐头罐身为镀锡的薄钢板，锡起保护作用，但由于种种原因，锡会溶出而污染罐内食品。由于罐藏技术的改进，如在马口铁罐头盒内壁上涂上涂料，这些替代品有助于减少锡、铅等溶入罐内食品。但有实验表明：由于表面涂料的使用而使罐中的迁移物质变得更为复杂。另外，镀有锌层的白铁皮接触食品后锌会迁移至食品。铝制品的食品安全性问题主要在于铸铝和回收铝中的杂质，铝的毒性主要表现为对大脑、肝脏、骨骼、造血系统和细胞的毒性。临床研究证明，透析性脑痴呆症的发生与铝有关。

2. 玻璃陶瓷容器　玻璃是一种惰性材料，无毒无味、化学性质极稳定、与绝大多数内容物不发生化学反应，是一种比较安全的食品包装材料。玻璃的食品安全性问题主要是从玻璃中溶出的迁移物。如高脚酒杯往往添加铅化合物，一般可高达玻璃的30%，有可能迁移到酒或饮料中，对人体造成危害。陶瓷容器的主要危害来源于制作过程中在坯体上涂的瓷釉、陶釉、彩釉等引起的。釉料主要是由铅、锌、镉、锑、钡、钛、铜等多种金属氧化物及其盐类组成，它们多为有害物质。当使用陶瓷容器或搪瓷容器盛装酸性食品（如酯、果汁）和酒时，这些物质容易溶出而迁移入食品，造成污染。

（四）食品包装安全措施

随着消费者生活理念和消费模式的逐步改变，对食品安全包装也提出了更高的要求。在追求食品包装多样化、多功能的同时，包装材料的安全性往往被人们忽视。为了保证食品包装安全，需要完善食品包装安全相关的法规和标准并严格执行，为食品包装的安全提供有效的保障；进一步研究开发安全的食品包装材料和食品包装新技术；针对儿童食品设计更加科学、安全的食品包装，以确保儿童的安全；为了避免环境污染，食品包装材料的废弃物要安全处理。

第四节　物理性危害因素及其预防措施

扫码“学一学”

物理性危害相较生物性和化学性危害来说，更易用肉眼辨别，且预防措施也较另两种危害更易达到。放射性危害属于物理性危害范畴，其随着近年来发展的核工业而对食品安全也产生了一定程度的影响。

一、物理性危害的种类

物理性危害通常描述为外界来的物质或异物，包括在食品中非正式性出现的能引起疾病（包括心理性外伤）和对个人伤害的任何物理物质。物理性危害可以在食品生产的任何环节中进入食品。食品在产、贮、运、销过程中，由于存在管理漏洞，使食品受到杂物污染可能存在的途径包括：生产时的污染，生产车间密闭性差，容易在大风天气时受到灰尘

和烟尘的污染；粮食收割时常有不同种类的草籽混入；动物在宰杀会受到血污、毛发及粪便对畜肉的污染；加工过程中设备的陈旧或故障会引起加工管道中金属或碎屑对食品的污染。食品贮存过程中，会受到苍蝇、昆虫和鼠类、鸟的毛发、粪便对食品的污染。运输过程中会遭到运输车辆、装运工具、不清洁的铺垫物和遮盖物的污染。

食品中能引起物理危害的主要种类及来源：①玻璃、罐、灯罩、温度计、仪表盘等；②石块、装修材料、建筑物等；③塑料、包装材料、原料等；④珠宝、首饰、钮扣等；⑤其他外来物。

二、物理性危害的预防措施

1. 采购控制 原物料的采购应从经审核合格的供应商处进行，且现有供应商须定期审核，在食品验收、入库等环节进行仔细检查，如面粉中的小虫、蔬菜中泥土较多等，另外需要加强对玻璃材料包装物的检查，验收合格后入库。

2. 物料卫生管理 物料保持卫生清洁，仓储环境定期清扫、无积尘、无食物残渣，苍蝇、蟑螂、老鼠等，不准存放与加工无关的物品。加工过程中注意选别异物，如面包企业的面粉、糖、油、水均须经过过筛、过滤后方可使用。

3. 工艺控制 在新工艺设施、设备的设计及现有工艺设施、设备的改造、维护过程中应对潜在的异物源进行评估，并采取一定的措施来避免异物源的存在，如加装防爆灯具、防鼠装置、防护纱网、防护罩等。

4. 加工过程中异物的控制 严格执行从业人员个人卫生标准；对原材料彻底清理分拣；按规程对设备进行巡检、定检；按规程进行清洗，避免头发、指甲、小石头、碎片、设备小零件、虫害尸体、金属屑等物理危害。

三、放射性危害

放射性核素是指能自发产生放射性核衰变的元素，又称为放射性同位素，包括钾－40（^{40}K）、碘－131（^{131}I）、铯－137（^{137}Cs）、钋－210（^{210}Po）及钚－239（^{239}Pu）等。随着核工业、核医学、核兵器等的不断发展，人类利用放射性核素越来越频繁，放射性核素对食品造成污染的风险也随之增强。

食品放射性污染是指食品吸附或吸收外来的（人为的）放射性核素，使其放射性高于自然本底或超过国家规定的标准。食品中放射性核素主要包括天然放射性核素和人工放射性核素。绝大多数动植物性食品中都不同程度的含有天然放射性物质，亦即食品的天然放射性本底。

（一）可能影响食品的放射性来源

食品中的人工放射性核素来源主要有以下几方面：一是核工业，放射性核素在医学、科学研究和工农业生产中得到广泛应用，在医学和科学研究中大量使用放射性同位素开展示踪研究，其液态排出物会贡献少量的放射性，虽然浓度不高，但是总量较大，这在一定程度上会污染食品。二是核试验，核试验造成的全球性污染要比核工业造成的污染严重得多。地面、空中，特别是水下核试验产生的大部分放射性核素被直接排放到陆地或海洋中沉降到大陆上的放射性核素有一部分也会随着雨水经过河流进入海洋。

（二）食品的放射性污染途径

食品的放射性污染途径一般包括三方面：直接污染、间接污染和食物链传递途径。直接污染一般通过重力或降雨等自然因素的作用而沉降到地面或海洋，首先会沉降在生长中的植物表面，尤其是一些表面积较大的叶面和花朵上，例如菠菜、莴苣、卷心菜以及海带、海藻类等，其叶面由于极易吸附放射性核素而造成严重污染。间接污染主要是指大气、水和土壤等生长环境中的放射性核素直接被动植物吸收而使食品受到污染的过程。对于高等动物或水生生物，放射性核素通过食物链传递的影响尤为突出，而且通常情况下放射性核素的食物链传递和间接污染相伴发生。

（三）放射性污染对人体的危害与防治

如果长期的、大量的摄入放射性污染的食物，当进入人体的放射性物质达到一定浓度时，便能对人体产生损害。长期的放射性损伤最终会导致人体患放射性疾病，轻者会产生头痛、头晕、记忆力减退、食欲下降、睡眠障碍及白细胞减少等症状，严重者会出现白血病、肿瘤、代谢病、遗传变异甚至致死等。

一般情况下，为了预防食品的放射性污染及其对人体的危害，通常以控制放射性污染源进行预防。虽然可以采取多种措施来防止食品受到放射性的污染，但是在实践过程中由于存在工作疏忽、突然核事故和核试验等因素，不可能完全预防食品的放射性污染问题。因此，对于已受放射性污染的食品，需要加强监测，制定食品中放射性物质限制浓度标准以及采取放射性核素净化等各种措施，在最大程度上保障食品的安全性，防止已受放射性污染的食品对人体产生危害。

第五节　食物过敏原及其预防措施

扫码“学一学”

食物过敏是食物中某种成分（变应原或过敏原）刺激人体免疫系统产生一种异常的病理性免疫应答，也是部分人群对某些食物产生的一种不良反应。根据其免疫反应特点，可以分为 IgE 介导、非 IgE 介导或这两种混合型。在临床上轻度表现为皮肤（荨麻疹）、胃肠道（腹痛和腹泻等）过敏症状，重度可致哮喘、过敏性休克，甚至死亡。食物过敏已成为一个全球性公共卫生问题。据报道，成年人的过敏性反应发生率为 3% ~4%，儿童发生率高达 6%。

食物过敏原大多是蛋白质含量丰富的食物，如果怀疑自己对某种食物过敏，除了测试过敏原外还必须避免接触此类食物。

一、常见食物过敏原

目前，已确定的过敏性食物有 180 种以上，据联合国粮食及农业组织报告表明，90% 以上食物过敏原存在于牛乳、鸡蛋、鱼、甲壳类水产品、花生、大豆、坚果类及小麦八大类食物中。

在植物性食物过敏案例中，以大豆及核果类食物过敏报道最多。以主食消费的谷物食物如水稻、小麦、玉米等，发现在人群中也具有过敏现象。牛乳过敏是小儿最常见的食物过敏现象之一，50% 牛乳过敏婴儿可能对其他食物也产生过敏，如蛋类、豆类、花生仁等。

海产食品过敏性反应经常发生在沿海人群中，主要引起过敏的海产种类如虾、贝类及一些鱼类。

1. 牛乳及乳制品 牛乳过敏被认为是儿童最常见的食物过敏症。这通常涉及牛乳，但来自水牛、山羊和绵羊的牛乳也可能引起过敏性反应。牛乳过敏症状包括喘鸣、呕吐、荨麻疹和消化系统问题。幸运的是，牛乳很少涉及危及生命的过敏性反应，这是一种全身性反应，可能导致气道危险地收紧。3 岁以后，这些过敏症状会慢慢消失。

2. 蛋类 少数人在吃了鸡蛋后会引起各种过敏性反应，原因是这些人天然对鸡蛋蛋白过敏。鸡蛋过敏的主要症状包括喘息、恶心、头痛、胃痛和瘙痒的荨麻疹。

3. 花生 与鸡蛋类似，花生含丰厚的蛋白质。花生蛋白对某些人来说归于强致敏性物质，这些人不要说吃花生，就连闻到花生香味也会致使过敏性反应。

4. 海鲜 包含海里产的各种鱼类、海洋贝类（如牡蛎、鲍鱼、海螺、文蛤等）、海洋软体动物（如鱿鱼、乌贼、墨鱼等）、海蟹、海虾等。这些海洋生物均富含蛋白质，归于过敏原之一。鱼是一种终身过敏原，症状包括肿胀、瘙痒、痉挛、喘息、胃灼热、头晕和湿疹等。

5. 谷朊 谷朊即民间俗称的“面筋”，是一种主要存在于大麦及小麦麦麸里的植物蛋白。面筋在中国江南是一种美味食物质料（可加工成烤麸或油面筋等），但欧美国家有少数人天然生成对谷朊过敏，他们一旦食用了含谷朊的食物后就会致使肠应激综合征，医学上称这种过敏性反应为“乳糜泻”或“麦麸不耐症”。

二、食物过敏的防控措施

我国在食物过敏原检测技术和检测试剂制备方面的研究还处在起步阶段，还未开发出成熟的食物过敏原检测试剂，在过敏原检测和标准方面严重依赖国外技术及产品。建立本国的食物过敏原检测技术并开发国产免疫检测产品，可广泛应用于我国食物过敏原的筛查及快速检测，具有重大的社会意义。同时，完善过敏原法规势在必行。从目前研究情况来看，避免接触含有过敏原的食物或食物成分是降低食物过敏发生的有效措施，而通过对食品标签内容进行适当标注认为是有效商业措施。另外，随着我国过敏人群数量的日益增长，相关部门有必要加强食物过敏方面的教育，特别是学校。

扫码“学一学”

第六节　食品流通环节的安全

由于加工食品的生产涉及环节较多，造成食品安全问题的原因较为复杂，一般研究通常认为这些安全问题的原因主要来源于生产环节。而基于食品特质，食品很多可以进行远距离、广市场的销售，进而加大了检测其质量安全关键点的难度。且食品加工过程会使食品形态发生巨大的变化，普通消费者很难辨别出是否存在安全问题。

一、食品流通环节应注意的安全问题

在流通环节由于成品的贮存、运输、销售环境不当，所造成食品安全问题不低于食品生产阶段所产生的问题。

（一）贮存环节

食品贮存的目的是为了达到食品企业对各种原辅料的正常生产以及临时贮存成品的目的。为此，食品企业必须创造一定的条件，采取合理的方法来贮存食品。

1. 应有堆放场地和仓库　生产食品的种类，取决于食品的性质。不同性质的食品，决定其预处理及贮存应具备的设施条件。如新鲜水果、蔬菜，要设置接收场地、清洗设施及场所、保鲜仓库；食肉、水产品应设置一定容量的低温冷库；糕点加工厂应设置防潮的面粉仓库、原料堆放场地及仓库容量的大小应根据生产量、季节性来确定。

2. 贮存条件与品质变化　食品贮存条件的好坏、贮存方法是否恰当，都直接影响食品的卫生质量。因此，在贮存过程中要注意食品质量的变化。

（1）水分蒸发　食品在常温或低温条件下贮存一段时间，食品中水分减少后，使其质量损失。如水果、蔬菜就失去新鲜饱满的外观，当减重过度，其表面出现明显的凋萎现象；肉类食品出现表面收缩、硬化。

（2）冷藏　水果、蔬菜低温冷藏时，容易出现冷害，反复冷冻、解冻加工食品还会导致品质下降。

（3）串味　将有强烈香味或臭味的食品与易吸味的其他食品存放在一起，香味或臭味就会传给易吸味的其他食品，使其失去正常的风味。

（4）脂质酸败　脂质的酸败以氧化酸败为主，氧化酸败主要是油脂中含有不饱和脂肪酸引起。这些产物都不稳定，进一步分解成许多碳链较短的产物（如醛、酮等），这就是油脂酸败形成哈喇味的主要原因。

（5）淀粉老化　在常温条件下，长期放置已经糊化的淀粉会逐渐变硬，这种现象叫淀粉的老化，也叫淀粉的凝沉，从而使食品原有的柔软度、可口性变差。

（6）微生物增殖　食品原料在贮存过程中，当温度、湿度适宜的情况下，极易使细菌、霉菌迅速繁殖，使原料发生腐败变质。

（二）运输环节

1. 运输工具应符合卫生要求　食品必须使用专用的车、船等运输工具，严禁与化肥、化工产品及其他有毒有害化学物质混载，也不得使用运输过上述物品的车、船及其运输工具。如做不到运输工具专用，在运输食品前必须彻底清洗干净，确保无有害物质污染，无异味。

2. 选择合适的运输工具　应根据原辅料的特点和卫生要求，选择合适的运输工具。例如：①大米、面粉、油料等原料，可用普通常温车（车厢）和船运输。②运输家畜、家禽等动物的车、船应分层设置铁笼，通风透气，防止挤压，以便于运输途中供给足够的饲料和饮水。③瓜果、蔬菜类食品应装入箱子或篓中运输，避免挤压撞伤而腐烂。夏季长途运输应采用冷藏车，车厢温度保持在 5 ~ 10 ℃，起防腐保鲜作用。④水产品、食肉及其冰冻食品原料采用低温冷藏车贮运，使运输中温度保持在 −18 ℃以下，可有效地控制微生物生长，防止腐败变质，延长贮存期。

3. 防止食品原料污染和受损伤　运输作业应防止食品原料污染和受损伤。在装运食品原料时，应逐个检查包装商品的标签，避免将有毒有害物品混入，运输食品原料的车、船不得与非食品、有特殊气味的物品及其他有毒有害物质或可能受到具污染的物品混装。

4. 保持运输工具洁净卫生 运输工具应定期清洗、消毒，保持洁净卫生。运载过非食品的运输工具应深入了解和进行处理，不能受到有毒有害物质的污染。污垢多的车、船要用高压水冲刷，必要时用碱水刷洗，定期用漂白粉上清液或过氧乙酸消毒液喷洒消毒，平时不用时也应用清洁布盖好，用时再检查一次，确保车、船等运输食品工具的干燥、洁净。

二、造成食品流通环节问题的原因

（一）小规模食品生产企业比例高

随着我国食品产业的快速发展，百姓的餐桌日益丰富。然而正当人们充分享受美味时，食品安全问题的阴影不期而至。追溯食品生产的源头，目前我国的食品工业大中型企业偏少，小微企业和小作坊仍然占全行业的90%左右，“小、散、低”的格局并未根本改变。这些小微企业和小作坊的生产条件和管理水平很难严格达到食品安全的要求，往往成为食品安全问题的多发区。这也直接导致了我国食品安全基础的薄弱。

（二）食品生产企业和食品经营者的诚信问题

近年来，诚信问题已成为全社会关注的焦点。究其原因，是由于诚信缺失而发生的触目惊心的问题在我们身边时有发生。特别是在食品安全问题上，某些食品生产者、经营者为了获取更大的利润，违反道德、不讲诚信，甚至在食品生产中非法添加三聚氰胺、瘦肉精、苏丹红等非食品添加剂，危害了消费者的身体健康。

（三）流通环节食品安全监管有待完善

中国的法律体系虽然已经形成，但体系本身远非完美。既存在现行法律需要修改的问题，也存在配套法规的缺失等问题。在生产和加工环节，我国与食品安全相关的各类标准数量众多，而涉及流通环节的相关标准仅有百余项，存在着大量的食品流通安全标准空白，如食品贮藏标准、冷链标准、包装运输标准等。在缺乏具体作业标准的状况下，极易在流通环节出现食品安全问题。另外，一直以来，我国对造假贩假者的处罚较轻，造假者付出的风险成本很小，也造成一些无良商家敢于肆无忌惮地挑战道德的底线乃至法律的尊严。

三、食品流通环节的监管对策

（一）完善食品安全法律体系

完善的食品安全法律体系和食品安全标准体系不但是保障我国食品生产与流通安全的基础，同样也决定了食品安全监管的效果。因此，要从根本上改变我国目前食品安全问题频发的现状，必须加快立法和修法的进度。在流通环节，特别是要针对食品安全监管建立一套有效的、可操作性强的法律机制，为食品流通安全监管提供强有力的法律保障。对于食品流通安全标准缺失严重的问题，应深入研究、借鉴发达国家先进的食品安全标准体系，不但要加快制订我国流通环节食品安全标准的步伐，还应注意与先进国际标准的接轨，努力构建科学、合理的食品安全标准体系。

（二）利用现代信息科技

信息科技的飞速发展使人类能够跨越时空的限制，实现信息的共享。目前，信息科技被广泛应用于全球的各个行业各个领域。在食品安全监管领域，现代信息科技能够使监管部门的监管信息实现共享，由此大大提升了监管部门的实际监管工作水平和监管效率。与此同时，现代信息科技的应用也能够更好地满足社会各方对食品安全相关信息的需求。

（三）借鉴国外的成功经验

不可否认，近几十年来发达国家在解决本国的食品安全问题过程中积累了许多成功经验。与发达国家相比，我国在食品安全监管的理念、技术、能力、经验、资金等方面还存在着较大的差距。因此，我们有必要在解决食品安全监管问题的过程中，研究、借鉴发达国家的先进监管理念、监管技术及积累的宝贵经验，探询符合我国具体国情的解决流通环节食品安全问题的途径。

（四）加大对食品安全违法者的惩治力度

目前我国法律法规对食品安全违法者所采取的惩治力度明显不足，无法起到应有的震慑和惩戒作用。不法之徒面对制售假冒伪劣食品可以获取的暴利和与之相比低廉的违法成本，屡屡挑战法律的尊严。由此可见，违法成本低廉是不法分子之所以不惧怕触犯法律的重要原因之一。因此，对制售假冒伪劣食品的企业、个人，必须从严、从重予以坚决打击，处以高额罚款，构成犯罪的必须绳之以法，追究其法律责任。

（五）加大对快速检测的投入

“现场快速检测”以其快速、准确、方便、节约等特点，越来越受到监督管理部门的青睐，在日常监测领域发挥了越来越重要的作用。因此，国家应加大对快速检测的科研、培训和设备资金投入。同时，还应特别注意要充分发挥现场快速检测在日常食品安全监管中的特殊功效，使之真正起到保障消费者食品安全，震慑不法分子的作用。

思考题

1. 何谓食源性疾病？
2. 简述食品生物性危害的分类，并说明每种生物性危害中常见的代表性物质。
3. 农药残留对人体有哪些危害？如何减少食品中的农药残留？
4. 食品加工过程会产生哪些有害化学物质？各由哪些途径引起？
5. 食品中常见的天然毒素有哪些？对人体有哪些危害？如何防止食物中毒？

（周　昀）

第三章　食品质量控制方法

知识目标

1. 掌握　数据搜集方法、抽样方法和质量管理工具方法。
2. 熟悉　食品质量管理中产品质量波动的因素分析。
3. 了解　质量控制的新方法。

能力目标

1.能够正确收集食品生产数据，并进行统计分析。
2.能够应用质量管理工具方法指导实际工作。

扫码“学一学”

第一节　质量管理数据

质量管理的目的就是通过管理来保证生产出用户满意的产品，为达到此目的就必须规定明确的质量特性，而用数据表示的质量特性最有说服力，最能反映事物的本质。没有数据就不能进行定量分析，更谈不上科学管理，全面质量管理尽可能使说明质量水平的事实数据化，通过数据的整理、分析和判断，从中找出质量的活动规律，并做出正确的判断，以达到控制和提高产品质量的目的。

数据的用途是由搜集数据的目的来决定的。其用途可分为以下几项。

1. 分析用数据　为掌握和分析现场质量情况而搜集的数据。如：通过调查钢铁的化学成分来控制钢铁的质量等。

搜集这类数据，主要用于分析存在的问题，找出所要控制的影响因素，并确定各因素间的相互关系，为最后进行判断提供依据。

2. 管理用数据　为了掌握工序加工质量特性波动原因，用于对工序状态作出判断而搜集的数据。即收集这类数据是为了对生产过程进行预防性控制和管理。每次从工序中抽取的数据个数不多，但却要多次抽取，此时要特别注意每组数据的次序不能混淆。

3. 检验用数据　对产品进行全数检验或抽样检验而搜集的数据。即搜集这方面的数据是为了对一批产品的质量进行评价和验收。一般说来，此时被研究的对象处于静止状态，常不强调数据搜集的先后次序，但要特别强调抽检数据的随机性，同时抽取的数据量要尽可能大些，以保证数据的代表性。

一、质量数据的分类

质量数据是指某质量指标的质量特性值，质量数据在企业中几乎无处不在。质量数据按其性质可以分为两类：计量值数据和计数值数据。

1. 计量值数据　计量值数据是指用测量工具可以连续测取的数据，即可以用测量工具具体测出小数点以下数值的数据。如长度、面积、体积、质量、密度、糖度、酸度、硬度、温度、时间、营养成分含量、灌装量等。由于测量工具的精度所限，结果使得测量范围内的数据，也不能做到无限可分而任取其值，因此实测到的数据往往也呈跳跃状。

2. 计数值数据　计数值数据是指不能连续取值的、只能以整数计算的数据。如产品件数、不合格品数、产品表面的缺陷数。一般为正整数，但以百分数出现的数据由哪一类数据计算所得，就属于哪一类数据。

（1）计件值数据　计件值数据是指数产品的件数而得到的数值。如产品件数、不合格品率、不合格品数、质量检测的项目数。

（2）计点值数据　计点值数据是指数缺陷数而得到的数值。如不合格数、大肠埃希菌数、细菌总数，产品表面的缺陷数，单位时间内机器发生故障的次数，棉布上的疵点数，玻璃上的气泡数，铸件上的砂眼数。

二、总体与样本的特征值

（一）总体与参数

1. 总体　总体又叫母体，是研究对象的全体。总体可以是有限的，也可以是无限的。例如要考察某厂 10 000 瓶饮料，其总体的数量已限制在 10 000 个，是有限的总体。若对该厂过去、现在和将来生产的饮料质量情况进行分析，这个连续的过程可以提供无数个数据，是无限的总体。

2. 个体　个体也叫样本单位或样品，是构成总体或样本的基本单位。如 1 包奶粉、1 块月饼等。

3. 参数　由总体计算的特征数叫参数。如总体平均值、总体标准差。

在实际工作中，对无限多的个体逐一考察其某一特性的数值显然是困难的。对有限多的个体，由于其数量大，也难于一一进行考察；如果考察方法是破坏性的就更不能一一加以考察。因此，只能通过抽取部分样品来了解和分析总体情况。

为了保证样本能够很好地反映总体，就要求抽样的随机性，也就是要求抽取的样品都有同等机会被抽取到。这样抽取到的样品才有较高的代表性。具体的抽样方式和方法要根据抽样的目的来选择和确定。

（二）样本与统计量

1. 样本　样本也叫子样，是从总体中抽取出来的一个或多个供检验的单位产品，例如从 3000 包奶粉中抽取 10 包奶粉作为样本进行检验。样本中所含的个体数目称为样本量或样本大小，常用 n 表示，例如从 3000 包奶粉中抽取 10 包奶粉作为样本进行检验，其样本量 $n=10$。从总体中抽取部分个体作为样本的过程叫抽样，食品工业通常采取“随机抽样”的方法。

2. 统计量　由样本计算的特征数叫统计量，常用拉丁字母表示。

（1）表示样本的中心位置的统计量。

①样本平均值 $\overline{X}$。其计算公式为

$$\overline{X} = \left(\sum_{i=1}^{n} X\right)/n$$

②样本中位数 $\tilde{X}$。把收集到的统计数据按大小顺序重新排列，排在正中间的那个数就叫中位数。当样本量 n 为奇数时，正中间的数只有一个；当 n 为偶数时，正中位置有两个数，此时中位数为正中两个数的算术平均值。

（2）表示样本数据分散程度的统计量。

①样本极差。一组数据中最大值与最小值之差。例如，15、5、10、20、45 五个数组成一组，则极差：$R = X_{max} - X_{min} = 45 - 5 = 40$。

②标准方差 s^2 。

$$s^2 = \frac{1}{n-1}\sum_{i=1}^{n}(X_i - \bar{X})^2$$

③样本标准差。

$$s = \sqrt{\frac{1}{n-1}\sum_{i=1}^{n}(X_i - \bar{X})^2}$$

（三）搜集数据的方法

1. 单纯随机抽样法 单纯随机抽样法又分为重复和不重复抽样两种方法。

单纯随机重复抽样法，指总体中每一个个体始终都有相等的被抽取的机会，抽取完一件样品后，立即放回到总体中，这种方法的随机性比较彻底。

通常的做法是：对总体的全部产品进行编号，然后取得同样本大小相同个数的随机数，按随机数指定的相应编码，抽检产品。具体操作时可采用抽签法、随机数法和掷骰法等。

单纯随机不重复抽样法，是一种无放回的抽样方法，即从总体中每次抽取到的样品不再放回到总体中去而进行的随机抽样方法。按照上面的做法，有意识地舍去重复出现的随机数，就可实现不重复随机抽样。

单纯随机抽样法的随机性较强，样本具有很好的代表性，适合于整批产品的质量检验。

2. 分层随机抽样法 分层随机抽样法就是把不同条件下生产出来的产品归类分组，按一定比例从各组中随机抽取样品组成样本。这种分层随机抽样，事实上就是把大的总体或检查批按不同情况分成若干个小的总体或检查批，在每个小的总体或检查批中随机抽取小的抽样组，而且这种抽样组的大小是与总体或检查批的大小成正比例的。因此，在总体单位的情况不一致时，分层随机抽样是比较好的抽样方式。

3. 整群随机抽样法 所谓整群随机抽样，就是在总体或抽查批中，不是抽取个别产品，而是随机抽取整群的产品，加以观察和研究，由此推断总体或检查批的情况。例如，对某种产品质量作 5% 的抽样检查：每隔 20 小时抽取 1 小时中所生产的全部产品，或者每隔一小时或几小时连续抽取几个到几十个产品来检查，然后推断检查批的质量情况。

整群随机抽样法的优点在于组织便利，容易抽取产品。缺点是样本中的样品在总体或检查批中的分布很不均匀，因而在某些时候的代表性可能差一些，所以采用这种抽样方式时，总的样本容量也会大一些。

三、产品质量的波动

在生产实际中，经常可以观察到这样的现象：按照同样的工艺、遵照同样的作业指导书、采用同样的原材料、在同一台设备上、由同一个操作者生产出来的一批产品其质量特性不可能完全一样，总是存在差异，即存在变异或波动。也就是说，任何一个生产过程，总存在着质量波动。质量波动是客观存在的，是绝对的。

造成质量波动主要有六方面因素（5M1E）：操作者（man）、设备（machine）、原材料（material）、操作方法（method）、测量（measure）、环境（environment）。根据造成波动的原因，可以把波动分为两大类：一类是正常波动；另一类是异常波动。

1. 正常波动　正常波动是由随机因素又称偶然因素造成的，是质量管理中允许的波动，此时的工序处于稳定状态或受控状态。如机器的固有振动、液体灌装机的正常磨损、工人操作的微小不均匀性、原材料中的微量杂质或性能上的微小差异、仪器仪表的精度误差、检测误差。

正常波动是固有的、始终存在的，是不可避免的，对质量的影响较小，这些因素技术上难以消除，经济上也不值得消除。

2. 异常波动　异常波动是由系统性原因造成的质量数据波动，是质量管理中不允许的波动，此时的工序处于不稳定状态或非受控状态。对这样的工序必须严加控制。如配方错误、设备故障或过度磨损、操作工人违反操作规程、原材料质量不合格、计量仪器故障等。

异常波动是指非过程固有、有时存在有时不存在，对质量波动影响大，常常超出了规格范围或存在超过规格范围的危险，易于判断其产生原因并除去。

质量管理的一项重要工作内容就是通过搜集数据、整理数据，找出波动的规律，把正常波动控制在最低限度，消除系统性原因造成的异常波动。

四、收集质量数据应注意的问题

（1）要明确搜集数据的目的。目的不同搜集数据的过程与方法也不同。例如：为进行工序控制和为检验一批生产出来的产品质量而搜集数据，就不能采用同种搜集数据的方法。

（2）搜集的数据一定要真实、准确。数据不真实，不但没有意义，而且还会因假信息而造成危害性。

（3）搜集到的原始数据应按一定标志进行分类，加以整理，尽量把同一生产条件下的数据归并在一起。

（4）要记下搜集数据的条件。记录抽样方式、抽样时间、测定仪器、工艺条件以及测定人员等。

扫码“学一学”

第二节　质量成本管理

当今的市场是个买方市场，客户需求的是优质、低价的产品。而近些年来，为了满足客户的这种需求，再加上市场的激烈竞争，所有企业都在致力于深降成本。尤其近两年受原材料价格持续飙升、人工成本也不断上涨等因素的影响，使得降低成本工作似乎到了“山穷水尽”的地步，持续生存就显得岌岌可危，寻找降低成本的新突破口迫在眉睫。

放眼看去，众多企业把降低成本的工作重点放在了那些容易被抓住和容易被“看见”的成本与费用上，如：降低物品采购价格，节省行政管理中的办公经费、业务招待费、差旅费等。而对于那些不易被抓住和似乎不易被“看见”方面的成本的降低，则很少考虑，

如：减少管理工作失误，提高服务质量等。所以，降低成本新的突破口应该从这些似乎不易被看见的成本开始，即实施质量成本管理。

那么与产品（或服务）相关联的成本都有哪些呢？对于一个企业而言，虽然卓越的研究开发可使新产品导入市场，虽然营销的多样化可使产品在短期内增加销售量，但没有卓越的“质量”保证，就不能长久立足于市场。而这种“质量”汇集了包括生产、技术、管理、信息沟通、服务等各个方面的工作质量。例如：指令下达错误、信息沟通不畅、工作交接不当、服务质量不好而导致工作中存在的各种问题等，应该说所有的企业或多多少地存在这些质量问题。尤其在制造行业，都存在着由于不符合性能标准而发生的操作，例如：加工现场表现在加工废品和返工。质量成本管理正是为了解决这些往往被轻视的质量问题所造成的各种损失，让损失降低到最低限度，以挖掘企业内部新的降低成本潜能，并获取新的增长空间。

质量成本，是指企业为保证产品质量而支出的一切费用，以及由于产品质量未达到既定的标准而造成的一切损失。加强企业质量成本管理，一方面有利于企业提高产品质量，降低经营成本；另一方面也有利于增强企业产品价格竞争力，提高企业盈利能力和盈利水平。

质量成本管理，重在方法管理。企业如采用一套行之有效的科学管理方法，将使企业管理成本更低，成效更为明显，达到事半功倍的效果。企业实施质量成本管理应高度重视以下五项工作。

一、企业质量成本构成情况

质量成本包括直接质量成本和间接质量成本。直接质量成本是指在产品的制造和销售过程中所发生的质量成本，一般由内部故障成本、外部故障成本、鉴定成本和预防成本四个部分组成。内部故障成本是指企业内部由于生产的产品质量有缺陷而造成的损失和为处理质量缺陷而发生的费用的总和，一般包括废品损失、返工费用、复检费用、停工损失以及不合格品处理费用等。外部故障成本是指在销售和使用中发现产品缺陷而产生的由制造企业支付的一切费用的总和，它同内部故障成本的区别在于不合格品是在发运给顾客后才发现的，一般包括保修费、索赔费、诉讼费、退货费、降价费。鉴定成本是指在一次交验合格的情况下，为检验产品质量而发生的一切费用，一般包括进货测试费、工序和成品检验费、在库物资复检费、对测试设备的评价费、质量评审费。预防成本是指为了防止质量缺陷发生，保证产品质量，使故障成本和鉴定成本最低而耗费的费用，一般包括质量计划编制费、质量管理培训教育费、工序控制费、产品评审费、质量信息费、质量管理实施费。间接质量成本是指在直接质量成本的基础上进一步引伸和扩展的成本，它涉及到制造和销售过程以外的质量成本，一般包括：无形质量成本、使用质量成本、供应商质量成本、设备质量成本。

分析企业质量成本的构成，有利于企业明确质量成本可能发生的环节，建立必要的质量成本控制措施。一些企业建立了质量成本会计分录，分门别类地统计并核算各质量成本项目，以此发现质量成本发生的环节、发生的多少、发生的原因，为企业落实质量责任、采取质量措施，提供详实的资料。

二、企业质量成本控制标准

为加强质量成本管理工作，企业可设立质量成本管理中心，制定质量成本管理制度，建立质量成本控制标准。例如，中国一汽集团四川专业汽车厂建立了企业质量成本控制标准，标准规定质量成本占销售额的比例不得超过10%。其中：内部故障成本占全部质量成本的比例范围应在25%～40%；外部故障成本占全部质量成本的比例范围应在20%～40%；鉴定成本占全都质量成本的比例范围应在10%～50%；预防成本占全部质量成本的比例范围应在0.5%～5%。企业规定，如突破上述规定标准，质量成本管理中心将责成有关部门分析原因，采取有效措施。

三、质量成本目标体系

质量目标是指企业在一定时期内，在质量方面所要达到的预期成果。开展质量成本控制工作，应有明确的控制目标，这是企业质量成本控制工作的基础。

建立质量成本控制目标，应注重以下几点：一是目标要有突破性。所谓突破性，就是要在现有的质量成本基础上有所突破，成本总量要有一定幅度的降低。二是目标要有控制性。所谓控制性，就是为把质量水平和质量指标维持在一定的水平上而制定的目标。这样的目标通常成为日常控制工作的标准。三是目标要有可实现性。所谓可实现性，就是通过全体员工的努力，目标是可以实现的。切不可把目标定得过高，让人觉得高不可攀，难以实现，丧失信心。四是目标应力求量化。尽量避免使用一些不确定语言，多用数字表述目标，让人一目了然，便于操作和验证。

建立质量控制目标，既要有总目标，也要有分目标。总目标规定企业质量成本总体控制水平，在一定时间内应达到的成果或要求。将总目标进行分解，就成为一系列分目标，这些分目标由相应的职能部门来完成。如将总目标分解成：采购成本控制目标、财务成本控制目标、制造费用控制目标、销售费用控制目标等分目标，分别由相应的职能部门来完成。每一项分目标，还可进一步分解成一系列子目标，如采购成本控制分目标可分解成：原材料采购成本控制目标、外协件采购成本控制目标、低质易耗品采购成本控制目标等子目标。

四、质量成本控制计划

质量成本控制目标能否顺利实现，关键在于企业的质量成本控制计划制定得是否完善、合理。质量成本控制计划，应当规定目标体系中的每一个目标该由谁来完成，什么时候完成，如何检验评价这些目标；应将目标体系落实到各部门、各人，落实到每季度、每月，甚至每周，将目标按人按时间进行分摊。这样，通过每一个人，每一个部门，每一段时间的工作，实现其预期的分目标，从而保障企业总目标的实现。

企业质量成本管理中心是质量成本控制计划编制、修订和实施的职能部门。计划编制时，应多召开各种形式的座谈会，征求各部门对质量计划草案的意见，多次反复修改，便于以后计划的实施。

五、质量成本三全控制体系

质量成本控制，涉及企业的每一个员工、每一个部门、每一个工作环节。因此，企业质量管理部门能否通过宣传、通过制度，动员全体员工参与，进行全过程的质量控制，开展全企业质量管理，关系到企业质量成本计划能否顺利实施。

1. 全员控制 如何才能调动全体员工积极性和创造性，共同做好质量成本控制工作呢？企业应从以下几个方面着手：一是抓好全员质量宣教工作，加强员工质量成本控制意识，促使员工积极参加各项质量活动；二是通过建立质量责任制，明确责任和权限，各司其职，互相配合，建立企业高效、协调、有序的质量保障体系；三是开展多种形式的群众性质量活动，如质量控制小组，充分发挥广大职工的聪明才智。

2. 全过程控制 质量成本发生在各个部门、各个环节，发生在每一个人、每一天的工作中。因此，质量成本控制，要全员参与，也要全过程控制。全过程控制，应对每一过程制定严格的操作规范、控制标准、检测手段，使每一位员工知道如何降低损耗、减少浪费、控制过程成本；全过程控制，应坚持预防为主，把不合格品消灭在它的形成过程之中，做到防患于未然；全过程控制，应充分发挥检验的作用，做好检验标准制定、检测手段制定、检测方法制定工作，做好产品的首检、巡检、专检工作，尽量减少成批报废，提前预报质量情况。

3. 全企业控制 在全企业质量成本控制方面，成本控制涉及企业高层、中层、基层工作，直至每个层次。

扫码“学一学”

第三节 QC 旧七法在食品生产中的应用

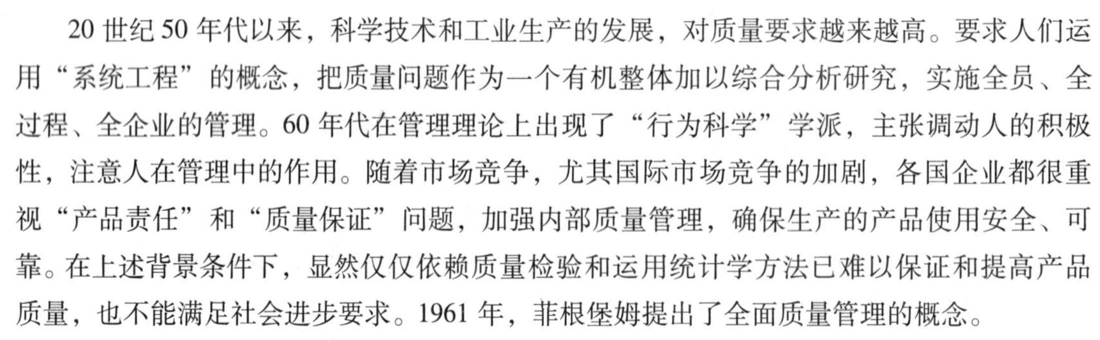

20 世纪 50 年代以来，科学技术和工业生产的发展，对质量要求越来越高。要求人们运用“系统工程”的概念，把质量问题作为一个有机整体加以综合分析研究，实施全员、全过程、全企业的管理。60 年代在管理理论上出现了“行为科学”学派，主张调动人的积极性，注意人在管理中的作用。随着市场竞争，尤其国际市场竞争的加剧，各国企业都很重视“产品责任”和“质量保证”问题，加强内部质量管理，确保生产的产品使用安全、可靠。在上述背景条件下，显然仅仅依赖质量检验和运用统计学方法已难以保证和提高产品质量，也不能满足社会进步要求。1961 年，菲根堡姆提出了全面质量管理的概念。

日本质量管理专家在推行全面质量管理工作过程中，引进学习美国质量管理理论，开发、应用了新老七种工具，为开展质量改进，普及统计技术应用提供了有效的途径。老七种工具起源于 1962 年日本科学技术联盟，20 纪 70 年代备受日本工业界推崇，并很快在日本的工厂企业现场质量管理中发挥了巨大作用。老七种工具有因果图、排列图、散布图、直方图、调查表、分层法和控制图，适用于生产现场、施工现场、服务现场解决质量问题和改进质量。

食品质量控制的传统方法有因果图、排列图、散布图、直方图、调查表、分层法和控制图，通常称为 QC 七工具或品管七大手法，这七种方法相互结合、灵活运用，对解决质量管理中问题有较大帮助。

一、因果图

1. 因果图的概念和作用 因果图又称鱼刺图，是一种用于分析质量特性（结果）与可能影响质量特性的因素（原因）的一种工具。它可用于以下几个方面：分析因果关系、表达因果关系及通过识别症状、分析原因、寻找措施，促进问题解决。日本东京大学教授石川馨第一次提出了因果图，所以因果图又称石川图（图 3－1）。

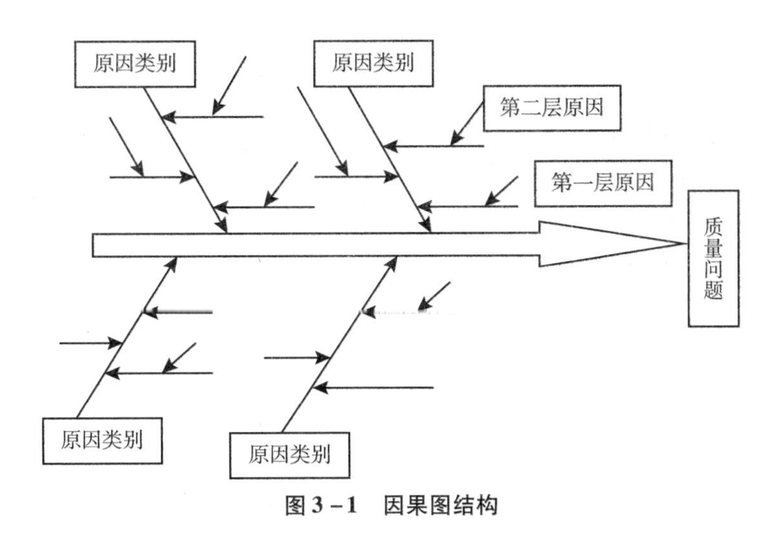

图 3－1　因果图结构

2. 因果图的制作步骤

【例 3－1】对某糕点生产企业存在的裱花蛋糕微生物超标的质量问题进行因果分析。

分析及制作步骤如下。

（1）确定需要分析的质量特性，如产品质量、质量成本、产量、工作质量等问题。

（2）召集同该质量问题有关的人员参加会议，充分发扬民主，各抒己见，集思广益，把每个人的分析意见都记录在图上。

（3）画一条带箭头的主干线，箭头指向右端，将质量问题写在图的右边，确定造成质量问题类别。按影响产品质量的六大因素：人、机、料、法、测、环 5M1E 分类，然后围绕各原因类别展开，按第一层原因、第二层原因、第三层原因及相互因果关系，用长短不等的箭头画在图上，逐级分析展开到能采取措施为止。

（4）讨论分析主要原因，把主要的、关键的原因分别用粗线或其他颜色的线标记出来，或者加上方框进行现场验证。

（5）记录必要的有关事项，如参加讨论的人员、绘制日期、绘制者等。

（6）对主要原因制定对策表，落实改进措施。

图 3－2 是某糕点生产企业对裱花蛋糕微生物超标的质量问题进行因果图分析的结果。

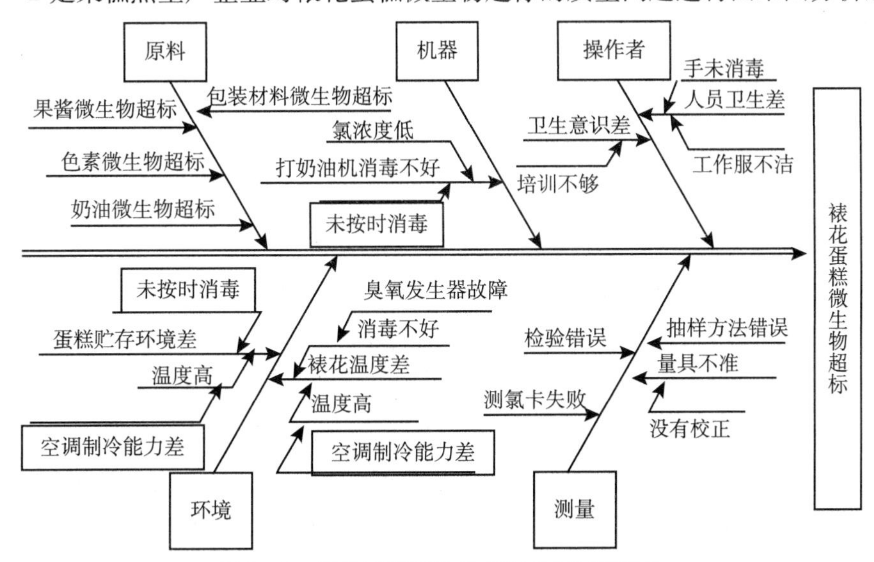

图 3－2　裱花蛋糕微生物超标的因果图结构

二、排列图

1. 排列图的概念和作用 全称是主次因素排列图，又称巴雷特图（Pareto），是将质量改进项目从最重要到次要进行排列，寻找影响质量的主要原因或主要问题所使用的图。排列图由一个横坐标、两个纵坐标、几个按高低顺序排列的矩形和一条累计百分比折线组成。此图是一个直角坐标图，它的左纵坐标为频数，即某质量问题出现次数，用绝对数表示；右纵坐标为频率，常用百分数来表示。横坐标表示影响质量的各种因素，按频数的高低从左到右依次画出长柱排列图，然后将各因素频率逐项相加并用曲线表示。累计频率在80%以内的为A类因素，即亟待解决的质量问题。

排列图作用：通过区分最重要的和其他次要的项目，就可以用最少的努力获得最大的改进。

2. 排列图的制作案例

【例3－2】某食品厂对某时段生产的菠萝罐头不合格项进行调查，结果如表3－1所示。现利用排列图对不合格项进行分析。

表3－1 菠萝罐头不合格项调查表

不合格类型	外表面	真空度	二重卷边	净重	固形物	杂质	块形	小计
不合格数（个）	1	7	1	42	28	6	4	89

根据表3－1数据制作排列图的步骤如下：

（1）制作排列图数据表（表3－2），计算不合格比率，并按数量从大到小顺序将数据填入表中。“其他”项的数据由许多数据很小的项目合并在一起，将列在最后。

表3－2 菠萝罐头排列图数据表

不合格类型	不合格数（个）	累计不合格数（个）	比率（%）	累计比率（%）
净重	42	42	47.2	47.2
固形物	28	70	31.5	78.7
真空度	7	77	7.9	86.6
杂质	6	83	6.7	93.3
块形	4	87	4.5	97.8
其他	2	89	2.2	100
合计	89		100	

（2）画两根纵轴和一根横轴。左边纵轴，标上件数（频数）的刻度，最大刻度为总件数（总频数）；右边纵轴，标上比率（频率）的刻度，最大刻度为100%。左边总频数的刻度与右边总频数的刻度（100%）高度相等。横轴上将频数从大到小依次列出各项。

（3）在横轴上按频数大小画出矩形，矩形高度代表各不合格项频数的大小。

（4）画累计频率曲线，用来表示各项目的累计百分比。

（5）在图上记录有关必要事项，如排列图名称、数据及采集数据的时间、主题、数据合计数等，如图3－3所示。

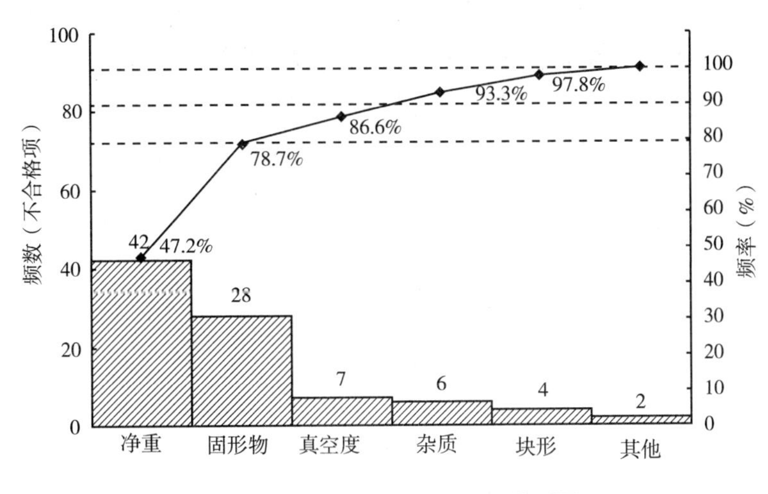

图3-3　菠萝罐头不合格项目排列图

3. 排列图的使用

（1）为了抓住“关键的少数”，在排列图上通常把累计比率分为三类：在低于80%的因素为A类因素，即主要因素（不超过三项）；在80%～90%的因素为B类因素，即次要因素；在90%～100%的因素为C类因素，即一般因素。从图3-3中可以看出，出现不合格品的主要原因是净重和固形物含量，只要解决了这两个问题，不合格率就可以降低78.7%。

（2）在解决质量问题时，将排列图和因果图结合起来特别有效。先用排列图找出主要因素，再用因果图对该主要因素进行分析，找出引起该质量问题的主要原因。

三、散布图

散布图也称相关图、分布图，用于研究两个变量之间的关系及相关程度。在散布图中，成对的数据形成点子云，研究点子云的分布状态，便可推断成对数据之间的相关程度。图3-4是六种常见的散布图形状。

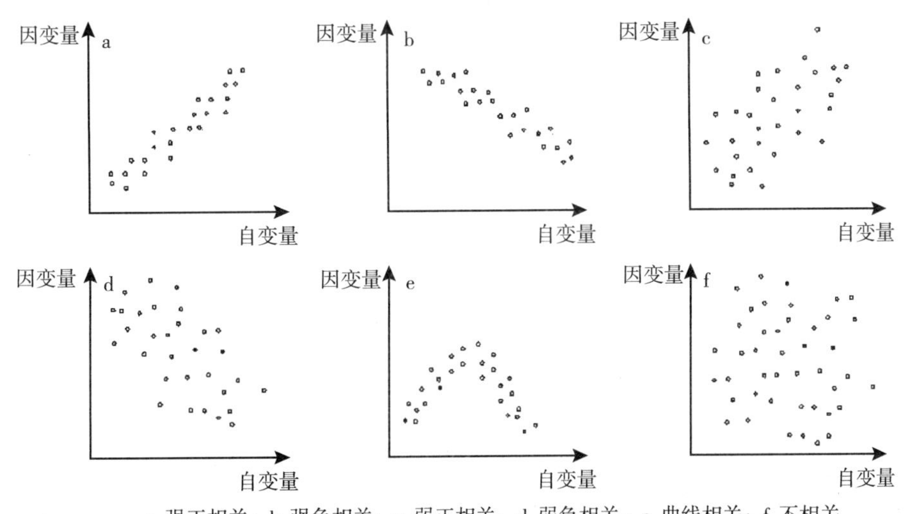

a. 强正相关；b. 强负相关；c. 弱正相关；d. 弱负相关；e. 曲线相关；f. 不相关

图3-4　典型散布图

散布图可以用来发现和确认两组相关数据之间的关系，并确认两组相关数据之间预期的关系，常用于分析研究质量特性之间或质量特性与影响因素两变量之间的相关关系。

【例 3－3】 某酒厂为了研究中间产品酒醅中的酸度和酒精体积分数 2 个变量之间存在什么关系，对酒醅样品进行了化验分析，结果如表 3－3 所示，现利用散布图对数据进行分析、研究和判断。

表 3－3　酒醅中酸度和酒精体积分数分析数据表

序号	酸度（%）	酒精体积分数（%）	序号	酸度（%）	酒精体积分数（%）
1	0.5	6.3	16	1.4	3.8
2	0.9	5.8	17	0.9	5.0
3	1.2	4.8	18	0.7	6.3
4	1.0	4.6	19	0.6	6.4
5	0.9	5.4	20	0.5	6.4
6	0.7	5.8	21	0.5	6.6
7	1.4	3.8	22	1.2	4.7
8	0.8	5.7	23	0.6	6.5
9	0.7	6.0	24	1.3	4.3
10	0.9	6.1	25	1.0	5.3
11	1.2	5.3	26	1.5	4.4
12	0.8	5.9	27	0.7	6.6
13	1.2	4.7	28	1.3	4.6
14	1.6	3.8	29	1.0	4.8
15	1.5	3.4	30	1.2	4.1

将表中的各组数据一一描点在坐标系中，结果如图 3－5 所示。将图 3－5 与图 3－4 典型散布图进行比较，可以得出酒醅酸度与酒精体积分数呈弱负相关的结论。

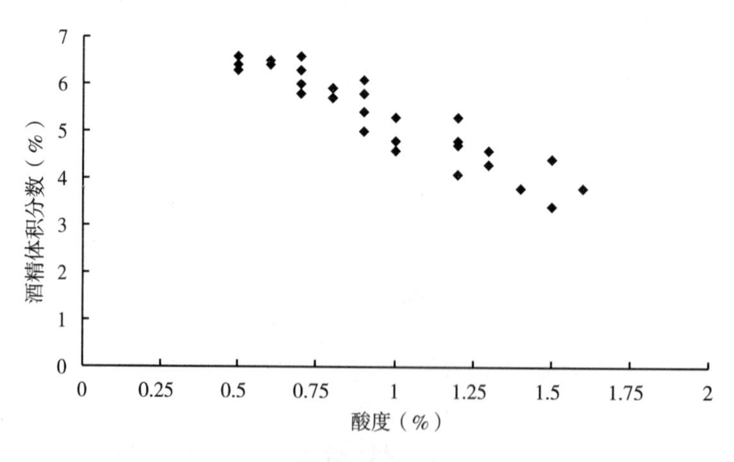

图 3－5　酒精体积分数与酸度散布图

四、直方图

1. 直方图的概念与作用　直方图是从总体中随机抽取样本，将从样本中获得的数据进行整理后，用一系列宽度相等、高度不等的矩形表示数据分布的图。矩形的宽度表示数据范围的间隔，矩形的高度表示在给定间隔内的数据频数。

直方图的作用：较直观地传递有关过程质量状况的信息，显示质量波动分布的状态；通过对数据分布与公差的相对位置的研究，可以对过程能力进行判断。

2. 直方图的制作步骤

【例3－4】某植物油生产厂使用灌装机，灌装标称质量为5000 g的瓶装色拉油，按规定只允许灌装的实际质量比标重质量多而不允许少，为了降低成本要求溢出量为0～50 g。现应用直方图对灌装过程进行分析。

（1）收集数据　收集的数据，一般为50个以上，最少不得少于30个。数据太少时所反映的分布及随后的各种推算结果的误差会增大。本例收集100个数据，列于表3－4中。

表3－4　溢出量数据表　　单位：g

43	40	28	28	27	28	26	12	33	30
34	42	22	32	30	34	29	20	22	28
24	29	29	18	35	21	36	46	30	14
28	28	32	28	22	20	25	38	36	12
38	30	36	20	21	24	20	35	26	20
29	31	18	30	24	26	32	28	14	47
24	34	22	20	28	24	48	27	1	24
34	10	14	21	42	22	38	34	6	22
39	32	24	19	18	30	28	28	16	19
20	28	18	24	8	24	12	32	37	40

（2）计算数据的极差　极差（R）：反映了样本数据的分布范围，在直方图应用中，极差的计算用于确定组范围。

$$R = X_{max} - X_{min} = 48 - 1 = 47$$

（3）确定组距　现确定直方图的组数，然后以此组数去除极差，可得直方图每组的宽度，即组距（h）。组数的确定要适当，组数k的确定可参见表3－5。

表3－5　直方图分组组数选用表

样本量（n）	50～100	100～250	250以上
推荐组数（k）	6～10	7～12	10～20

该例取组数$k = 10$

$$h = R/k = 47/10 = 4.7 \approx 5$$

组距一般取测量单位的整数倍，以便分组。

（4）确定各组的边界值　为避免出现数据在组的边界上，并保证数据中最大值和最小值包括在组内，组的边界值单位应取为最小测量值减去最小测量单位的一半作为第1组的下界限，再按所计算的组距推算各组的分组界限。

本例第1组下界限为：X_{min}－最小测量单位/2＝1－1/2＝0.5（精度）；第1组上界限为

0.5，第1组下界限加组距：0.5+5=5.5；第2组下界限与第1组上界限相同：5.5；第2组上界限为第2组下界限加组距：5.5+5=10.5。依此类推。

（5）编制频数分布　见表3-6。

表3-6　溢出量-频数分布表

组号	分组界限	组中值	频数统计	频率
1	0.5~5.5	3	1	0.01
2	5.5~10.5	8	3	0.03
3	10.5~15.5	13	6	0.06
4	15.5~20.5	18	14	0.14
5	20.5~25.5	23	19	0.19
6	25.5~30.5	28	27	0.27
7	30.5~35.5	33	14	0.14
8	35.5~40.5	38	10	0.10
9	40.5~45.5	43	3	0.03
10	45.5~50.5	48	3	0.03
合计			100	1.00

（6）画直方图　建立平面直角坐标系。横坐标表示质量特性值，纵坐标表示频数。以组距为底、各组的频数为高，分别画出所有各组的长方形，即构成直方图。在直方图上标出公差范围（T）、规格上限（T_U）、规格下限（T_L）样本量、样本平均值、样本标准差（s）和样本平均值（$\overline{X}$）的位置等。

3. 直方图的分析　根据直方图的形状，可以对总体进行初步分析（图3-6）。观察时应着眼于整个图形的形态，对局部的参差不齐不必计较。常见的直方图形态如图3-7所示，对照图3-7，该植物油厂灌装机运行正常，处于稳定状态。

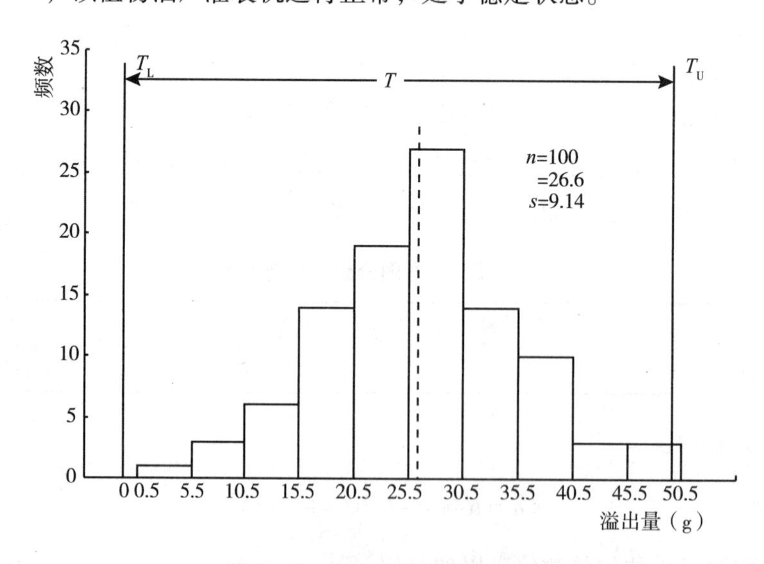

图3-6　植物油溢出量直方图

（1）标准型　可判定工序运行正常，处于稳定状态。

（2）锯齿型　由于直方图分组过多或读错测量数据等造成。

（3）偏峰型　一些有单向公差要求的特性值分布往往呈偏向型；孔加工习惯造成的特

性值分布常呈左偏型；轴加工习惯造成的特性值分布常呈右偏型。

（4）陡壁型　当工序能力不足，为找出符合要求的产品经过全数检查，或过程中存在自动反馈调整时常出现这种形状。

（5）平顶型　生产过程有缓慢因素作用而引起，如刀具缓慢磨损、操作者疲劳等。

（6）双峰型　这是由于数据来自不同的总体，如来自两个工人（或两批材料，或两台设备）生产出来的产品混在一起而造成的。

（7）孤岛型　这是由于测量工具有误差，或是原材料一时的变化，或刀具严重磨损，短时间内有不熟练工人替岗，操作疏忽，混入规格不同的产品等造成的。

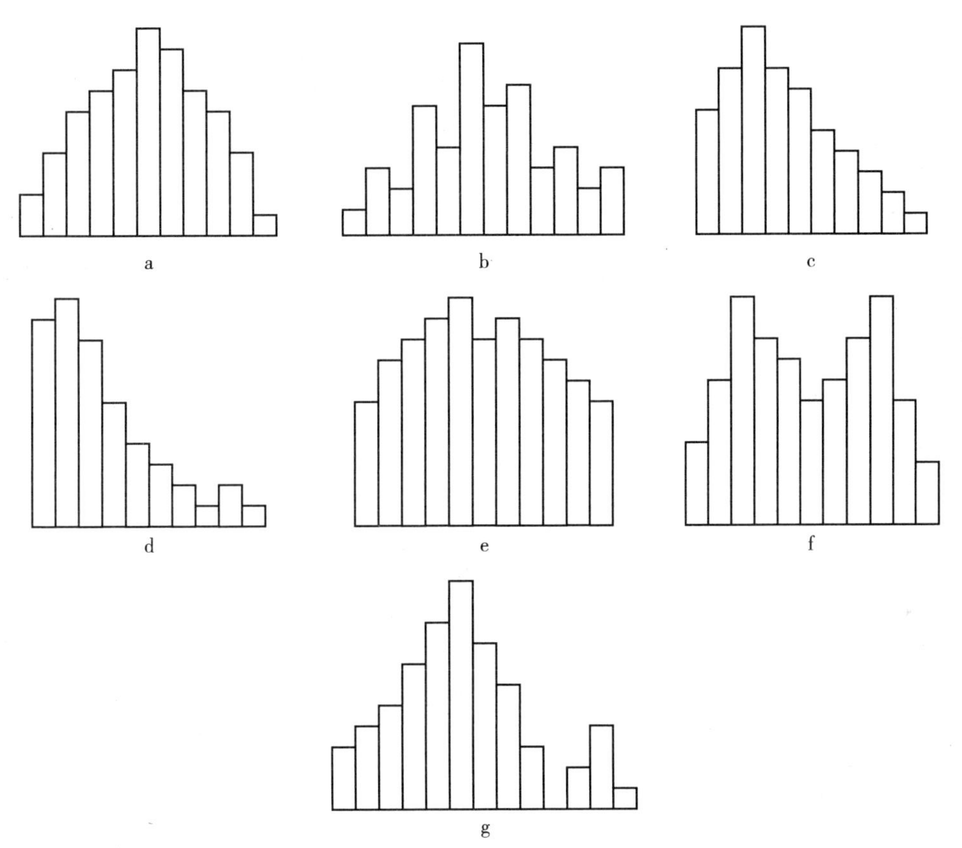

a. 标准型；b. 锯齿型；c. 偏峰型；d. 陡壁型；e. 平顶型；f. 双峰型；g. 孤岛型

图 3－7　直方图的常见类型

五、调查表

1. 调查表的概念和作用　调查表法又叫检查表法，是利用统计图表进行质量数据的收集、整理并进行质量问题原因分析的一种质量控制方法。在应用时，可根据调查项目的不同而采取不同的格式。企业中使用的各种统计报表，很多都可以作为一种调查表。

调查表的作用：收集、积累数据比较容易；数据使用、处理起来比较方便；可对数据进行粗略的整理和分析。

2. 调查表的种类

（1）工序分布调查表　工序分布调查表又称质量分布检查表，用于对计量值数据进行现场调查。它是根据以往的资料，将某一质量特性项目的数据分布范围分为若干区间而制成的表格，用以记录和统计每一质量特性数据落在某一区间的频数（表3－7）。从表格形式看，质量分布调查表与直方图的频数分布表相似。所不同的是，质量分布调查表的区间范围是根据以往资料，首先划分区间范围，然后制成表格，以供现场调查记录数据；而频数分布表则是首先收集数据，再适当划分区间，然后制成图表，以供分析现场质量分布状况之用。

表3－7　产品质量实测值分布调查表

产品名称：糖水菠萝罐头　　生产线：A　　调查者：　　日期：

质量（g）	频数							小计
	5	10	15	20	25	30	35	
495.5～500.5								
500.5～505.5	/							1
505.5～510.5	//							2
510.5～515.5	/////	///						8
515.5～520.5	/////	/////						10
520.5～525.5	/////	/////	/////	/////	/			21
525.5～530.5	/////	/////	/////	/////	/////	////		29
530.5～535.5	/////	/////	/////					15
535.5～540.5	/////	///						8
540.5～545.5	////							4
545.5～550.5	//							2
550.5～555.5								
合计								100

（2）不合格项调查表　不合格项调查表主要用来调查生产现场不合格项目频数和不合格品率，以便继而用于排列图等分析研究。表3－8是某月玻璃瓶装酱油油样检验中外观不合格项目调查记录表。

表3－8　玻璃瓶装酱油外观不合格项目调查表

调查者：李四　　地点：包装车间　　日期：

批次	产品规格	批量（箱）	抽样数（瓶）	不合格品数（瓶）	不合格品率（%）	外观不合格项目					
						封口不严	液高不符	标签歪	标签擦伤	沉淀	批号模糊
1	生抽	100	50	1	2			1	1		
2	生抽	100	50	0	0						
3	生抽	100	50	2	4			2	1		
4	生抽	100	50	0	0						
…											
250	生抽	100	50	1	2		1		1		
合计		25 000	12 500	175	1.4	5	10	75	65	10	10

从外观不合格项目的频数可以看出，标签歪和标签擦伤的问题较为突出，说明贴标机工作不正常，需要调整、修理。

（3）不合格位置调查表　不合格位置调查表又称缺陷位置调查表，先画出产品平面示意图，把画面划分成若干小区域，并规定不同外观质量缺陷的表示符号。

调查时，按照产品的缺陷位置在平面图的相应小区域内打记号，最后统计记号，可以得出某一缺陷比较集中在哪一个部位上的规律，这就能为进一步调查或找出解决办法提供可靠的依据。

（4）矩阵调查表　矩阵调查表又称不合格原因调查表，是一种多因素调查表。

要求把生产问题的对应因素分别排列成行和列，在其交叉点上标出调查到的各种缺陷和问题以及数量。

【例3－5】表3－9是某饮料厂PET瓶生产车间对两台注塑机生产的PET瓶制品的外观质量的调查表。从表中可以看出：1号机发生的外观质量缺陷较多，操作工B生产出的产品不合格最多。

表3－9　PET瓶外观不合格原因调查表

设备	操作者	2月1日		2月2日		2月3日		2月4日		2月5日	
		上午	下午	上午	下午	上午	下午	上午	下午	上午	下午
1号	A	○○●	○××□	○×●	○○×□	○○● ○○○×	○○○ ○×○	○○××	○×□	○×△△	×●□
	B	○●××	○○● ××	××● △	○××	○○○○ ○○● ××	○○○ ○○○ ●×	○●● ○××	○○● ●×× △	○○● ×	○×× ×○
2号	A	○×	□	○×	●	○○○ ○○×	○○○ ○×	○△	○●×	○	○
	B	○□	○●×	○	○△	○○○ ×□	○○○○	○●□	○×	○	○

注：○. 气孔，△. 裂纹，●. 疵点，×. 变形，□. 其他。

对原因进行分析表明，1号注塑机维护保养较差，而且操作工B不按规定及时跟换模具。

从2月3日两台注塑机所生产的产品的外观看质量缺陷都比较多，而且气孔缺陷尤为严重，经调查分析是当天的原料湿度较大所致。

六、分层法

1. 分层法的概念和分层方法　分层法又叫分类法、分组法，它是把收集到的质量数据按照与质量有关的各种因素加以分类，把性质相同、条件相同的数据归为一组，每一组即为一个“层”。分层的目的是从不同的角度、不同方面分析质量问题，把影响质量的各数据能够反映客观、真实的质量状况，从而有利于质量控制。

分层时同一层内的质量数据波动幅度要尽可能的小，层与层之间的差别尽可能的大。通常从人（操作者、技术水平等）、机器设备（型号、新旧程度等）、原材料（产地、批次、等级、成分等)、加工和检测方法以及环境因素等五方面进行分层，生产时间、不合格项目、生产部门等也常作为分层的标志。

2. 分层法应用案例

【例3-6】某食品厂的糖水水果旋盖玻璃罐头经常发生漏气，造成产品发酵、变质。经抽检100罐产品后发现，一是由于A、B、C三台封罐机的生产厂家不同；二是所使用的罐盖是由两个制造厂提供的。用分层法分析漏气原因时采用按封罐机生产厂家分层和按罐盖生产厂家分层两种情况。由表3-10可知，为降低漏气率，应采用B厂的封罐机。由表3-11可知，为降低漏气率，应采用二厂的罐盖。

表3-10 按封罐机生产厂家分层

封罐机生产厂家	漏气罐头数（罐）	不漏气罐头数（罐）	漏气率（%）
A	12	26	32
B	6	18	25
C	20	18	53
合计	38	62	38

表3-11 按罐盖生产厂家分层

罐盖生产厂家	漏气罐头数（罐）	不漏气罐头数（罐）	漏气率（%）
一厂	18	28	39
二厂	20	34	37
合计	38	62	38

但同时采用B厂的封罐机，选用二厂的罐盖，漏气率不但没有降低，反而由原来的38%增加到43%。

正确的方法应该是：①当采用一厂生产的罐盖时，应采用B厂的封罐机。②当采用二厂生产的罐盖时，应采用A厂的封罐机。这时它们的漏气率平均为0。可参见多因素分层法（表3-12）。

表3-12 多因素分层法

封罐机生产厂家	漏气情况	罐盖生产厂家		合计
		一厂	二厂	
A	漏气（罐）	12	0	12
	不漏气（罐）	4	22	26
B	漏气（罐）	0	6	6
	不漏气（罐）	10	8	18
C	漏气（罐）	6	14	20
	不漏气（罐）	14	4	18
小计	漏气（罐）	18	20	38
	不漏气（罐）	28	34	62
合计		46	54	100

因此，运用分层法时，不宜简单地按单一因素分层，必须考虑各因素的综合影响效果。在分析时，要特别注意各原因之间是否存在着相互影响，有无内在联系，严防不同分层方法的结论混为一谈。

七、控制图

1. 常规控制图的构造与原理　控制图是对过程质量特性值进行测定、记录、评估和监察过程是否处于统计控制状态的一种用统计学方法设计的图（图 3－8）。控制图法是通过图表来显示生产随时间变化的过程中质量波动的情况，它有助于分析和判断是偶然性原因还是系统性原因所造成的波动，保持工序处于稳定状态，预防废品的产生。

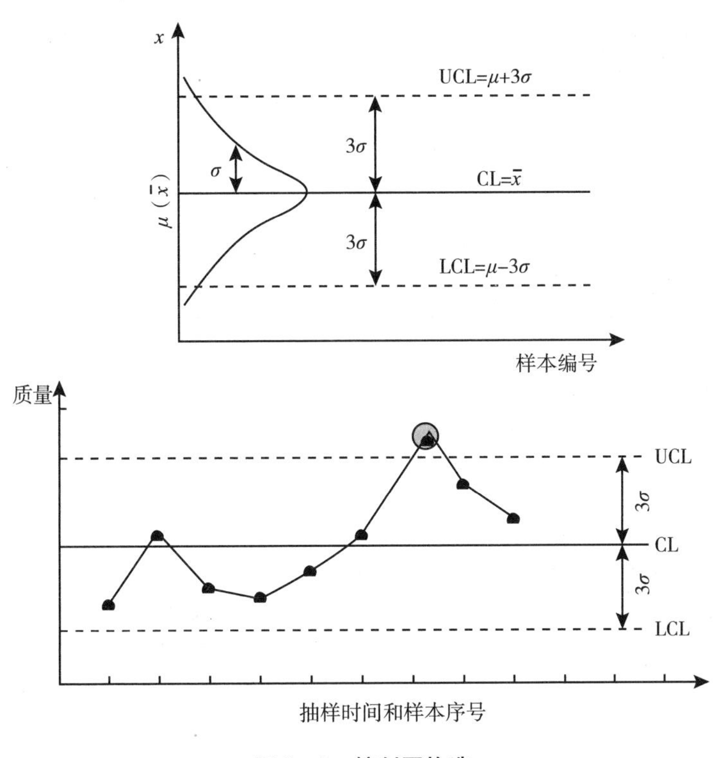

图 3－8　控制图构造

将通常的正态分布转个方向，使自变量增加的方向垂直向上，并将 μ（总体平均值）、$\mu+3\sigma$（σ 表示总体标准差）分别为 CL、UCL 和 LCL。图中 CL 为中心线，UCL 为上控制线，LCL 为下控制线。这三条线是通过收集在生产状态下某一段时间的数据计算出来的。

根据正态分布理论，若过程只受随机因素的影响，即过程处于统计控制状态，则过程质量特性值有 99.73% 的数据（点子）落在控制界限内，且在中心线两侧；若过程受到异常因素的作用，典型分布就会遭到破坏，则质量特性值数据（点子）分布就会发生异常（出界、链状、趋势）。如果样本质量特性值的点子在控制图上的分布发生异常，可以判断该过程异常，需要进行诊断、调整。

即当生产正常时，由正态分布的性质可知，$\mu\pm3\sigma$ 的控制界限外的概率仅 0.27%，这就是所谓 0.03% 原则。

2. 常规控制图的判异准则　使用控制图时，定时抽取样本，把所测得的质量特性数据用点子一一描在图上。根据点子是否超越上、下控制线及点子排列情况来判断生产过程是否处于正常的控制状态。

常规控制图的8种判异准则（图3-9）。准则1：一点落在A区之外（点出界）；准则2：连续9点落在中心线同一侧；准则3：连续6点递增或递减；准则4：连续14点中相邻点交替上下；准则5：连续3点中有2点落在中心线同一侧B区以外；准则6：连续5点中有4点落在中心线同一侧的C区之外；准则7：连续15点落在中心线两侧的C区内；准则8：连续8点落在中心线两侧且无一在C区内。

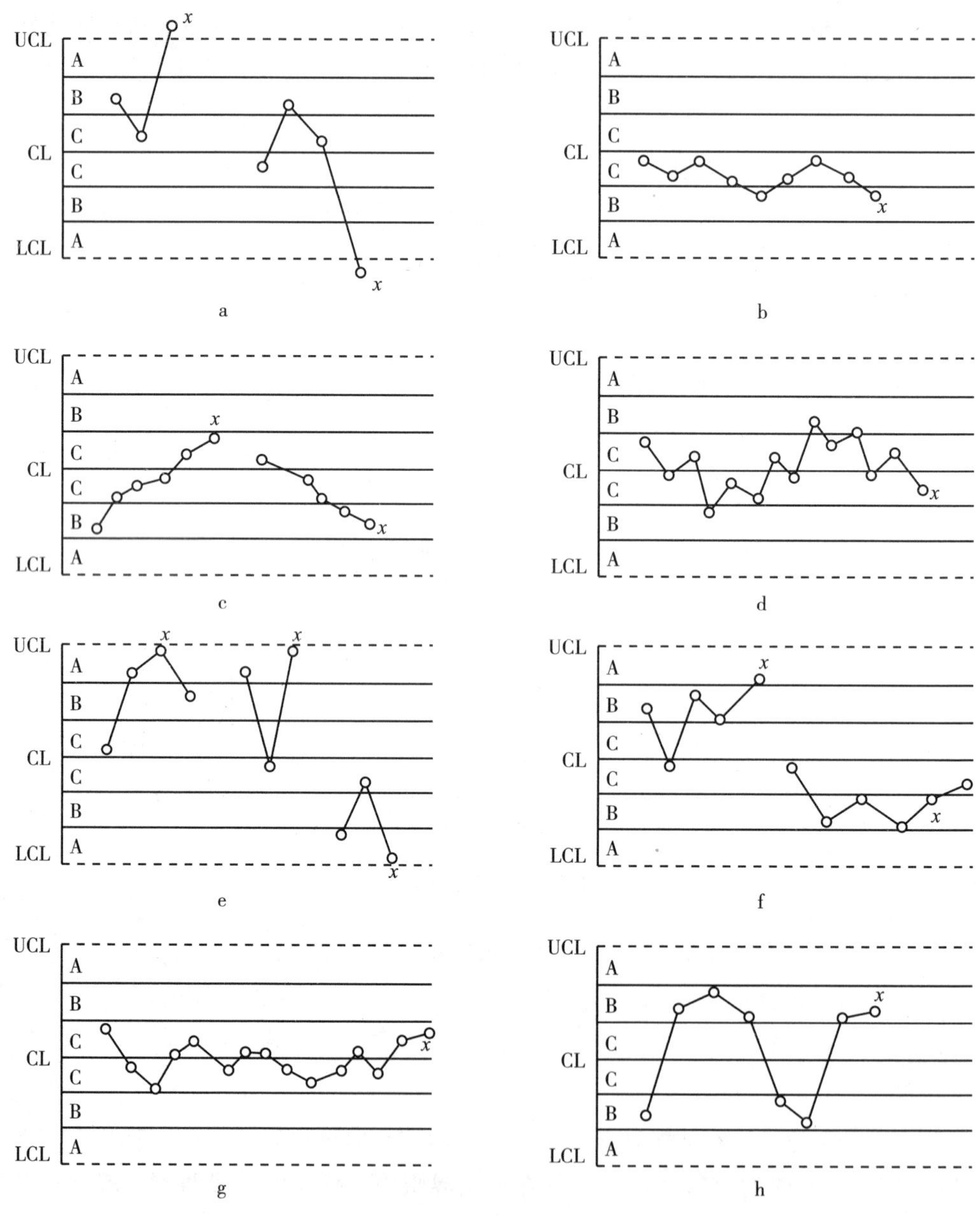

a. 准则1；b. 准则2；c. 准则3；d. 准则4；e. 准则5；f. 准则6；g. 准则7；h. 准则8

图3-9　常规控制图的8种判异准则

利用QC传统七种方法可以解决很多问题，是达成目的的有效手段之一。但值得提醒的是，手法始终只是作为现场管理、作业改善的一种工具，它不能解决所有的问题，如人际关系。

扫码“学一学”

第四节　QC 新七法在食品生产中的应用

从 20 世纪 60 年代开始，日本的企业通过运用品管七大手法，收集工作现场的数据并进行分析，大大地改善了产品的品质，使日本的产品成为“品质”的代名词。品管七大手法的运用，提升了日本产品的水平，是日本产品走向世界的原动力。70 年代初，日本人大力推行 QC 活动，除了重视现场的数据分析外，并逐步运用一些新的品管手法，对工作现场伙伴的情感表达和语言文字资料进行分析，并逐渐演变成新的品管手法。1972 年，日本科技联盟之 QC 方法开发委员会正式发表了“品管新七大手法”。

品管新七大手法是将散漫无章的语言资料变成逻辑思考的一种方法，也是一种事先考虑不利因素的方法，它通过运用系统化的图形，呈现计划的全貌，防止错误或疏漏发生。

品管新七大手法，也叫品管新七大工具，其主要作用是采用较便捷的手法来解决一些管理上的问题，与原来的“旧”品管七大手法相比，它主要应用在中高层管理上，而旧七大手法主要应用在具体的实际工作中。因此，新七大手法应用于一些管理体系比较严谨和管理水准比较高的公司。

品管新七大手法与原品管七手法一样，不仅用在品质管理上，还可以应用到其他所有管理工作中，因此，在学习的过程中要学习它们的精神实质，把它转化为一种思维模式，才有利于工作和能力的提升。

品管新七大手法包括亲和图（也称 KJ 法）、关联图、系统图、过程决定计划图（PDPC 法）、矩阵图、矩阵数据解析法、箭头图七种。

一、亲和图

1. 亲和图的概念　亲和图是 1953 年日本人川喜田二郎在探险尼泊尔时将野外的调查结果资料进行整理、研究开发出来的。

亲和图也叫 KJ 法，就是把收集到大量的各种数据、资料，甚至工作中的事实、意见、构思等信息，按其之间的相互亲和性（相近性）归纳整理，使问题明朗化，并使大家取得统一的认识，有利于问题解决的一种方法。

在解决重要问题时，将混淆不清的事物或现象进行整理，以使问题得以明确，使用亲和图是很有效的一种方法。通过亲和图的运用，可使不同见解的人统一思想，培养团队精神。

亲和图分类通常是根据人员来分的，可以分为两类：个人亲和图：是指主要工作由一个人进行，其重点放在资料的组织整理上；团队亲和图：由 2 个或 2 个以上的人员进行，重点放在策略，再把所有成员的各种意见整理分类。

2. 亲和图法应用　一般来说，任何一个世界都有多种因素影响它、左右它、或多个事件有多个因素影响它、左右它，这时就可以运用亲和图来理顺这些关系。以下情况都可以使用亲和图：①用于掌握各种问题重点，想出改善对策；②用于研究开发、效率的提高；③讨论未来问题时，希望获得整体性的架构。如本公司应如何导入 TQM？④讨论未曾经历之问题时，藉此吸收全体人员看法，并获知全貌。例如：开发新产品时、市场调查和预测；

⑤针对以往不太注意的问题，而从新的角度来重新评估时；⑥获取部属的心声，并教育部属，贯彻公司方针。

3. 亲和图的特点

（1）从混淆的事件或状态中，采集各种资料，将其整合并理顺关系，以便发现问题的根源。

（2）打破现状，让所有相关人员产生新的统一。

（3）掌握问题本质，让有关人员明确认识。

（4）团体活动，对每个人的意见都采纳，提高全员参与意识。

4. 亲和图法制作步骤 亲和图的制作较为简单，没有复杂的计算，个人亲和图主要与人员有很大关系，重点是列清所有项目，再加以整理；而团队亲和图则是需要发动大家的积极性，把问题与内容全部列出，再共同讨论整理。一般按以下九个步骤进行。

（1）确定主题，主题的选定可采用以下几点的任意一点：①对没有掌握好的杂乱无章的事物以求掌握；②将自己的想法或小组想法整理出来；③对还没有理清的杂乱思想加以综合归纳整理；④打破原有观念重新整理新想法或新观念；⑤读书心得整理；⑥小组观念沟通。

（2）针对主题进行语言资料的收集，方法有：①直接观察法，即利用眼、耳、手等直接观察；②文献调查法；③面谈调查法；④个人思考法（回忆法、自省法）；⑤团体思考法（脑力激荡法、小组讨论法）。

（3）将收集到的信息记录在语言资料卡片上，语言文字尽可能简单、精练、明了。

（4）将已记录好的卡片汇集后充分混合，再将其排列开来，务必一览无遗地摊开，接着由小组成员再次研读，找出最具亲和力的卡片，此时由主席引导效果更佳。

（5）小组感受资料卡所想表达的意思，而将内容恰当地予以表现出来，写在卡片上，所以称此卡也为亲和卡。

（6）亲和卡制作好之后，以颜色区分，用回形针固定，放回资料卡堆中，与其他资料卡一样当作是一张卡片来处理，继续进行卡片的汇集、分群。如此反复进行步骤（5）的作业。亲和卡的制作是将语言的表现一步步提高了它的抽象程度，在汇集卡片的初期，要尽可能地具体化，然后一点一点地提高抽象度。

（7）将卡片进行配置排列，把一叠叠的亲和卡依次排在大张纸上，并将其粘贴、固定。

（8）制作亲和图，将亲和卡和资料卡之间相互关系，用框线连结起来。框线若改变粗细或不同颜色描绘的话，会更加清楚。经过这 8 个步骤所完成的图，就是亲和图。当资料卡零散时造成混淆，如果完成亲和图，便可清晰地理顺其关系。

（9）亲和图完成后，所有的相关人员共同讨论，进一步理清其关系，统一大家的认识，并指定专人撰写报告。

5. 举例 某食品公司产品交期不准的亲和图（图 3－10）。

二、关联图

1. 关联图的概念 关联图就是把现象与问题有关系的各种因素串联起来的图形。通过关联图可以找出与此问题有关系的一切要素，从而进一步抓住重点问题并寻求解决对策，如中央形关联图 3－11。

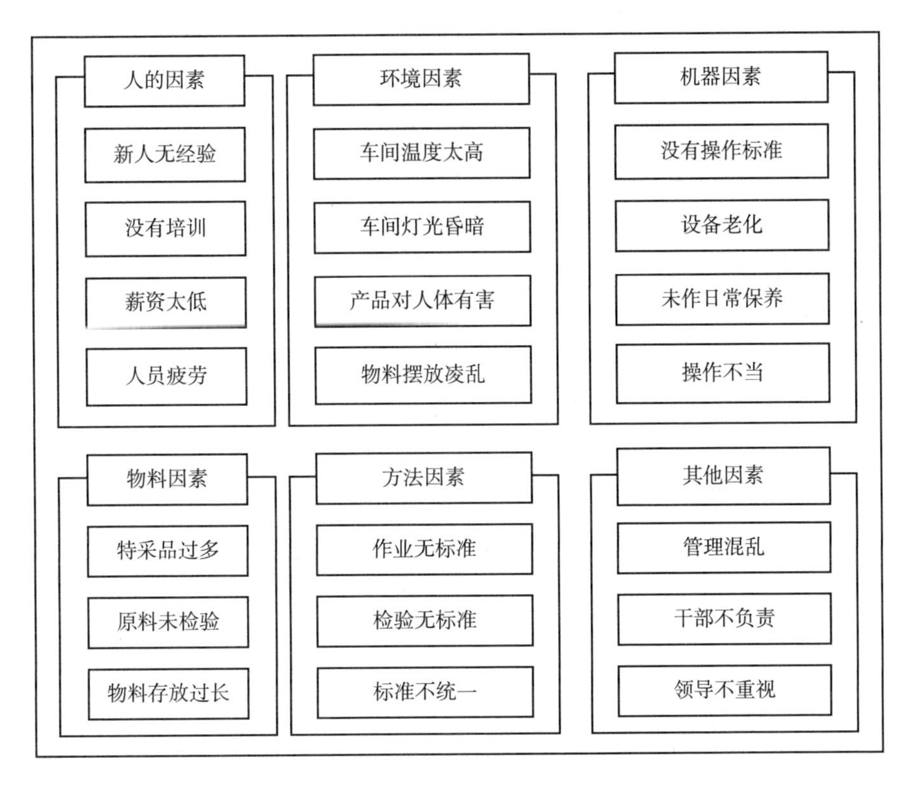

图 3－10　某公司产品交期不准亲和图

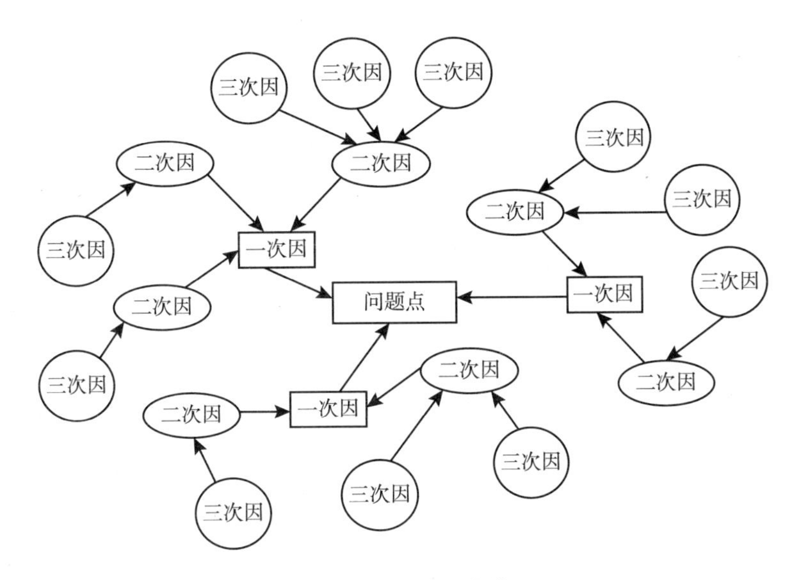

图 3－11　中央形关联图

2. 关联图法的应用　①QA 之方针展开与决定；②CWQC 导入之推展时；③市场抱怨处理或不良品问题点掌握；④采取预防措施时；⑤小团队活动的效果性推展；⑥明确事件的内容和关系时。

3. 关联图的特点　①容易掌握关联关系，而有效地掌握重点；②组员的共识容易形成，并增长见闻；③对比其他手法，对要因复杂的问题更易处理其关联性；④表现形式不受拘束，图形可自由书写；⑤不同成员图形呈现不同面貌，但结论应很相近。

4. 关联图法制作步骤

（1）决定主题，并依主题决定动作成员。

（2）列举原因，预先由主席定义主题，并要求成员预先思考，收集资料。

（3）整理卡片。

（4）集群组合，以推理将因果关系相近之卡片加以归类。

（5）以箭头联结原因结果，尽量以为什么发问，回答寻找因果关系。

（6）检讨整体的内容，可以再三修正，并将主题放于中间。

（7）粘贴卡片，画箭头。

（8）明确重点、将重要原因加以着色。

（9）写出结论、作总结。

5. 举例 关联图应用见图3－12。

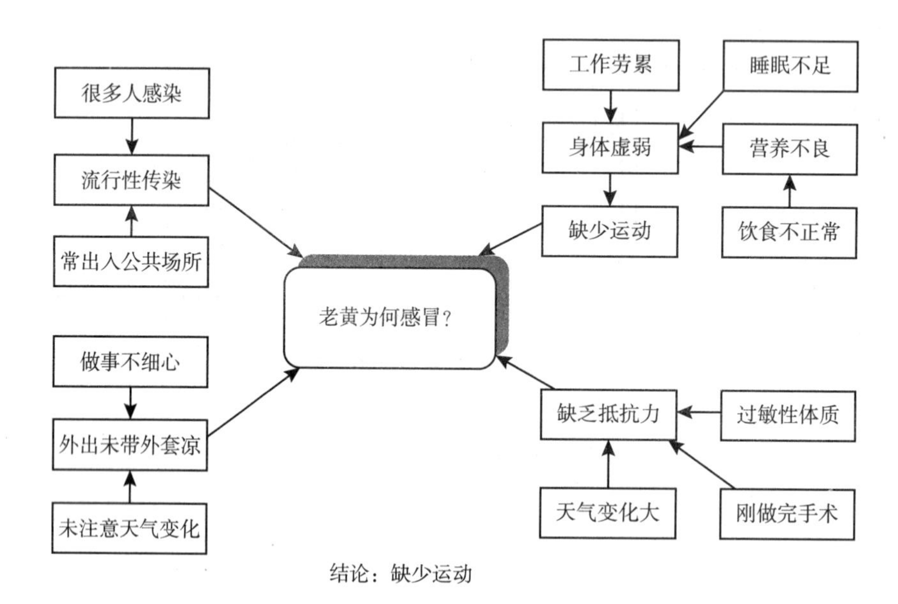

图3－12 关联图应用示例

三、系统图

1. 系统图的概念 系统图是将要实现的目的展开寻找最恰当的方法，即当某一目的较难达成，一时又想不出较好的方法，或当某一结果令人失望，却又找不到根本原因，在这种情况下，建议应用品管新七大手法之一的系统图，通过系统图使原来复杂的问题简单化了，找不到原因的问题找到了原因之所在。

系统图就是为了达成目标或解决问题，以“目的—方法”或“结果—原因”层层展开分析，以寻找最恰当的方法和最根本的原因。系统图目前在企业界被广泛应用。

系统图一般可分为两种，一种是对策型系统图，另一种是原因型系统图。

（1）对策型系统图 以“目的—方法”方式展开，例如问题是“如何提升品质”，则开始发问“如何达成此目的，方法有哪些？”经研究发现有推行零缺点运动、推行品质绩效奖励制度等（以上为一次方法）；“推行零缺点运动有哪些方法？”（二次方法）；后续同样就每项二次方法换成目的，展开成三次方法，最后建立对策系统图（图3－13）。

（2）原因型系统图 以“结果—原因”方式展开，例如问题是“为何品质降低？”则开始发问“为何形成此结果，原因有哪些？”经研究发现原因是人力不足、新进人员多等

（以上为一次原因）。接着以“人力不足、新进人员多”等为结果，分别追问“为何形成此结果，原因有哪些?”其中“人力不足”的原因有招聘困难、人员素质不够等（二次原因）。后续同样就每项二次原因展开成三次原因等，最后建立原因型系统图（图3－14）。

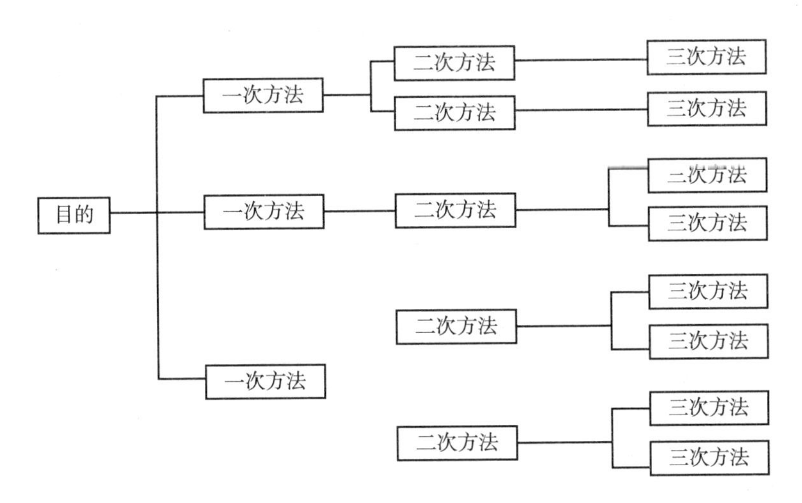

图3－13　对策型系统图展开模式

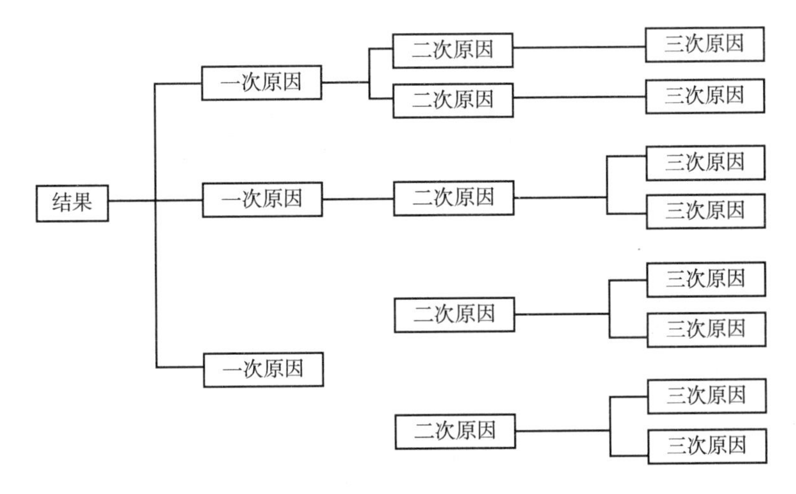

图3－14　原因型系统图展开模式

2. 系统图的应用　在企业管理中或日常学习生活中，碰到一些复杂的事情在所难免，这些复杂的事情可以透过系统图得到分析并解决。系统图一般在以下情况下使用：新产品研制过程中设计质量的展开；制订质量保证计划，对质量活动进行展开；可当作因果图使用；目标、方针、实施事项的展开；任何重大问题解决的展开；明确部门职能、管理职能；对解决企业有关质量、成本、交货期等问题的创意进行展开。

在应用系统图时，应注意：下级使用的方法和工具应具体规定，并且提出实施对策和行动计划；针对改善对策需要进行有效评估，确保改善对策的有效性。

3. 系统图的特点　①对较为复杂一些，或涉及面较广的项目或目标，效果更易突出，很容易对事项进行展开；②协调、归纳、统一成员的各种意见，把问题看得更全面，方法和工具可能选得更恰当有效；③容易整理，观看时简洁、直观、明了。

4. 系统图法制作步骤　目前系统图法在企业内被广泛运用，其制作步骤有以下九项。

（1）组成制作小组，选择有相同经验或知识的人员。

（2）决定主题：将希望解决的问题或想达成的目标，以粗体字写在卡片上，必要时以简洁精练的文句来表示，但要让相关的人能够了解句中的含义。

（3）记录所设定目标的限制条件，如此可使问题更明朗，而对策也更能依循此条件找出来，此限制条件可依据人、事、时、地、物、费用、方法等分开表示。

（4）第一次展开，讨论出达成目的的方法，将其可能的方法写在卡片上，此方法如同对策型因果图中的一次原因。

（5）第二次展开，把第一次展开所讨论出来的方法当作目的，为了达成该目的，讨论方法可以在哪些方面使用，之后将它写在卡片上，这些方法则称之为第二次方法展开。

（6）以同样的要领，将第二次方法当成目的，展开第三次方法，如此不断地往下展开，直到大家认为可以具体展开行动，而且可以在日常管理活动中加以考核。

（7）制作实施方法的评价表，经过全体人员讨论同意后，将最后一次展开的各种方法依其重要性、可行性、急迫性、经济性进行评价，评价结果最好用分数表示。

（8）将卡片与评价表贴在白板上，经过一段时间（1 小时或 1 天）后，再集合小组成员检查一次，看是否有遗漏或需要修正。

（9）系统图制作完毕后，须填入完成的年、月、日、地点、小组成员及其他必要的事项。

5. 举例 食品企业如何推行全面品质管理（表 3－13）。

表 3－13 食品企业推行全面品质管理系统图

目的	一次展开	二次展开	三次展开	评价内容 重要性	可行性	急迫性	经济性	总分	排序	责任单位	完成期限	实施重点
如何推行全面品质管理	自己研讨品管手法	自我学习	读QQ书	3	2	1	1	6				购买品管书籍
			收集并分析数据	2	3	1	2	12				由周某收集
		从企业获得	向成功企业访问	3	3	2	1	18	⑤			由姚某安排
			参加品质研讨会									
	建立种子人员	资格条件	担任品保两年以上	2	1	2	3	12				收集公开课资讯
			60小时以上品质课程	3	3	2	2	36	②			由 QA 课长提供
		公司内举办研修班	聘请外部讲师									
			内部人员担任讲师	1	3	2	2	12				由人事提供资料
		参加外部培训	参加公司公开班	3	3	3	1	27	③			由人事提供资料
	宣导品质管理重要性	制作图书	利用公布栏公告	3	3	3	3	81	①			由人事规划
			制作手册分发	2	2	2	3	24	④			收集公开课资讯
		收集公司案例	在会议上宣导	2	2	1	3	12				提案改善

说明：① 相关性很强 3 分、相关性一般 2 分、相关性弱 1 分。②总分＝重要性×可行性×急迫性×经济性。

四、过程决定计划图

1. 过程决定计划图法的概念　过程决定计划图法的英文原名 Process Decision Program Chart，其缩写为 PDPC。所谓 PDPC 法是针对为了达成目标的计划，尽量导向预期理想状态的一种手法。

任何一件事情的完成，它必定有一个过程，有的过程简单，有的过程复杂，简单的过程较容易控制，但有些复杂的过程，如果采用 PDPC 法，可以做到防患于未然，避免重大事故的发生，最后达成目标。

一般情况下 PDPC 法可分为两种制作方法。

（1）依次展开型　即一边进行问题解决作业，一边收集信息，一旦遇上新情况或新作业之前，即刻标示于图表上。

（2）强制连结型　即在进行作业前，为达成目标，在所有过程中被认为有阻碍的因素事先提出，并且制订出对策或回避对策，将它标示于图表上。

2. PDPC 法的应用　在日常管理中，特别是高层管理干部，面对公司的复杂情况，往往理不清其过程关系，或事先未进行过程策划，造成不必要的损失和混乱。此时可利用 PDPC 法，但在应用时应注意以下几点。

（1）新产品的设计开发过程中，对不利状况和结果设法导向理想状态，防患于未然。

（2）计划的实施过程中，发生不测应迅速修正计划，增加必要的措施保证目标达成。

（3）工厂的企划、研究开发、营业等工作，绝大部分都要预测未来并拟订对策，以及如何实施，此时可利用 PDPC 法进行过程进度管理，达成目标。因 PDPC 法中使用了语言文字，而且其经过是依时间顺序加以标示的，故在实施对策时，只要检查 PDPC 图，就等于在进行过程管理。

（4）品管七大手法对于问题的发现及原因的追查都极有帮助，可是如果想有好的构想或创意，利用语言文字来进行会比数值、数据更为有效。在 PDPC 法中一旦误判事实，则往后的预测作业皆无意义，因此首先利用 QC 七大手法，将事实的不良程度、影响原因一一举出，而在对策下达时，再使用 PDPC 法。

（5）采用 PDPC 图时应事先提出对策。因为在决策实施过程如不顺利时，想再纠正的话，不但延误时效，甚至状态的变化也会与发生时不一样。

3. PDPC 法制作步骤　在制作 PDPC 图时，只要能随着时间顺序的变化来预测会产生何种状况，并针对状况提出因应对策，将对策的过程用图表表示。

依次展开型与强制连结型在基本理论是相同的，以下就针对强制连结型的制作步骤作相关说明。

（1）认识 PDPC 法的常用记号。▢表示起点或目标；□表示对策或方法；◇表示决策之重点；⟶表示时间的经过或事态之进行；┈┈▸表示资讯提供或不确定事态现象之引导路径。

（2）将主题及预计理想目标写在卡片上，主题卡置于纸的上方，目标卡置于下方，中间则留白。

（3）在问题解决过程中，有许多外在不允许之因素产生，则称之为限制条件或前提条件，此种条件应先予以明确化，并标示于右上方。

（4）写出现有所知的各项事实。制作 PDPC 图时应以事实为依据，不可以以个人所想或推测来表示，如此将会使制成的 PDPC 图毫无用处。

（5）将步骤（4）中已得知的各项事实，以脑力激荡法由组员提出达成目标的对策，再从中选取最有效的对策。对于不明确的对策应检讨至明确为止，否则舍弃。从计划开始到达成目标之间，将卡片依时间顺序排列，作出达成目标的可能途径，并用箭头连结。如果一个途径所得到的情报，对其他途径有影响时应加以检讨，并以虚线来连结相互关联的事实。请参考图 3－15。

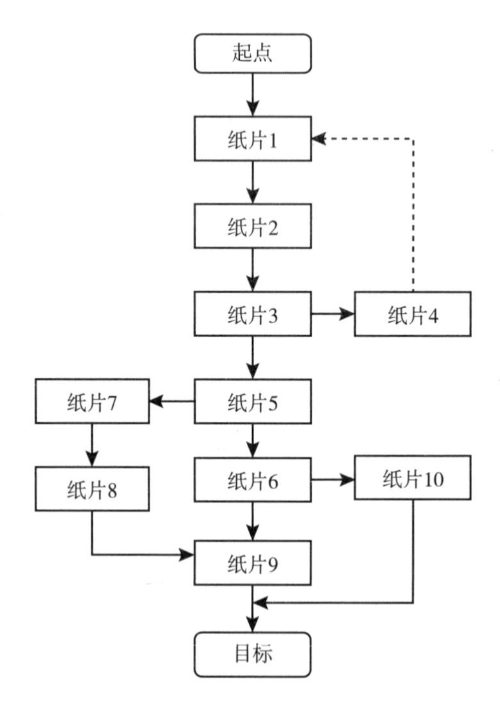

图 3－15　PDPC 法运用纸片排列

（6）由组员检查 PDPC 图是否有遗漏之处，或将最后完成的 PDPC 图交经验丰富的上级主管检查，如发现有应追加之项目，应在全组人员讨论后，再进行追加。

（7）将卡片贴在模纸上，并将某些路径的构成过程，以细线框起来记录负责单位的名称。

4. 举例　完成 QCC 上课准备 PDPC 图（图 3－16）。

五、矩阵图

1. 矩阵图的概念　矩阵图，指从问题事项中，找出成对的因素群，分别排列成行和列，找出其间行与列的相关性或相关程度的大小的一种方法。在目的或结果都有二个以上，而要找出原因或对策时，用矩阵图比其他图更方便。

矩阵图着眼于由属于行的要素与属于列的要素所构成的二元素的交叉点：从二元的分配中探索问题的所在及问题的型态；从元的关系中探求解决问题的构想。

在行与列的展开要素中，要寻求交叉点时，如果能够取得数据，就应依定量方式求出；如果无法取得数据时，则应依经验转换成资讯，再做决定，所以决策交叉点时，应以全员

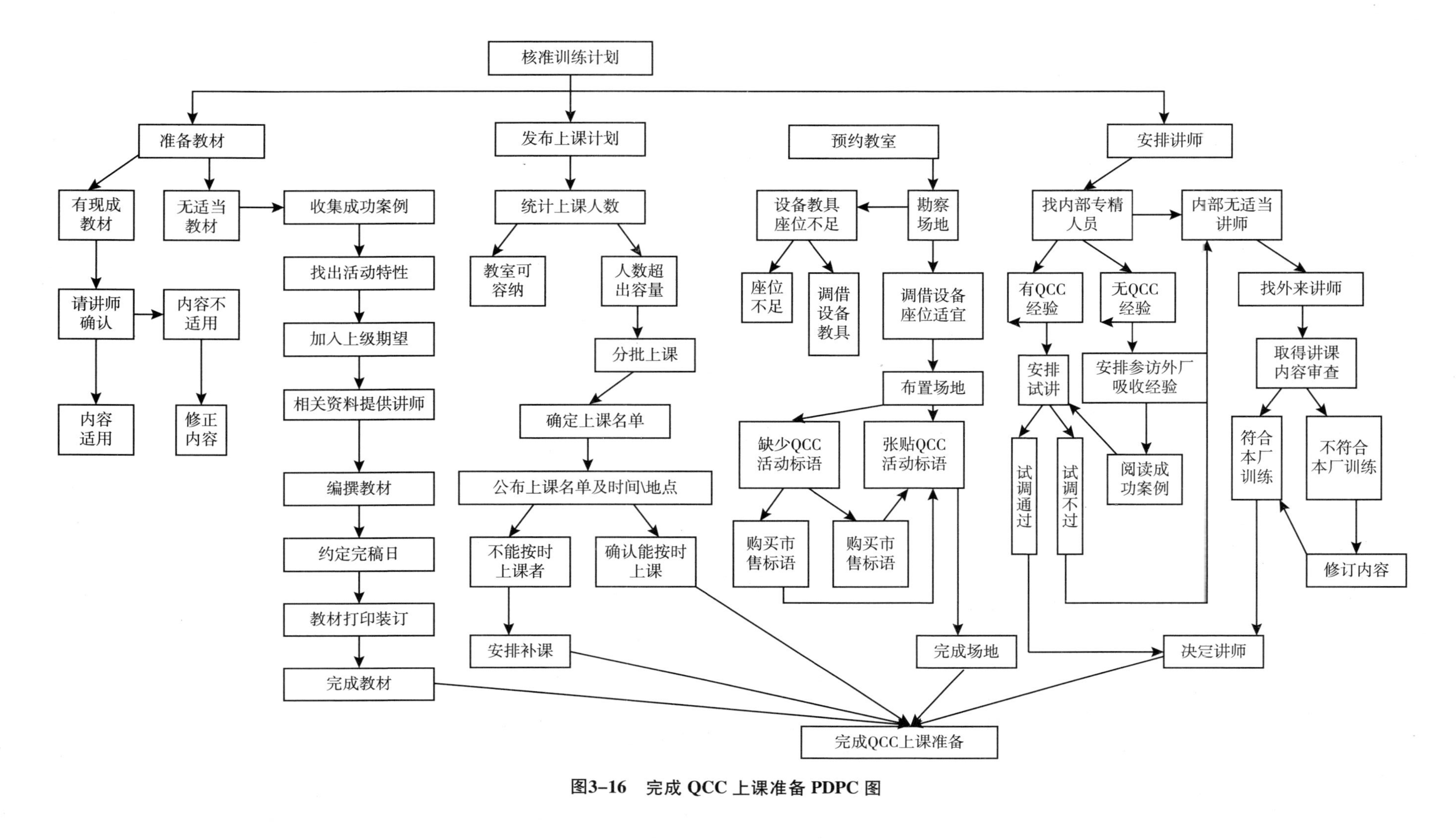

图3-16 完成QCC上课准备PDPC图

讨论方式决定，并能在矩阵图旁注上讨论的成员、时间、地点及数据取得方式等简历，以便使用参考。

有时候交叉点的重要程度各不相同，因此可用各种记号区别之，例如：◎表示非常重要或有非常显著关联；○表示重要或有显著关联；△表示有关联。也可以用文字或数据写在交叉点上，使重要程度更明确。

矩阵图借着交叉点作为“构想重点”有效地解决问题。它依其所使用的型态可分类为L型矩阵、T型矩阵、Y型矩阵、X型矩阵、C型矩阵五大类（图3－17）。

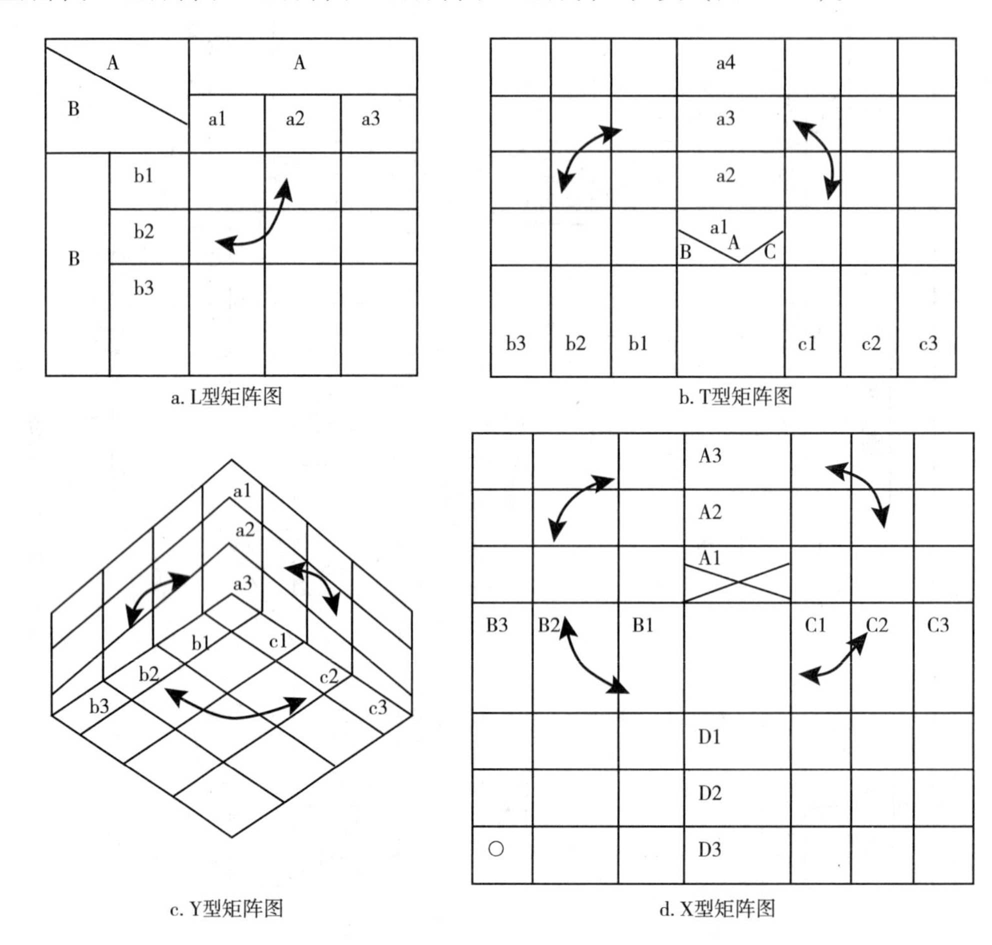

图3－17　矩阵图

（1）L型矩阵图　是最基本也是最普遍的矩阵图，L型矩阵图可用于表达目的与手段（或对策）之间的对应关系，也可用来表示结果与原因的关联性。是由A群要素与B群要素对应构成的。

（2）T型矩阵图　由两个L型矩阵图合并而得，其一是由A群要素与B群要素对应而成，另一图是由A群要素C群要素对应，两个L型矩阵图组合成T型状态，故称之为T型矩阵图。

（3）Y型矩阵图　是由三个L型矩阵图所组合而成，分别是A、B群要素对应，A、C群要素对应与B、C群要素对应的L型矩阵图。它说明了在这三个L型矩阵图的三组要素A、B、C之间的相互对应情形，其做法、看法与T型矩阵图类似，但多了一组B、C群的对应关系，也因此由T型矩阵图的平面图形变成Y型矩阵图的立体图形。

（4）X型矩阵图　由A对应B、B对应C、C对应D、D对应A四个L型矩阵图组成。

注：C 型矩阵图不常用，故这里不作介绍。

2. 矩阵图的应用　矩阵图应用比较广泛，一般应用在以下几种情况：竞争对手分析时；新产品策划时；探索新的课题时；方针目标展开时；明确事件关系时；纠正措施排序时。

3. 矩阵图特点

（1）透过矩阵图的制作与使用，可以累积众人的经验，在短时间内整理出问题的头绪或决策的重点，可以发挥像数据般的效果。

（2）各种要素之间的关系非常明确，易于掌握到全体要素的关系。

（3）矩阵图可根据多次元方式的观察，将潜伏在内的各项因素显示出来。在系统图、关联图、亲和图等手法已分析至极限时使用。

（4）矩阵图依行、列要素分析，可避免一边表现得太抽象，而另一边又太详细的情形发生。

4. 矩阵图制作步骤　以 L 型矩阵图为例，针对“工厂利润降低”的问题来制作矩阵图（图 3－18）。

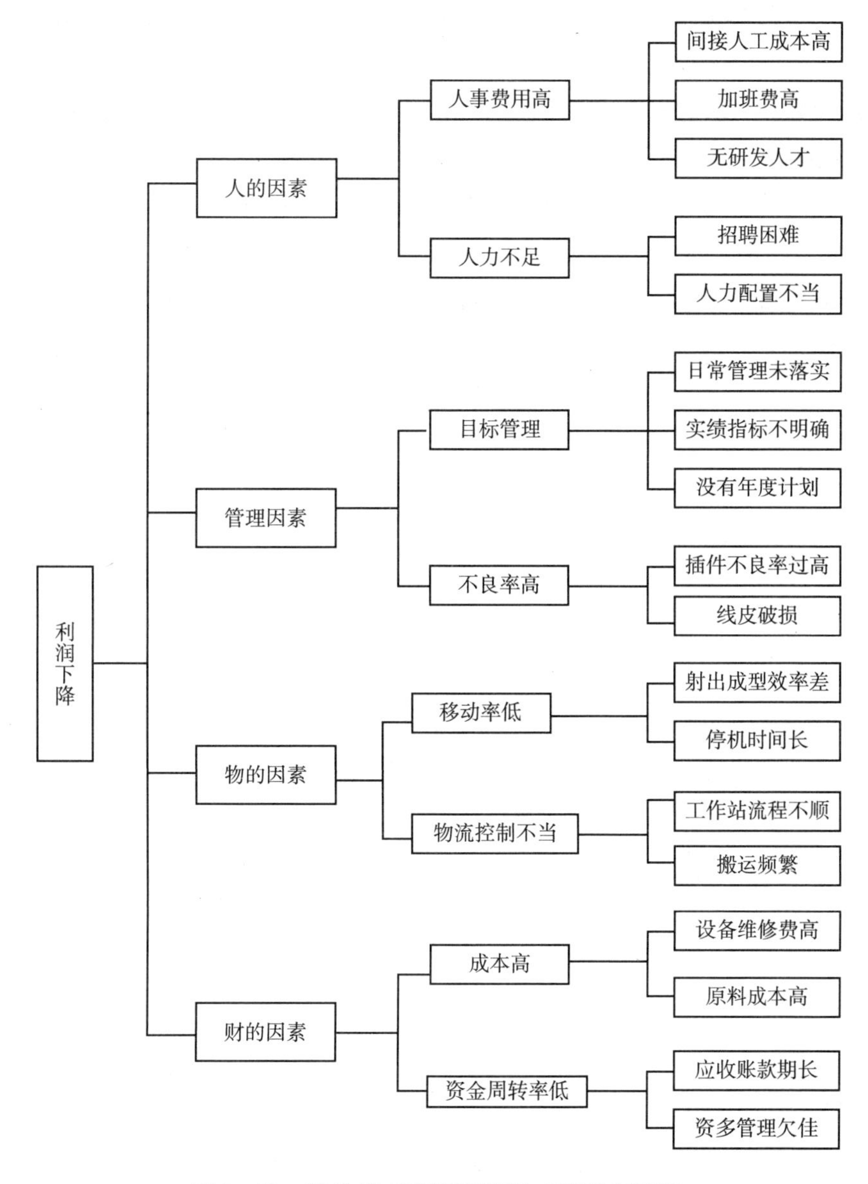

图 3－18　针对“工厂利润降低”问题的矩阵图

（1）首先，针对“工厂利润降低”的问题，运用系统图，找出一次、二次、三次原因，并就第三次原因制定对策。

（2）将第三次原因及对策排入L型矩阵图中。

（3）依相关程度（即此项对策与每项原因关联性）设定对应评比分数。

（4）各项对策分数加总后，取最高的三项，成为改善决策，并标出来，完成决策矩阵图。

六、矩阵数据解析法

1. 矩阵数据解析法的概念 矩阵数据解析法是对多个变动且复杂的因素进行解析，即将已知的宠大资料，经过整理、计算、判断、解析得出结果，以决定新产品开发或体质改善重点的一种方法。

如果能从现有的数千、数万乃至数十万的资料中寻求方法，并非简单的作业。然而，若这些资料经过计算并整理后，可以得到所需要的有用的信息，迅速找到解决问题的方向。

2. 矩阵图数据解法的应用 客户需求调查；客户需求预测；竞争对手分析；新产品策划；明确事项内容；方针目的展开；方案优化。

3. 矩阵图数据解法的特点 既可以运用感观获得的资料，也可以运用测量获得的数据分析；评价者的取样能确保此资料符合常态分布。

4. 矩阵解析法的步骤 为了方便说明，提供以下例子，解说了5个人针对4种汽车的性能及外观作评价，想找出顾客对汽车的哪些重点特别关注，以便研究新一代车的重点。

步骤	解析
（1）收集资料	（见下表1）
右表为5人对4部汽车的评价。其评价3分为佳；2分为中；1分为劣	（见下表2）

特性	车			
	A	B	C	D
全长	长	短	短	长
全宽	宽	窄	窄	宽
动力方向盘	有	有	有	无
座椅	跑	平车座	平车座	跑车座
价格	高	低	低	高

姓名	车			
	A	B	C	D
王敏	3	1	2	3
赵正	1	1	2	1
罗娜	2	2	1	2
聂创	1	1	1	3
彭艳	2	3	3	1

续表

步骤	解析

（2）求相关系数

$$r=\frac{\sum(X_i-x)(Y-y)}{\sqrt{\sum(X_i-x)^2(Y-y)^2}}$$

（二）先取 A 车及 B 车作相关系数的解析，计算如下：$(A_i-A)^2$

A_i	(A_i-A)	$(A_i-A)^2$	B_i	(B_i-B)	$(B_i-B)^2$	$(A_i-A)^2\ (B_i-B)$
3	1	1	2	0	0	0
1	-1	1	3	1	1	-1
2	0	1	1	1	1	0
3	1	0	2	0	0	0
1	-1	1	2	0	0	0
10	0	4	10	0	0	-1

A 车与 B 车相关系数 $r=\frac{1}{\sqrt{4\times2}}=-0.35$

请学习者依上述求 A 车及 C 车的相关系数，$r=?$

（3）做成矩阵

车类	A	B	C	D
A	1	-0.35	0.90	-0.60
B	-0.35	1	0.00	0.85
C	0.90	0.00	1	-0.43
C	-0.60	0.85	-0.43	1

（4）判断
（2 个向量相叠）

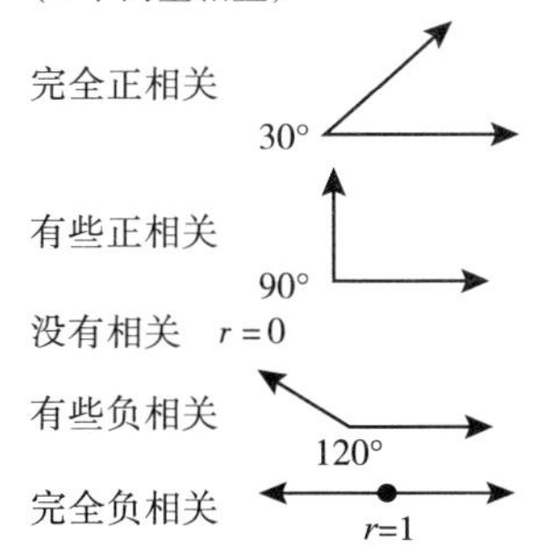

在本例中，A 与 C 车的相关系数 $r=0.9$，B 与 D 车相关系数 $r=0.85$，展示它们呈强正相关性，而 A 与 D 车相关系数 $r=0.60$，则说明它们呈有些负相关。

车子	A 与 C	B 与 D	A 与 D
全长			
全宽			
动力方	◎		×
座椅			
价格			
流线型	◎	△	×
备件			
TURBD	◎	△	×

（5）结果

就 AC、BD 中，由于呈正相关，所以取相同的项目，可知“流线型”及“TURBO”为消费者所想要的。而 AD 呈负相关，所以取不同的项目，其资料如 AC、BD 般，此项调查显示了“流线型”及“TURBO”主导了汽车的销售。

七、箭头图法

箭头图法即网络分析技术，是对事件做好进程及计划管理的一种方法。在工业、交通运输、军事以及其他各项工作中，都有一个计划安排问题，人们都期望多、快、好、省地完成任务。长期以来，在工程技术和科研生产计划安排方面，一直沿用甘特图（又称 Gatt 图）的方法，如图 3－19 所示。它的特点是列出静止状况，不能反映出项目之间错综复杂、相互联系、相互制约的关系，不能反映出关键事项，也不能反映出总体和全局。

项目	时间							
	1月	2月	3月	4月	5月	6月	7月	8月
A								
B								
C								
D								
E								
F								

图 3-19　甘特图

随着现代科学技术的发展，工程或任务的日益复杂，凭经验或简单的分析、比较、推断常常误事，不能满足客观事物发展的要求。因此，需要有更加科学、更加完善的方法来解决计划安排的问题，以提高工作质量。

自 20 世纪 50 年代以来，国外就一直在探索有关此方面的问题。1956 年美国杜邦公司的数学家、工程师组成小组，在兰德公司的配合下，提出了运用图论的方法来表示计划并把这种方法定名为“关键路线法”（critical path method），简称 CPM 法。1958 年美国海军特种计划局在试制北极星导弹潜艇过程中也提出了网络分析为主要内容的“计划评审法”（progrom evaluation and review technique），简称 PERT 法。这两种方法以及有关的一些方法统称为网络分析技术，它在世界各国得到了广泛应用。1965 年，我国著名数学家华罗庚教授开始介绍这些方法，称为“统筹法”。

网络分析技术是把工程或任务作为一个系统加以处理，将组成系统的各项工作的各个阶段，按先后顺序通过网络形式联系起来，统筹安排、合理规划，分别轻重缓急并研究其发展变化，从而对系统进行控制和调整，达到以最少时间和消耗来完成整个系统预期的目标。因此，网络分析技术是一种系统的技术。它以工序（活动）之间相互联系的网络图和较为简单的计算方法来反映整个工程或任务的全貌，指出对全局有影响的关键工序和关键路线，从而作出切合实际的统筹安排。网络分析技术特别适用于一次性工程或任务。工程或任务愈复杂采用网络分析技术收益愈大。这时也更便于应用计算机进行数据处理，从而加速工作进展。

网络分析技术是质量管理中的常用工具之一，是取得每一 PDCA 循环活动成果的有效方法，是提高工作质量的重要途径。

思考题

1. 质量数据的分类有哪些？
2. 企业实施质量成本管理的重点工作有哪些？
3. 食品质量控制的传统七种方法有哪些？
4. 传统的七种方法的概念和制作步骤？
5. 食品质量控制的新七种方法有哪些？

（裴爱田）

第四章　食品法律法规与标准

知识目标

1. 掌握　中华人民共和国食品安全法主要内容。
2. 熟悉　农产品法等相关法规。
3. 了解　国家食品安全法规标准制定过程。

能力目标

能够应用安全法指导实际生产和生活中食品安全相关工作。

第一节　我国的食品法律法规

扫码“学一学”

一、《中华人民共和国食品安全法》

《中华人民共和国食品安全法》（以下简称《食品安全法》）是食品安全监管的一部基本法律。2009年2月28日，第十一届全国人大常委会第七次会议审议通过了《中华人民共和国食品安全法》，并于2009年6月1日起正式施行。

最新的《食品安全法》由中华人民共和国第十二届全国人民代表大会常务委员会第十四次会议于2015年4月24日修订和公布，自2015年10月1日起施行。

食品安全法全方位构筑食品安全法律屏障，对规范食品生产经营活动，防范食品安全事故的发生，增强食品安全监管工作的规范性、科学性和有效性，提高我国食品安全整体水平，切实保证食品安全，保障公众身体健康和生命安全，具有重要意义。

（一）《食品安全法》立法背景

民以食为天，食以安为先。食品安全直接关系广大人民群众的身体健康和生命安全，关系国家的健康发展，关系社会的和谐稳定。我国党和政府历来高度重视食品安全。早在改革开放初期的1982年，全国人大常委会就通过了《中华人民共和国食品卫生法》（试行），标志着我国的食品卫生事业进入了法制化轨道。在总结试行实施的基础上，《食品卫生法》于1995年10月30日正式颁布施行，对保证食品安全，预防和控制食源性疾病，保障人民群众身体健康，发挥了积极作用。我国的食品安全状况不断改善。

《食品卫生法》实施的14年，正值我国社会转型和改革开放的关键时期，食品安全工作出现了一些新情况、新问题。食品安全问题在一些地方还不同程度存在，有的食品存在安全隐患。食品安全事故折射出食品安全监管工作中还存在一些问题和缺陷。为了从制度上解决问题，急需对现行食品卫生制度加以修改、补充、完善、制定食品安全法。

（二）制定和实施《食品安全法》的意义

（1）制定和实施食品安全法是保障食品安全、保证公众身体健康和生命安全的需要。

《食品安全法》的制定和实施，可以建立以食品安全标准为基础的科学管理制度，进一步理顺了食品安全监管体制，明确了各监管部门的职责，确立了食品生产经营者是保证食品安全第一责任人的法定义务，进而从法律制度上更好地解决我国当前食品工作中存在的主要问题。《食品安全法》的出台改变了过去“九龙治水，管而不治”的局面，对防控和消除食品污染以及食品中有害因素对人体健康的危害，预防和控制食源性疾病的发生，从而切实保障食品安全，保证公众身体健康和生命安全有重要意义。

（2）制定和实施食品安全法是促进我国食品工业和食品贸易发展需要。

《食品安全法》的制定和实施，有利于更加严格地规范食品生产经营行为，督促食品生产者依据法律法规和食品安全标准从事生产经营活动，更有效地促进我国食品行业的发展。同时，可逐步树立我国重视和保障食品安全的良好国际形象，有利于推动我国食品对外贸易的发展。

（3）制定和实施食品安全法是加强社会领域立法；完善我国食品安全法律制度的需要。

《食品安全法》的制定和实施，可在法律的框架内解决食品安全问题。按科学发展观的要求，以人为本，关注民生，保障权利，维护广大人民群众根本利益的需要，促进社会的和谐稳定和发展。同时，《食品安全法》与《产品质量法》《农产品质量安全法》《计量法》《动物防疫法》《动植物检疫法》《进出口商品检验法》《农药管理条例》《兽药管理条例》等法律法规相配套，有利于进一步完善我国的食品安全法律制度。

（三）《食品安全法》的内容体系

食品安全法共分 10 章 154 条，内容包括总则、食品安全风险监测和评估、食品安全标准、食品生产经营、食品检验、食品进出口、食品安全事故处置、监督管理、法律责任、附则。

1. 关于食品安全监管体制 食品安全监管体制是食品安全法立法中的难点。近年来，一些食品安全事故暴露出有的监管部门存在监管不到位、执法不严格的问题，有的部门间存在职责交叉、权责不明的现象，部门与部门之间职能责任划分不清，有利争着管，没利都不管，推诿扯皮。为了完善食品安全监管体制，《食品安全法》着重从以下几个方面做了规定。

第一，对国务院有关食品安全监管部门的职责进行明确界定。国务院市场监督管理部门依照食品安全法和国务院规定的职责，分别对食品生产、食品流通、餐饮服务活动实施监督管理。国务院卫生行政部门承担食品安全综合协调职责，负责食品安全风险评估、食品安全标准制定、食品安全信息公布、食品检验机构的资质认定条件和检验规范的制定，组织查处食品安全重大事故。

第二，在县级以上地方人民政府层面，进一步明确工作职责，理顺工作关系。县级以上地方人民政府统一负责、领导、组织、协调本行政区域的食品安全监督管理工作。建立健全食品安全全程监督管理的工作机制；统一领导、指挥食品安全突发事件应对工作；完善、落实食品安全监督管理责任制，对食品安全监督管理部门进行评议、考核。县级以上地方人民政府依照《食品安全法》和国务院的规定确定本级卫生行政、农业行政、市场监

督管理部门的食品安全监督管理职责。有关部门在各自职责范围内负责本行政区域的食品安全监督管理工作。由于有的食品安全监管部门实行省以下垂直领导，食品安全法规定上级人民政府所属部门在下级行政区域设置的机构应当在所在地人民政府的统一组织、协调下，依法做好食品安全监督管理工作。

第三，为防止各食品安全监管部门各行其是、工作不衔接，食品安全法规定县级以上卫生行政、农业行政、市场监督管理部门应当加强沟通、密切配合，按照各自的职责分工，依法行使职权，承担责任。

第四，为了使食品安全监管体制运行更加顺畅，《食品安全法》规定，国务院设立食品安全委员会，其工作职责由国务院规定。

第五，《食品安全法》授权国务院根据实际需要，可以对食品安全监督管理体制作出调整。

2. 关于食品安全风险监测和评估　食品安全风险监测和评估是国际上流行的预防和控制食品风险的有效措施。《食品安全法》对此加以规定，与国际通行做法接轨，与时俱进，体现了立法的科学性和先进性。

第一，《食品安全法》从食品安全风险监测计划的制定、发布、实施、调整等方面，规定了完备的食品安全风险监测制度。《食品安全法》规定，国家建立食品安全风险监测制度，对食源性疾病、食品污染以及食品中的有害因素进行监测。国务院卫生行政部门会同国务院其他有关部门制定、实施国家食品安全风险监测计划。省、自治区、直辖市人民政府卫生行政部门根据国家食品安全风险监测计划，结合本行政区域的具体情况，组织制定、实施本行政区域的食品安全风险监测方案。国务院农业行政、市场监督管理等有关部门获知有关食品安全风险信息后，应当立即向国务院卫生行政部门通报。国务院卫生行政部门会同有关部门对信息核实后，应当及时调整食品安全风险监测计划。

第二，《食品安全法》从食品安全风险评估的启动、具体操作、评估结果的用途等方面规定了完整的食品安全风险评估制度。法律规定，国家建立食品安全风险评估制度，对食品、食品添加剂中生物性、化学性和物理性危害进行风险评估。关于食品安全风险评估的启动，国务院卫生行政部门通过食品安全风险监测或者接到举报发现食品可能存在安全隐患的，应当立即组织进行检验和食品安全风险评估。国务院农业行政、市场监督管理等有关部门应当向国务院卫生行政部门提出食品安全风险评估的建议，并提供有关信息和资料。关于食品安全风险评估的具体操作，国务院卫生行政部门负责组织食品安全风险评估工作，成立由医学、农业、食品、营养等方面的专家组成的食品安全风险评估委员会进行食品安全风险评估。食品安全风险评估应当运用科学方法，根据食品安全风险监测信息、科学数据以及其他有关信息进行。关于评估结果的用途，食品安全风险评估结果是制定、修订食品安全标准和对食品安全实施监督管理的科学依据。

3. 关于食品安全标准　针对食品标准政出多门、标准缺失、标准“打架”以及标准过高或过低等问题，《食品安全法》对食品安全标准做了相应规定。

第一，为防止食品安全标准过高过低，《食品安全法》规定，制定食品标准应当以保证公众身体健康为宗旨，做到科学合理、安全可靠。同时明确规定，食品安全标准是强制执行的标准，除食品安全标准外，不得制定其他的食品强制性标准。

第二，明确了食品安全国家标准的制定、发布主体，制定方法，明确对有关标准进行

整合。《食品安全法》规定，食品安全国家标准由国务院卫生行政部门负责制定、公布，国务院标准化行政部门提供国家标准编号。制定食品安全国家标准，应当依据食品安全风险评估结果并充分考虑食用农产品质量安全风险评估结果，参照相关的国际标准和国际食品安全风险评估结果，并广泛听取食品生产经营者和消费者的意见。国务院卫生行政部门应当对现行的食用农产品质量安全标准、食品卫生标准、食品质量标准和有关食品的行业标准中强制执行的标准予以整合，统一公布为食品安全国家标准。

第三，明确了食品安全地方标准和企业标准的地位。《食品安全法》规定，没有食品安全国家标准的，可以制定食品安全地方标准。对于企业标准，企业生产的食品没有食品安全国家标准或者地方标准的，对此应当制定企业标准，作为组织生产的依据；国家鼓励食品生产企业制定严于食品安全国家标准或者地方标准的企业标准。

4. 关于食品生产经营

第一，加强对食品生产加工小作坊和食品摊贩的管理。县级以上地方人民政府鼓励食品生产加工小作坊改进生产条件；鼓励食品摊贩进入集中交易市场、店铺等固定场所经营。食品生产加工小作坊和食品摊贩从事食品生产经营活动，应当符合本法规定的与其生产经营规模、条件相适应的食品安全要求，保证所生产经营的食品卫生、无毒、无害，有关部门应当对其加强监督管理。

第二，鼓励食品生产经营企业采用先进管理体系，减轻企业负担。《食品安全法》规定，国家鼓励食品生产经营企业符合良好生产规范要求，实施危害分析与关键点控制，提高食品安全管理水平。对通过良好生产规范、危害分析与关键点体系认证的食品生产经营企业，认证机构应当依法实施跟踪调查，认证机构实施跟踪调查不收取任何费用。

第三，建立完备的索证索票制度、台账制度等。如食品生产者采购食品原料、食品添加剂、食品相关产品，应当查验供货者的许可证和产品合格证明文件；食品生产企业应当建立食品出厂检验记录制度等。

第四，严格对声称具有特定保健功能的食品的管理。声称具有特定保健功能的食品不得对人体产生急性、亚急性或者慢性危害，其标签、说明书不得涉及疾病预防、治疗功能，内容必须真实，应当载明适宜人群、不适宜人群、功效成分或者标志性成分及其含量等；产品的功能与成分必须与标签、说明书相一致。有关监督管理部门应当依法履职，承担责任。

第五，建立食品召回制度、停止经营制度。食品生产者发现其生产的食品不符合食品安全标准，应当立即停止生产，召回已经上市销售的食品，通知相关生产经营者和消费者，并记录召回和通知情况。食品经营者发现其经营的食品不符合食品安全标准，应当立即停止经营，通知相关生产经营者和消费者，并记录停止经营和通知情况。食品生产者认为应当召回的，应当立即召回。食品生产者应当对召回的食品采取补救、无害化处理、销毁等措施，并将食品召回和处理情况向县级以上市场监督管理部门报告。食品生产经营者未依照本条规定召回或者停止经营不符合食品安全标准的食品的，县级以上市场监督管理部门可以责令其召回或者停止经营。

第六，严格对食品广告的管理。《食品安全法》规定，食品广告的内容应当真实合法，不得含有虚假、夸大的内容，不得涉及疾病预防、治疗功能。食品安全监督管理部门或者承担食品检验职责的机构、食品行业协会、消费者协会不得以广告或者其他形式向消费者推荐食品。社会团体或者其他组织、个人在虚假广告中向消费者推荐食品，使消费者的合法权益受到损害的，与食品生产经营者承担连带责任。

5. 关于食品检验

第一，明确食品检验由食品检验机构指定的检验人独立进行。食品检验实行食品检验机构与检验人负责制。食品检验报告应当加盖食品检验机构公章，并有检验人的签字或者盖章。食品检验机构和检验人对出具的食品检验报告负责。

第二，明确食品安全监督管理部门对食品不得实施免检。同时明确规定，进行抽样检验，应当购买抽取的样品，不收取检验费和其他任何费用。

6. 关于食品进出口

第一，明确了进口的食品、食品添加剂以及食品相关产品应当符合我国食品安全国家标准。进口尚无食品安全国家标准的食品，或者首次进口食品添加剂新品种、食品相关产品新品种，进口商应当向国务院卫生行政部门提出申请并提交相关的安全性评估材料。国务院卫生行政部门依法做出是否准予许可的决定，并及时制定相应的食品安全国家标准。

第二，完善风险预警机制。境外发生的食品安全事件可能对我国境内造成影响，或者在进口食品中发现严重食品安全问题的，国家出入境检验检疫部门应当及时采取风险预警或者控制措施，并向国务院卫生行政、农业行政、市场监督管理部门通报。

7. 关于食品安全事故处置

第一，规定了制定食品安全事故应急预案及食品安全事故的报告制度。事故发生单位和接收患者进行治疗的单位应当及时向事故发生地县级卫生部门报告。农业行政、市场监督管理部门在日常监督管理中发现食品安全事故，或者接到有关食品安全事故的举报，应当立即向卫生行政部门通报。发生重大食品安全事故的，接到报告的县级卫生行政部门应当按照规定向本级人民政府和上级人民政府卫生行政部门报告。县级人民政府和上级人民政府卫生行政部门应当按照规定上报。

第二，规定了县级以上卫生行政部门处置食品安全事故的措施，如开展应急救援工作，对因食品安全事故导致人身伤害的人员，卫生行政部门应当立即组织救治；封存被污染的食品用工具及用具，并责令进行清洗消毒；做好信息发布工作，依法对食品安全事故及其处理情况进行发布，并对可能产生的危害加以解释、说明。

8. 关于监督检查　《食品安全法》第八章“监督管理”重申了对同一违法行为不得给予二次以上罚款的行政处罚。县级以上卫生行政、市场监督管理部门应当按照法定权限和程序履行食品安全监督管理职责；对生产经营者的同一违法行为，不得给予二次以上罚款的行政处罚。

9. 关于法律责任

第一，对特定人员从事食品生产经营、食品检验的资格进行限制。被吊销食品生产、流通或者餐饮服务许可证的单位，其直接负责的主管人员自处罚决定做出之日起五年内不得从事食品生产经营管理工作。违反《食品安全法》规定，受到刑事处罚或者开除处分的食品检验机构人员，自刑罚执行完毕或者处分决定做出之日起十年内不得从事食品检验工作。

第二，《食品安全法》规定了生产不符合食品安全标准的食品或者销售明知是不符合食品安全标准的食品，消费者除要求赔偿损失外，还可以向生产者或者销售者要求支付价款

10 倍的赔偿金。

第三，违反《食品安全法》的规定，应当承担民事赔偿责任和缴纳罚款、罚金，其财产不足以同时支付时，先承担民事赔偿责任。

二、《中华人民共和国产品质量法》

《中华人民共和国产品质量法》（以下简称《产品质量法》）是调整产品市场监督管理关系和产品责任关系的法律规范的总称。《产品质量法》是 1993 年 2 月 22 日第七届全国人民代表大会常务委员会第三十次会议通过，自 1993 年 9 月 1 日起实施。根据 2000 年 7 月 8 日第九届全国人民代表大会常务委员会第十六次会议，修正《中华人民共和国产品质量法》。

（一）《产品质量法》的立法目的和意义

制定《产品质量法》的目的是为了加强对产品市场监督管理，提高产品质量水平，明确产品质量责任，保护消费者的合法权益，维护社会经济秩序；使生产者、销售者建立健全内部产品质量管理制度，严格实施岗位质量规范、质量责任以及相应的考核办法；国家鼓励推行科学的管理方法，采用先进的科学技术，鼓励企业产品质量达到并且超过行业标准、国家标准和国际标准。

（二）《产品质量法》的内容体系

《产品质量法》共 6 章 74 条，包括总则、产品市场监督生产者、销售者的产品、质量责任和义务、损害赔偿、罚则、附则等内容。

总则。包括第 1 条至第 11 条，对《产品质量法》的立法目的和意义，产品质量管理制度规范建立、产品市场监督管理工作的开展及责任要求等进行规定。

产品市场的监督管理。包括第 12 条至第 25 条，对产品责任的标准，企业产品质量体系的认证制度、国家对产品质量实行的监督检查制度、市场监督管理部门对涉嫌违反本法规定的行为进行查处时可以行使的职权，消费者对产品质量问题的申诉等进行了相应的规定。

生产者、销售者的产品质量责任和义务。包括第 26 条至第 39 条，就生产者的产品质量责任和义务、销售者的产品质量责任和义务等进行了相应的规定。

损害赔偿。包括第 40 条至第 48 条，就产品存在缺陷造成损害及赔偿要求进行相应的规定。

罚则。包括第 49 条至第 72 条，对生产、销售不符合保障人民健康和人身、财产安全的国家标准、行业标准的产品的处罚和产品质量检验机构、认证机构及产品市场监督管理部门违反本法的处理进行规定。

附则。包括第 73 条至第 74 条，对军事产品和本法的实施时间进行规定。

三、《中华人民共和国农产品质量安全法》

《中华人民共和国农产品质量安全法》（以下简称《农产品质量安全法》）于 2005 年 10 月 22 日由国务院审议通过并提请全国人大审议，于 2006 年 4 月 29 日第十届全国人民代表大会常务委员会第二十一次会议通过，同日以第四十九号主席令颁布。自 2006 年 11 月 1

日起实施。

（一）《农产品质量安全法》的立法意义

农产品质量安全直接关系到人民群众日常生活、身体健康和生命安全；关系到社会稳定和谐和民族发展；关系农村对外开放和农产品在国内外市场的竞争。《农产品质量安全法》的正式出台，是关系“三农”乃至整个经济社会长远发展的一件大事，具有十分重大而深远的影响和划时代的意义。出台《农产品质量安全法》是坚持科学发展观，推动农业生产方式转变，为发展高产、优质、高效、生态、安全的现代农业和社会主义新农村建设提供坚实支撑的现实要求；是构建和谐社会，规范农产品产销秩序，保障公众农产品消费安全，维护最广大人民群众根本利益的可靠保障；是推进农业标准化，提高农产品质量安全水平，全面提升我国农产品竞争力，应对农业对外开放和参与国际竞争的重大举措；是填补法律空白，推进依法行政，转变政府职能，促进体制创新、机制创新和管理创新的客观要求。

（二）《农产品质量安全法》的调整范围和主要内容

《农产品质量安全法》调整的范围包括三方面的内涵：一是关于调整的产品范围问题，本法所指农产品是指来源于农业的初级产品，即在农业活动中获得的植物、动物、微生物及其产品；二是关于调整的行为主体问题，既包括农产品的生产者和销售者，也包括农产品质量安全管理者和相应的检测技术机构和人员等；三是关于调整的管理环节问题，既包括产地环境、农业投入品的科学合理使用、农产品生产和产后处理的标准化管理，也包括农产品的包装、标志和市场准入管理。《农产品质量安全法》对涉及农产品质量安全的方方面面都进行了相应的规范，调整的对象全面、具体，符合中国的国情和农情。

《农产品质量安全法》共分 8 章 56 条，主要包括总则，农产品质量安全标准、农产品产地、农产品生产、农产品包装和标志、监督检查、法律责任和附则。

四、《中华人民共和国标准化法》

《中华人民共和国标准化法》（以下简称《标准化法》）是由第七届全国人民代表大会常务委员会第五次会议于 1988 年 12 月 29 日通过，自 1989 年 4 月 1 日起实施。1990 年 4 月 6 日国务院又颁布了《中华人民共和国标准化法实施条例》，1990 年 7 月 23 日国家质量技术监督局颁布实施了《中华人民共和国标准化法条文解释》。

2017 年，中华人民共和国主席令第七十八号，《中华人民共和国标准化法》已由中华人民共和国第十二届全国人民代表大会常务委员会第三十次会议于 2017 年 11 月 4 日修订通过，现将修订后的《中华人民共和国标准化法》公布，自 2018 年 1 月 1 日起施行。

（一）《标准化法》的立法目的和意义

制定《标准化法》的目的是为了发展社会主义商品经济，促进技术进步，改进产品质量，提高社会经济效益，维护国家和人民的利益，使标准化工作适应社会主义现代化建设和发展对外经济关系的需要。

（二）《标准化法》的内容体系

《标准化法》分为总则、标准的制定、标准的实施、监督管理、法律责任、附则共 6 章

45 条。

其主要内容是：确定了标准体制和标准化管理体制，规定了制定标准的对象与原则以及实施标准的要求，明确了违法行为的法律责任和处罚办法。

国务院标准化行政主管部门统一管理全国标准化工作。国务院有关行政主管部门分工管理本部门、本行业的标准化工作。省、自治区、直辖市人民政府标准化行政主管部门统一管理本行政区域的标准化工作。市、县标准化行政主管部门和有关行政主管部门，按照省、自治区、直辖市政府规定的各自的职责，管理本行政区域内的标准化工作。

国家鼓励积极采用国际标准和国外先进标准，积极参与制定国际标准。

企业生产的产品没有国家标准和行业标准的，应当制定企业标准，作为组织生产的依据。企业的产品标准须报当地政府标准化行政主管部门和有关行政主管部门备案。已有国家标准或者行业标准的，国家鼓励企业制定严于国家标准或者行业标准的企业标准，在企业内部适用。

标准依适用范围分为国家标准、行业标准、地方标准和企业标准。国家标准、行业标准分为强制性标准和推荐性标准。保障人体健康、人身安全、财产安全的标准和法律，行政法规规定强制执行的标准是强制性标准，其他标准是推荐性标准。

制定国家标准、行业标准和地方标准的部门应当组织由用户、生产单位、行业协会、科学技术研究机构、学术团体及有关部门的专家组成标准化技术委员会，负责草拟的参加标准草案的技术审查工作。

从事研究、生产、经营的单位和个人必须严格执行强制性标准，不符合强制性标准的产品，禁止生产、销售和进口。

五、《中华人民共和国商标法》

《中华人民共和国商标法》（以下简称《商标法》）于 1982 年 8 月 23 日第五届全国人民代表大会常务委员会第二十四次会议通过，根据 1993 年 2 月 22 日第七届全国人民代表大会常务委员会第三十次会议《关于修改〈中华人民共和国商标法〉的决定》第一次修正；根据 2001 年 10 月 27 日第九届全国人民代表大会常务委员会第二十四次会议《关于修改〈中华人民共和国商标法〉的决定》第二次修正；根据 2013 年 8 月 30 日第十二届全国人民代表大会常务委员会第四次会议《关于修改〈中华人民共和国商标法〉的决定》第三次修正。

《商标法》对于加强商标管理，保护商标专用权，促使生产者保证商品质量，维护商标信誉，保障消费者利益，促进社会主义商品经济的发展，具有举足轻重的作用。

《商标法》共 8 章 73 条，主要规定了《商标法》调整的范围，基本原则，商标注册的申请，商标注册的审查和核准，注册商标的续展、转让和使用许可，注册商标争议的裁定，商标使用的管理，注册商标专用权的保护。

国家严厉禁止侵犯注册商标专用权，违法者依其情节和后果承担相应处罚。

六、《中华人民共和国专利法》

《中华人民共和国专利法》（以下简称《专利法》）于 1984 年 3 月 12 日第六届全国人民代表大会常务委员会第四次会议通过；1992 年 9 月 4 日第七届全国人民代表大会常务委

员会第二十七次会议进行第一次修正；2000 年 8 月 25 日第九届全国人民代表大会常务委员会第十七次会议进行第二次修正；2008 年 12 月 27 日第十一届全国人民代表大会常务委员会进行第三次修正；修订后自 2009 年 10 月 1 日起施行。

《专利法》是为了保护发明创造专利权，鼓励发明创造，有利于发明创造的推广应用，促进科学技术的发展，适应社会主义现代化建设的需要而制定的。

《专利法》包括总则、授予专利权的条件、专利的申请、专利申请的审查和批准、专利权的期限终止和无效、专利实施的强制许可、专利权的保护、附则共 8 章 76 条。

扫码“学一学”

第二节　我国的食品标准

一、标准及标准化的概念

（一）标准

标准是指为了在一定范围内获得最佳秩序，对活动或结果所做的统一规定、指南或特性文件，该文件经协商一致制定并经过一个公认机构批准，以特定形式发布，作为共同遵守的准则和依据。它以科学、技术和实践经验的综合成果为基础，以促进最佳社会效益为目的。

对下列需要统一的技术要求，应当制定标准：工业产品的品种、规格、质量、等级或者安全、卫生要求；工业产品的设计、生产、检验、包装、贮存、运输、使用的方法或者生产、贮运过程中的安全、卫生要求；有关环境保护的各项技术要求和检验方法；建设工程的设计、施工方法和安全要求；有关工业生产、工程建设和环境保护的技术术语、符号、代号和制图方法；农业（含林业、牧业、渔业）产品（含种子、种苗、种畜、种禽）的品种、规格、质量、等级、检验、包装、贮存、运输以及生产技术、管理技术的要求；信息、能源、资源、交通运输的技术要求。

（二）标准化

标准化是指为在一定的范围内获得最佳秩序，以现实的或潜在的问题制定共同的和重复使用的规则的活动。

标准化不是一个孤立的事物，而是一个活动过程：主要是制定标准、实施标准进而修订标准的过程。这个过程不是一次就完结了，而是一个不断循环、螺旋式上升的运动过程。每完成一个循环，标准的水平就提高一步。

标准是标准化活动的产物。标准化的目的和作用，都是要通过制定和实施具体的标准来体现的。所以，标准化活动不能脱离制定、修订和实施标准，这是标准化的基本任务和主要内容。

二、食品标准的制订

（一）食品标准的作用

食品工业是我国国民经济的重要支柱产业。食品标准在保障人民身体健康、促进食品工业的发展、推动食品国际贸易等方面起到了重要作用。具体表现在以下几个方面。

1. 保证食品的食用安全性 食品是供人食用的产品，衡量食品是否合格的尺度就是食品标准。食品标准在制定过程中充分考虑了食品可能存在的有害因素和潜在的不安全因素，通过规定食品的理化指标、微生物指标、检测方法、包装贮存、保质期等一系列的内容，使符合标准的食品具有安全性。因此，食品标准可以保证食品卫生，防止食品污染和有害化学物质对人体健康的危害。

2. 国家管理食品行业的依据 食品是关系到人体健康的特殊产品，国家对食品行业的管理很严格。《产品质量法》规定："国家对产品质量实行以抽查为主要方式的监督检查制度"，国家对食品质量进行监督检查的依据就是食品标准。通过国家组织的市场监督管理检查，不仅促进产品质量的提高，保护消费者的利益，同时，对标准本身的完善也是一种促进。通过分析检查结果，可进一步明确行业发展的管理方向。

3. 食品企业科学管理的基础 食品标准是食品企业提高产品质量的前提和保证。食品企业生产的各个环节采取各种质量控制措施和方法，检验一些控制指标，都要以食品标准为准，要确保产品最终能够达到合格。企业在组织生产时，也需要在技术上保持高度的统一和协作一致。因此，食品企业管理中离不开食品标准。

4. 促进生产，推动贸易 食品标准是实现食品工业专业分化和社会化生产的前提，同时也是科学技术转化为现实生产力的桥梁之一，我国食品标准正在与国际接轨，大量先进的食品国际标准，主要是国际食品法典委员会（CAC）的标准正被采用。这极大地促进了我国食品工业的发展，消除了贸易技术的壁垒，方便国际贸易，提高了我国食品在国际市场上的竞争力。

（二）食品标准制定的依据

（1）法律依据 《食品安全法》《标准化法》等法律及有关法规是制定食品标准的法律依据。

（2）科学技术依据 食品标准是科学技术研究和生产经验总结的产物。在标准制定过程中，应尊重科学，尊重客观规律，保证标准的真实性，应合理使用已有的科研成果，善于总结和发现与标准有关的各种技术问题，应充分利用现代科学技术条件，促进标准具有较高的先进性。

（3）有关国际组织的规定 WTO 制定的《实施卫生与植物卫生措施协定》（SPS），《贸易技术壁垒协定》（TBT）是食品贸易中必须遵守的两项协定。SPS 和 TBT 协定都明确指出，国际食品法典委员会的标准可作为解决国际贸易争端，协调各国食品卫生标准的依据。因此，每一个 WTO 的成员国都必须履行 WTO 有关食品标准制定和实施的各项协议和规定。

（三）食品质量标准制定的原则

（1）应当有利于保障食品安全和人体健康，保护消费者利益，保护环境。

（2）应当有利于合理利用国家资源，推广科学技术成果，提高经济效益，并符合使用要求，有利于食品的通用和互换，做到技术上先进，经济上合理。

（3）应当做到有关标准的协调配套，有利于标准体系的建立和不断完善。

（4）应当有利于促进对外经济技术合作和对外贸易，有利于参与国际经济大循环，并有利于我国标准与国际接轨。

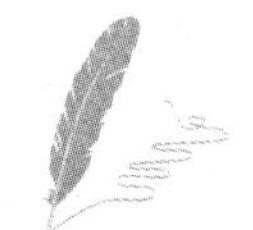

（5）应当发挥行业协会、科学研究机构和学术团体的作用。

（四）食品质量标准的制定程序

食品产品标准的制定一般分为准备阶段、起草阶段、审查阶段和报批阶段。

1. 准备阶段　在此阶段需查阅大量相关资料，其中包括相关的国际、国内标准和企业标准，然后进行样品的收集，进行分析、测定，确定能控制产品质量的指标项目，如特性指标中哪些是关键性的指标，哪些指标不是关键性指标等，都是前期准备工作中需要确定的内容。在准备阶段，食品企业应组织专业人员进行大量的实验。

2. 起草阶段　标准起草阶段的主要工作内容有编制标准草案（征求意见稿）及其编制说明和有关附件，广泛征求意见。在整理汇总意见基础上进一步编制标准草案（预审稿）及其编制说明和有关附件。

3. 审查阶段　食品产品的审查分预审和终审两个过程。预审由各专业技术委员会组织有关专家进行，对标准的文本、各项指标进行严格审查，同时也审查标准草案是否符合《标准化法》和《标准化实施条例》，技术内容是否符合实际和科学技术的发展方向，技术要求是否先进、合理、安全、可靠等。预审通过后按审定意见进行修改，整理出送审稿，报全国食品工业标准化技术委员会进行最终审定。

4. 报批阶段　终审通过的标准可以报批。行业标准报到上级主管部门，国家标准报到国家技术监督局，批准后进行编号发布。

三、食品标准的主要内容

食品标准主要有食品卫生标准、食品产品标准、检验方法标准、食品包装材料及容器标准、食品添加剂标准、食品标签通用标准、食品企业卫生规范、食品工业基础及相关标准等。

（一）食品卫生标准的内容和指标

我国食品卫生标准是国家授权原卫生部统一安排制定的。标准的主要内容可分为感官指标、理化指标和微生物指标三个部分。

感官指标一般规定食品的色泽、气味或滋味和组织状态。

理化指标是食品卫生标准中重要的组成部分，包括食品中金属离子和有害元素的限定，如砷、锡、铅、铜、汞的规定，食品中可能存在的农药残留、有害物质（如黄曲霉毒素水平的规定）及放射性物质的量化指标等。这些指标在不同的食品卫生标准中应有所不同，并不是所有食品的卫生标准都有上述指标；根据需要还可能增加一些其他的理化指标。

微生物指标通常包括菌落总数、大肠菌群和致病菌三项指标，有的还包括霉菌指标。菌落总数是指食品检样在严格规定的条件下（样品处理、培养基及其 pH，培养温度与时间、计数方法等）培养后，单位质量［容积（mL）或表面积（cm^2）］所生成的细菌菌落总数。食品中大肠菌群数以每 100 mL［检样内大肠菌群最可能数（MPN）］表示。常见的致病菌主要是指肠道致病菌和致病性球菌如沙门菌、金黄色葡萄球菌、致病性链球菌等。食品卫生标准中一般对致病菌都做出“不得检出”的规定，以确保食品的安全。

食品卫生标准除规定以上内容外，还规定相应指标的检验方法。目前检验方法已逐步形成较完整的标准体系，可在食品卫生标准的制定中直接引用。

（二）食品产品标准的内容和指标

食品产品标准既有国家标准、行业标准、地方标准，也有企业标准。但无论哪级标准，标准的格式、内容编排、层次划分、编写的细则等都应符合 GB/T 1.1 的规定食品产品标准内容较多，一般包括范围、引用标准、相关定义、技术要求、检验方法、检验规则、标志包装、运输和贮存等。

在范围中，一般阐述标准的规定内容与适用范围。在引用标准中一般列入标准文本中引用到的相关标准目录，一般为基础性的、食品卫生和检验方法的国家标准、行业标准。这些标准在文本中直接引用，不再重复其内容。相关定义中规定标准中出现的较为模糊不定容易造成混淆的行业术语，在定义过程中，明确其具体含义，使标准更加准确、清晰、便于使用。

食品产品标准中技术要求是标准的核心部分，主要包括原辅材料要求、感官要求、理化指标、微生物指标等。凡列入标准中的技术要求应该是决定产品质量和使用性能的主要指标，而这些指标又是可以测定或验证的。原辅材料要求中涉及食品原料的相关标准，有相关标准的，按标准要求，没有相关标准的原辅材料，应阐述对它们的要求检验方法与检验规则是食品产品标准中两项不同内容。检验方法与技术要求应该是一一对应的关系，但对于一些定性要求，如形状、大小和外观等，则无须做具体规定。食品卫生检验方法已作为国家标准发布实施，应在充分理解的情况下应用。检验规则包括检验分类、抽样方法和判定规则等，只有科学、合理，才能正确评价检验结果。另外，食品产品标准中还要求对标志、标签、包装、运输和贮存等做出规定。

食品产品的保质期要求，包括在产品标准的贮存规定之中。各种不同的食品产品有不同的保质期要求，没有统一的规定。但并非所有的食品都必须标注保质期，一些可以长期贮存的食品，如味精、食盐就可以不在标签上标注保质期。在保质期内，生产企业应保证产品是合格的。

（三）其他食品标准

食品工业基础及相关标准主要是对食品的名词术语、图形代号、产品的分类、通用标准、总的要求及食品厂卫生规范等做出的统一规定。

食品包装材料及容器标准和食品添加剂标准中规定的内容与食品卫生标准和食品产品标准基本相仿。

食品检验方法标准主要规定检测方法的过程和操作、使用的仪器及化学试剂等。

四、食品标准的分类

1. 按标准的适用范围分类 我国的食品标准分为四级：国家标准、行业标准、地方标准和企业标准。

2. 按标准的约束性分类 按标准的约束性可分为强制性标准与推荐性标准。我国的国家标准和行业标准均分为强制性标准和推荐性标准两类。对于强制性标准，有关各方没有选择的余地，必须毫无保留地绝对贯彻执行。对于推荐性标准，有关各方有选择的自由，但一经选定，则该标准对采用者来说，便成为必须绝对执行的标准了。“推荐性”便转化为“强制性”。食品卫生标准属于强制性标准，因为它是食品的基础性标准，关系到人体健康

和安全。食品产品标准，一部分为强制性标准，也有一部分为推荐性标准。我国加入 WTO 后，将会更多地采用国际标准或国外先进标准，食品标准的约束性也会根据具体情况进行调整。

3. 按标准化的对象和作用分类　按标准化的对象和作用可分为基础标准、产品标准、方法标准、安全标准、卫生标准、环境保护标准等。

我国食品标准基本上就是按照标准化的对象和作用进行分类并编辑出版的，包括食品工业基础及相关标准、食品卫生标准、食品产品标准、食品添加剂标准、食品包装材料及容器标准、食品检验方法标准。

4. 按标准的性质分类　按标准的性质可分为技术标准、管理标准和工作标准。

技术标准是指对标准化领域中需要协调统一的技术事项所制定的标准。食品工业基础及相关标准中涉及技术的一部分标准、食品产品标准、食品卫生标准、食品添加剂标准、食品包装材料及容器标准、食品检验方法标准等，其内容都规定了技术事项或技术要求，属于技术标准。

管理标准是对标准化领域中需要协调统一的管理事项所制定的标准，主要包括技术管理、生产管理、经营管理和劳动组织管理标准等。如 ISO 9000 质量管理标准、食品企业卫生规范等，属于管理标准。

工作标准是对标准化领域中，需要协调统一的各类工作人员的工作事项所制定的标准。工作标准也叫工作质量标准，是对各部门、各类人员基本职责、工作要求、考核方法所做的规定，是衡量工作质量的依据和准则。

五、标准的代号和编号

（一）国家标准代号及编号

国家标准的代号由大写汉字拼音字母 GB 构成，强制性国家标准的代号为 GB，推荐性国家标准代号为 GB/T。

国家标准的编号由标准代号、标准顺序号及年号组成。

1. 强制性国家标准号　GB（强制性国家标准代号）××××（标准发布顺序号）—××××（标准发布年号）。

例如：GB 7718—2011《预包装食品标签通则》；GB 2760—2014《食品添加剂使用卫生标准》。

2. 推荐性国家标准号　GB/T（推荐性国家标准代号）××××（标准发布顺序号）—××××（标准发布年号）。

例如：GB/T 5009. 12—2017《食品安全国家标准 食品中铅的测定》；GB/T 5009. 8—2016《食品中果糖、葡萄糖、蔗糖、麦芽糖、乳糖的测定》。

（二）行业标准代号及编号

行业标准的编号是由行业标准代号、标准顺序号及年号组成。行业标准代号由国务院标准化行政主管部门规定。如机械为 JB，轻工为 QB，商业为 SB。

1. 强制性行业标准号　××（强制性行业标准代号）××××（标准发布顺序号）—××××（标准发布年号）。

例如：QB 1007—1990《罐头食品净重和固形物含量的测定》。

2. 推荐性行业标准号 XX/T（推荐性行业标准代号）××××（标准发布顺序号）—××××（标准发布年号）。

例如：QB/T 4561—2013《红糖》。

（三）地方标准代号及编号

地方标准的代号是由汉字“地方标准”大写拼音字母“DB”加上省、自治区、直辖市行政区划代码前两位数字再加斜线组成。

1. 强制性地方标准号 DB XX/(强制性地方标准代号）××××（标准发布顺序号）—××××（标准发布年号）。

例如：DB 31/2019—2013《食品生产加工小作坊卫生规范》，上海市的地方标准。

2. 推荐性地方标准代号 DBXX/T（推荐性地方标准代号）××××（标准发布顺序号）—××××（标准发布年号）。

例如：DB 14/1409—2017《生猪养殖中兽药保健技术规范》，山西省的地方标准。

（四）企业标准代号及编号

企业标准代号是由汉字“企”的大写拼音字母“Q”加斜线再加企业代号组成。企业代号由企业名称简称的四个汉语拼音第一个大写字母组成。

企业标准代号及编号是由企业标准代号、企业代号、发布顺序号、食品标准代号S、年号组成。

Q（企业标准代号）/××××（企业代号）×××（企业发布顺序号）S（食品标准的代号）—××××（标准发布年号）。例如：Q/GZYL003S—2010《酸辣酱》（广州市某食品有限公司），广州市的企业标准。

思考题

1. 我国从“卫生法”到“安全法”食品安全管理理念发生了什么转变？
2. 如何理解《中华人民共和国产品质量法》对食品产品质量的特殊性？
3. 《中华人民共和国农产品质量安全法》与《食品安全法》的关系是什么？
4. 《中华人民共和国标准化法》在食品生产中的作用是什么？
5. 如何应用不同的标准指导食品企业生产？

（张 挺）

第五章　食品生产许可制度

知识目标

1. 掌握　食品生产许可制度的内容与含义。
2. 熟悉　食品生产许可的申请与审查。
3. 了解　食品生产许可其他相关方面。

能力目标

1. 能够准备食品生产许可申请相关材料。
2. 能够根据食品生产许可申请程序完成证书申请工作。

第一节　食品生产许可概述

扫码"学一学"

一、食品生产的概念

食品生产包括食品原料的生产和加工，是指把食品原料通过生产加工程序，形成一种新形势的可直接食用的产品。比如小麦经过碾磨、筛选、加料搅拌、成型烘干，成为饼干，就是食品生产的过程。食品生产包括肉制品加工、调味品加工、水果制品加工、酒类加工、淀粉及其制品加工、膨化食品加工、糖果制品加工、饮料加工、水产品加工、禽蛋制品加工、面制品加工、乳制品加工、豆制品加工、米制品加工、薯制品加工、蔬菜制品加工等类别。

二、食品生产许可概况

食品生产许可也就是人们常说的 QS 发证，最初的 QS 出现在 2003 年 7 月 18 日原国家质量监督检验检疫总局颁布并实施的《食品生产加工企业质量安全监督管理办法》，对粮油等五大类重要食品工业产品的食品生产企业开始实施 QS 发证，并公布了发证的类别和详细要求。为加强对 QS 产品的管理，原国家质检总局颁布《食品生产加工企业质量安全监督管理实施细则（试行）》（第 79 号令），规定通过 QS 认证的食品企业，其生产出厂的成品必须加印（贴）QS 标志。2010 年之前的 QS 代表的是质量安全市场准入标识，QS 是"质量安全"的英文 Quality Safety 缩写表示，并且标注"质量安全"字样。2010 年 4 月以后，原国家质检总局颁布的《关于修改〈中华人民共和国工业产品生产许可证管理条例实施办法〉的决定》，对 QS 的定义进行了修订，QS 代表的是工业产品生产许可，并要求所有生产纳入《国家实行生产许可证制度的工业产品目录》的产品，其生产企业必须取得《工业产品生产许可证》。

近年来，随着我国经济体制改革的不断深入、食品工业的迅猛发展，特别是食品安全监管架构体系的改革完善，食品生产许可制度无论是在制度设计层面，还是在具体操作运行层面，暴露出好些问题，需要进行改革和完善。企业对食品生产许可申请难的呼声也越来越高，部分企业反映申请材料多、审查程序繁复、审批时间长等问题，在很大程度上制约了行业的创新发展，增加了企业的负担。

2015 年 10 月，随着食品监管职能由原国家质检总局划分到原国家食品药品监督管理总局，作为新的《食品安全法》的配套规章新的《食品生产许可管理办法》也随之公布实施，并规定两年过渡期后，食品包装或者标签上标注新的食品生产许可证编号，不再标注“QS”标志。

新修订的《食品生产许可管理办法》与原有规章制度的侧重点有所不同，由原来的重许可变成了重监管，由严进变成了宽进，把食品安全的管理重心放在了对食品生产企业的监管上。

新《食品生产许可管理办法》最主要的变化主要是“五取消”“四调整”“四加强”。

“五取消”，取消部分前置审批材料核查、许可检验机构指定、审查收费、委托加工备案、企业年检和年度报告制度。

“四调整”，调整食品生产许可主体实行一企一证、许可证书有效期限 3 年延长至 5 年、现场核查内容、审批权限（婴幼儿配方乳粉、特殊医学用途食品、保健食品等重点食品原则上由省级部门组织审查外）可以下放到市、县级部门。根据统计，截至 2017 年 11 月底，全国共有 15. 9 万家食品生产企业、3685 家食品添加剂生产企业依法取得食品生产许可证。

扫码“学一学”

第二节　实施生产许可的食品类别和许可程序

一、实施生产许可的食品类别

市场监督管理部门按照食品的风险程度对食品生产实施分类许可。国家市场监督管理部门可以根据监督管理工作需要对食品类别进行调整。

食品生产许可类别包括：粮食加工品，食用油、油脂及其制品，调味品，肉制品，乳制品，饮料，方便食品，饼干，罐头，冷冻饮品，速冻食品，薯类和膨化食品，糖果制品，茶叶及相关制品，酒类，蔬菜制品，水果制品，炒货食品及坚果制品，蛋制品，可可及焙烤咖啡产品，食糖，水产制品，淀粉及淀粉制品，糕点，豆制品，蜂产品，保健食品，特殊医学用途配方食品，婴幼儿配方食品，特殊膳食食品，其他食品等。

实施食品生产许可的食品类别名称和品种明细则可参考原国家食品药品监督管理总局关于公布食品生产许可分类目录的公告（2016 年第 23 号）。

二、实施生产许可程序

（一）食品生产许可负责部门

国家市场监督管理总局负责监督指导全国食品生产许可管理工作，县级以上地方市场

监督管理部门负责本行政区域内的食品生产许可管理工作。省、自治区、直辖市市场监督管理部门可以根据食品类别和食品安全风险状况，确定市、县级市场监督管理部门的食品生产许可管理权限。保健食品、特殊医学用途配方食品、婴幼儿配方食品的生产许可由省、自治区、直辖市市场监督管理部门负责。

（二）生产许可程序

1. 申请　申请人应当具备申请食品生产许可的主体资格。企业法人、合伙企业、个人独资企业、个体工商户等，以营业执照载明的主体作为申请人。申请人应当根据所在地省级市场监督管理部门规定的食品生产许可受理权限，向所在地县级以上市场监督管理部门提出食品生产许可申请。

2. 受理　县级以上地方市场监督管理部门对申请人提出的食品生产许可申请，应当根据下列情况分别作出处理。

（1）申请事项依法不需要取得食品生产许可的，应当即时告知申请人不受理。

（2）申请事项依法不属于市场监督管理部门职权范围的，应当即时作出不予受理的决定，并告知申请人向有关行政机关申请。

（3）申请材料存在可以当场更正的错误的，应当允许申请人当场更正，由申请人在更正处签名或者盖章，注明更正日期。

（4）申请材料不齐全或者不符合法定形式的，应当当场或者在5个工作日内一次告知申请人需要补正的全部内容。当场告知的，应当将申请材料退回申请人；在5个工作日内告知的，应当收取申请材料并出具收到申请材料的凭据。逾期不告知的，自收到申请材料之日起即为受理。

（5）申请材料齐全、符合法定形式，或者申请人按照要求提交全部补正材料的，应当受理食品生产许可申请。

县级以上地方市场监督管理部门对申请人提出的申请决定予以受理的，应当出具受理通知书；决定不予受理的，应当出具不予受理通知书，说明不予受理的理由，并告知申请人依法享有申请行政复议或者提起行政诉讼的权利。

3. 审查与决定　县级以上地方市场监督管理部门应当对申请人提交的申请材料进行审查。需要对申请材料的实质内容进行核实的，应当进行现场核查。

市场监督管理部门可以委托下级市场监督管理部门，对受理的食品生产许可申请进行现场核查。现场核查应当由符合要求的核查人员进行。核查人员不得少于2人。核查人员应当自接受现场核查任务之日起10个工作日内，完成对生产场所的现场核查。

除可以当场作出行政许可决定的外，县级以上地方市场监督管理部门应当自受理申请之日起20个工作日内作出是否准予行政许可的决定。因特殊原因需要延长期限的，经本行政机关负责人批准，可以延长10个工作日，并应当将延长期限的理由告知申请人。

县级以上地方市场监督管理部门应当根据申请材料审查和现场核查等情况，对符合条件的，作出准予生产许可的决定，并自作出决定之日起10个工作日内向申请人颁发食品生产许可证；对不符合条件的，应当及时作出不予许可的书面决定并说明理由，同时告知申请人依法享有申请行政复议或者提起行政诉讼的权利。

4. 变更、延续、补办与注销

（1）食品生产许可变更　食品生产许可证有效期内，现有工艺设备布局和工艺流程、主要生产设备设施、食品类别等事项发生变化，需要变更食品生产许可证载明的许可事项的，食品生产者应当在变化后10个工作日内向原发证的市场监督管理部门提出变更申请。

食品生产许可证副本载明的同一食品类别内的事项、外设仓库地址发生变化的，食品生产者应当在变化后10个工作日内向原发证的市场监督管理部门报告。

保健食品、特殊医学用途配方食品、婴幼儿配方食品注册或者备案的生产工艺发生变化的，应当先办理注册或者备案变更手续。

原发证的市场监督管理部门决定准予变更的，应当向申请人颁发新的食品生产许可证。食品生产许可证编号不变，发证日期为市场监督管理部门作出变更许可决定的日期，有效期与原证书一致。但是，对因迁址等原因而进行全面现场核查的，其换发的食品生产许可证有效期自发证之日起计算。对因产品有关标准、要求发生改变，国家和省级市场监督管理部门决定组织重新核查而换发的食品生产许可证，其发证日期以重新批准日期为准，有效期自重新发证之日起计算。

生产场所迁出原发证的市场监督管理部门管辖范围的，应当重新申请食品生产许可。

（2）食品生产许可延续　食品生产者需要延续依法取得的食品生产许可的有效期的，应当在该食品生产许可有效期届满30个工作日前，向原发证的市场监督管理部门提出申请。

县级以上地方市场监督管理部门应当根据被许可人的延续申请，在该食品生产许可有效期届满前作出是否准予延续的决定。

原发证的市场监督管理部门决定准予延续的，应当向申请人颁发新的食品生产许可证，许可证编号不变，有效期自市场监督管理部门作出延续许可决定之日起计算。

不符合许可条件的，原发证的市场监督管理部门应当作出不予延续食品生产许可的书面决定，并说明理由。

（3）食品生产许可证的补办　食品生产许可证遗失、损坏的，应当向原发证的市场监督管理部门申请补办，并提交相关材料。材料符合要求的，县级以上地方市场监督管理部门应当在受理后20个工作日内予以补发。因遗失、损坏补发的食品生产许可证，许可证编号不变，发证日期和有效期与原证书保持一致。

（4）食品生产许可证的注销　食品生产者终止食品生产，食品生产许可被撤回、撤销或者食品生产许可证被吊销的，应当在30个工作日内向原发证的市场监督管理部门申请办理注销手续。食品生产许可被注销的，许可证编号不得再次使用。

有下列情形之一，食品生产者未按规定申请办理注销手续的，原发证的市场监督管理部门应当依法办理食品生产许可注销手续：①食品生产许可有效期届满未申请延续的；②食品生产者主体资格依法终止的；③食品生产许可依法被撤回、撤销或者食品生产许可证依法被吊销的；④因不可抗力导致食品生产许可事项无法实施的；⑤法律法规规定的应当注销食品生产许可的其他情形。

5. 食品生产许可证　食品生产许可实行一企一证原则，即同一个食品生产者从事食品生产活动，应当取得一个食品生产许可证，生产多类别食品的，在生产许可证副本中予以

注明。

食品生产许可证分为正本、副本。正本、副本具有同等法律效力。食品生产许可证发证日期为许可决定作出的日期，有效期为5年。

食品生产许可证应当载明：生产者名称、社会信用代码（个体生产者为身份证号码）、法定代表人（负责人）、住所、生产地址、食品类别、许可证编号、有效期、日常监督管理机构、日常监督管理人员、投诉举报电话、发证机关、签发人、发证日期和二维码。

副本还应当载明食品明细和外设仓库（包括自有和租赁）具体地址。生产保健食品、特殊医学用途配方食品、婴幼儿配方食品的，还应当载明产品注册批准文号或者备案登记号。

接受委托生产保健食品的，还应当载明委托企业名称及住所等相关信息。

食品生产许可证编号由SC（“生产”的汉语拼音字母缩写）和14位阿拉伯数字组成。数字从左至右依次为：3位食品类别编码、2位省（自治区、直辖市）代码、2位市（地）代码、2位县（区）代码、4位顺序码、1位校验码。

第三节　食品生产许可相关申请材料

扫码“学一学”

一、食品生产许可申请材料

申请人申请食品生产许可的，应当提交食品生产许可申请书、营业执照复印件、食品生产加工场所及其周围环境平面图、食品生产加工场所各功能区间布局平面图、工艺设备布局图、食品生产工艺流程图、食品生产主要设备设施清单、食品安全管理制度目录以及法律法规规定的其他材料。

申请人申请食品添加剂生产许可的应当提交食品添加剂生产许可申请书、营业执照复印件、食品添加剂生产加工场所及其周围环境平面图和生产加工各功能区间布局平面图、食品添加剂生产主要设备、设施清单及布局图、食品添加剂安全自查、进货查验记录、出厂检验记录等保证食品添加剂安全的规章制度。

申请保健食品、特殊医学用途配方食品、婴幼儿配方食品的生产许可，还应当提交与所生产食品相适应的生产质量管理体系文件以及相应的产品注册和备案文件。

二、食品生产许可变更申请材料

申请人申请变更的，或者食品生产许可证副本载明的同一食品类别内的事项发生变化的，且申请人声明工艺设备布局和工艺流程、主要生产设备设施等事项发生变化的，或者申请人声明其他生产条件发生变化，可能影响食品安全的，应当提交食品生产许可变更申请书、食品生产许可证（正本、副本）、变更食品生产许可事项有关的材料以及法律法规规定的其他材料。

保健食品、特殊医学用途配方食品、婴幼儿配方食品的生产企业申请变更的，还应当就申请人变化事项提交与所生产食品相适应的生产质量管理体系文件，以及相应的产品注册和备案文件。

三、食品生产许可延续申请材料

申请延续的，应当提交食品生产许可延续申请书、食品生产许可证（正本、副本）、申请人生产条件是否发生变化的声明、延续食品生产许可事项有关的材料以及法律法规规定的其他材料。

保健食品、特殊医学用途配方食品、婴幼儿配方食品的生产企业申请延续食品生产许可的，还应当就申请人变化事项提供与所生产食品相适应的生产质量管理体系运行情况的自查报告，以及相应的产品注册和备案文件。

四、申请材料要求

申请材料均须由申请人的法定代表人或负责人签名，并加盖申请人公章。复印件应当由申请人注明“与原件一致”，并加盖申请人公章。

食品生产许可申请书应当使用钢笔、签字笔填写或打印，字迹应当清晰、工整，修改处应当签名并加盖申请人公章。申请书中各项内容填写完整、规范、准确。

申请人名称、法定代表人或负责人、社会信用代码或营业执照注册号、住所等填写内容应当与营业执照一致，所申请生产许可的食品类别应当在营业执照载明的经营范围内，且营业执照在有效期限内。

申证产品的类别编号、类别名称及品种明细应当按照食品生产许可分类目录填写。申请材料中的食品安全管理制度设置应当完整。

食品生产加工场所及其周围环境平面图、食品生产加工场所各功能区间布局平面图、工艺设备布局图、食品生产工艺流程图等图表清晰，生产场所、主要设备设施布局合理、工艺流程符合审查细则和所执行标准规定的要求。

食品生产加工场所及其周围环境平面图、食品生产加工场所各功能区间布局平面图、工艺设备布局图应当按比例标注。

扫码“学一学”

第四节　生产许可现场核查

一、应当组织现场核查的情形

（1）申请生产许可的，应当组织现场核查。

（2）申请变更的，申请人声明其生产场所发生变迁，或者现有工艺设备布局和工艺流程、主要生产设备设施、食品类别等事项发生变化的，应当对变化情况组织现场核查；其他生产条件发生变化，可能影响食品安全的，也应当就变化情况组织现场核查。

（3）申请延续的，申请人声明生产条件发生变化，可能影响食品安全的，应当组织对变化情况进行现场核查。

（4）申请变更、延续的，审查部门决定需要对申请材料内容、食品类别、与相关审查细则及执行标准要求相符情况进行核实的，应当组织现场核查。

（5）申请人的生产场所迁出原发证的市场监督管理部门管辖范围的，应当重新申请食品生产许可，迁入地许可机关应当依照本通则的规定组织申请材料审查和现场核查。

（6）申请人食品安全信用信息记录载明监督抽检不合格、监督检查不符合、发生过食品安全事故，以及其他保障食品安全方面存在隐患的。

（7）法律、法规和规章规定需要实施现场核查的其他情形。

二、现场核查范围

现场核查范围主要包括生产场所、设备设施、设备布局和工艺流程、人员管理、管理制度及其执行情况，以及按规定需要查验试制产品检验合格报告。

（1）在生产场所方面，核查申请人提交的材料是否与现场一致，其生产场所周边和厂区环境、布局和各功能区划分、厂房及生产车间相关材质等是否符合有关规定和要求。

申请人在生产场所外建立或者租用外设仓库的，应当承诺符合《食品、食品添加剂生产许可现场核查评分记录表》中关于库房的要求，并提供相关影像资料。必要时，核查组可以对外设仓库实施现场核查。

（2）在设备设施方面，核查申请人提交的生产设备设施清单是否与现场一致，生产设备设施材质、性能等是否符合规定并满足生产需要；申请人自行对原辅料及出厂产品进行检验的，是否具备审查细则规定的检验设备设施，性能和精度是否满足检验需要。

（3）在设备布局和工艺流程方面，核查申请人提交的设备布局图和工艺流程图是否与现场一致，设备布局、工艺流程是否符合规定要求，并能防止交叉污染。

实施复配食品添加剂现场核查时，核查组应当依据有关规定，根据复配食品添加剂品种特点，核查复配食品添加剂配方组成、有害物质及致病菌是否符合食品安全国家标准。

（4）在人员管理方面，核查申请人是否配备申请材料所列明的食品安全管理人员及专业技术人员；是否建立生产相关岗位的培训及从业人员健康管理制度；从事接触直接入口食品工作的食品生产人员是否取得健康证明。

（5）在管理制度方面，核查申请人的进货查验记录、生产过程控制、出厂检验记录、食品安全自查、不安全食品召回、不合格品管理、食品安全事故处置及审查细则规定的其他保证食品安全的管理制度是否齐全，内容是否符合法律法规等相关规定。

（6）在试制产品检验合格报告方面，现场核查时，核查组可以根据食品生产工艺流程等要求，按申请人生产食品所执行的食品安全标准和产品标准核查试制食品检验合格报告。

实施食品添加剂生产许可现场核查时，可以根据食品添加剂品种，按申请人生产食品添加剂所执行的食品安全标准核查试制食品添加剂检验合格报告。

试制产品检验合格报告可以由申请人自行检验，或者委托有资质的食品检验机构出具。

试制产品检验报告的具体要求按审查细则的有关规定执行。

三、现场核查的程序

（1）核查组应当召开首次会议，由核查组长向申请人介绍核查目的、依据、内容、工作程序、核查人员及工作安排等内容。

（2）实施现场核查，应当依据《食品、食品添加剂生产许可现场核查评分记录表》中所列核查项目，采取核查现场、查阅文件、核对材料及询问相关人员等方法实施现场核查。

必要时，核查组可以对申请人的食品安全管理人员、专业技术人员进行抽查考核。

（3）核查组长应当召集核查人员对各自负责的核查项目的评分意见共同研究，汇总核

查情况，形成初步核查意见，并与申请人进行沟通。

（4）核查组对核查情况和申请人的反馈意见进行会商后，应当根据不同食品类别的现场核查情况分别进行评分判定，并汇总评分结果，形成核查结论，填写《食品、食品添加剂生产许可现场核查报告》。

（5）核查组应当召开末次会议，由核查组长宣布核查结论，组织核查人员及申请人在《食品、食品添加剂生产许可现场核查评分记录表》《食品、食品添加剂生产许可现场核查报告》上签署意见并签名、盖章。申请人拒绝签名、盖章的，核查人员应当在《食品、食品添加剂生产许可现场核查报告》上注明情况。观察员应当在《食品、食品添加剂生产许可现场核查报告》上签字确认。

参加首、末次会议人员应当包括申请人的法定代表人（负责人）或其代理人、相关食品安全管理人员、专业技术人员、核查组成员及观察员。

参加首、末次会议人员应当在《现场核查首末次会议签到表》上签到。

代理人应当提交授权委托书和代理人的身份证明文件。

四、现场核查的依据

《食品生产许可管理办法》第八条规定，县级以上地方市场监督管理部门实施食品生产许可审查，应当遵守食品生产许可审查通则和细则。国家市场监督管理总局负责制定食品生产许可审查通则和细则。省、自治区、直辖市市场监督管理部门可以根据本行政区域食品生产许可审查工作的需要，对地方特色食品等食品制定食品生产许可审查细则，在本行政区域内实施，并报国家市场监督管理总局备案。国家市场监督管理总局制定公布相关食品生产许可审查细则后，地方特色食品等食品生产许可审查细则自行废止。

（1）食品生产许可审查通则　现行有效的《食品生产许可审查通则》为原国家食品药品监督管理部门于2016年8月9日发布的食药监食监一〔2016〕103号文。该通则适用于市场监督管理部门组织对申请人的食品、食品添加剂（以下统称食品）生产许可以及许可变更、延续等的审查工作。《食品生产许可审查通则》规定对生产场所、设备设施、设备布局与工艺流程、人员管理、管理制度、试制产品检验合格报告等核查项目的判定应结合相应细则的具体技术要求，食品添加剂、特殊食品审查细则对核查内容有特殊规定的，从其规定。法律法规、规章和标准对食品生产许可审查有特别规定的，还应当遵守其规定。

（2）食品生产许可审查细则　2015年09月30日，原国家食品药品监管部门在关于贯彻实施《食品生产许可管理办法》的通知［食药监食监一〔2015〕225号］中，明确在新的生产许可审查细则修订出台前，原有的生产许可审查细则继续有效。

（3）食品生产许可审查方案　鉴于食品领域的发展日新月异，产品推陈出新，原国家食品药品监督管理总局在关于贯彻实施《食品生产许可管理办法》有关问题的通知［食药监食监一〔2017〕53号］中，明确原食品生产许可审查细则未明确的食品品种且《食品生产许可分类目录》中食品明细未包含的食品品种，市场监管部门可以根据产品的产品属性、工艺特点、生产要求等，按照相类似产品审查细则及相关食品安全标准制定审查方案，组织进行审查。

为规范区域食品生产加工活动，满足相关类别食品生产许可审查工作的需要，已有北京、上海、广东、江西、成都等地制定了一些类别食品的生产许可审查方案。如北京和广

东省发布实施的《运动营养食品生产许可审查方案》，成都市发布实施的《冷链食品生产许可审查方案》和《自热式方便火锅生产许可审查方案》，江西省发布实施的《食品加工用乳酸菌食品生产许可审查方案》等。

五、现场核查的判定

《食品生产许可审查通则》规定现场核查按照《食品、食品添加剂生产许可现场核查评分记录表》的项目得分进行判定。核查项目单项得分无0分项，且总得分率≥85%的，判定申请的食品类别及品种明细通过现场核查；核查项目单项得分有0分项或者总得分率<85%的，判定申请的食品类别及品种明细未通过现场核查。

思考题

1. 食品生产许可程序包括哪些步骤？
2. 食品生产许可申请材料有哪些？
3. 食品生产许可现场核查的程序是什么？
4. 食品生产许可证如何正确使用？

（黄佳佳）

第六章　食品良好生产规范

知识目标

1. 掌握　食品良好生产规范的主要内容。
2. 熟悉　食品企业良好生产规范的认证程序。
3. 了解　国际上食品良好生产规范的相关标准。

能力目标

1.能够依据食品安全国家标准食品生产通用卫生规范指导食品企业生产。
2.能够依据各类食品生产卫生规范进行食品企业的现场审核。

扫码"学一学"

第一节　GMP 概述

一、食品 GMP 的概念

食品良好生产规范（good manufacture practice，GMP）是通过对产品生产加工应具备的硬件条件（如厂房、设施、设备和用具等）和管理要求（如生产和加工控制、包装、仓储和分销、人员卫生、培训等）加以规定，并在生产的全过程实施科学管理和严格监控来获得产品预期质量的全面质量管理制度。国际上，为了确保食品生产加工有足够的软硬件保障，食品领域的 GMP 多以法律、法规和技术规范等形式体现，是对食品生产经营企业强制性的要求。

二、食品 GMP 的起源

食品 GMP 起源于美国药品生产，第二次世界大战期间发生了几次较大的药品灾难，使人们逐步认识到以成品抽样分析检验结果为依据的质量控制方法并不能保证药品安全。

1963 年美国 FDA 根据修改法的规定，制定了世界上第一部药品的 GMP，并通过美国国会第一次以法令的形式予以颁布。1969 年，美国 FDA 将实施 GMP 管理的观点引用到食品的生产法规中。

WHO 在 1969 年第 22 届世界卫生大会上，向各成员国首次推荐了 GMP。自美国之后，日本、英国、德国、澳大利亚、新加坡、中国等很多国家都积极引进食品 GMP。

三、国外食品 GMP 简介

（一）国际食品法典委员会

国际食品法典委员会（CAC）成立于 1961 年，是政府间有关食品管理法规、标准问题的协调机构。现有165个成员国，覆盖全球人口的98%，我国是CAC成员国。CAC目前有25个分委会和5个地区委员会。CAC工作内容是制定食品法典标准、最大残留限量、操作规范和指南。CAC的标准涉及各种食品包括肉、水果和蔬菜、鱼，还有食用冰、果汁及瓶装水等。符合CAC食品标准的产品可为各国所接受，并可进入国际市场。

CAC颁布的国际标准及文件共有13卷，包括237个食品产品标准，41个卫生或技术规范，2374种农药残留限量、1005种食品添加剂、有关农药兽药的规定。其中卫生规范有CAC/RCP 53—2003《新鲜水果和蔬菜卫生操作规范》、CAC/RCP 66—2008《婴幼儿配方乳粉卫生操作规范》、CAC/RCP 39—1993《大众餐饮半成品及熟食卫生操作规范》、CAC/RCP 8—1976《速冻食品加工和处理操作规范》、CAC/RCP 57—2004《牛奶和奶制品卫生操作规范》等。

（二）美国

1963年美国FDA制定了药品GMP，并于第二年开始实施。1969年美国又公布了《食品制造、加工、包装、贮存的现行规范》，简称CGMP或FGMP基本法。主要内容包括：A部分——总则：定义、现行的良好操作规范、人员、例外情况；B部分——建筑物与设施厂房和场地、卫生操作、设施卫生和控制；C部分——设备和工器具；D部分——（用做预留未来补充）；E部分——生产和加工控制、仓储和分销；F部分——（用做预留未来补充）；G部分——缺陷水平部分。

20世纪70年代初期，FDA为了加强对食品的监管，根据《美国食品、药品和化妆品法》第402条规定："凡在不卫生的条件下生产、包装或贮存的食品或不符合生产食品条件下生产的，并由此导致污染，或者由此危及健康的食品被视为不卫生、不安全的伪劣食品"，制定了适用于一切食品的加工生产和贮存的良好操作规范：21 CFR part110，并相继制定了各类食品的操作规范，如：21 CFR part 106适用于婴儿食品的营养品质控制；21 CFR part 113适用于低酸性罐头食品加工企业；21 CFR part 114适用于酸化食品加工企业；21 CFR part 129适用于瓶装饮料。其中"21 CFR part 110：适用于一切食品的加工生产和贮存"是基本指导性文件，包括了企业的厂房、建筑物与设施、加工设备用具、人员卫生要求、食品生产、加工、包装、贮存、环境与设备卫生管理、加工过程控制管理都做了详细规定，大大推动了食品GMP体系的发展。

美国的低酸性罐头食品GMP的内容包括一般事项、机械器具、内容物、罐头容器、卷边、生产过程管理、记录和报告，其中特别是对罐头杀菌和卷边，包括杀菌釜结构、温度管理、卷边部分的检查方法等重点内容有非常严格周密的规定。对于出口美国的罐头食品，加工的工厂必须分别按照每一类罐头品种，申报其主要的生产技术参数，如根据加热杀菌致死值和传热曲线计算出加热的时间等。

（三）加拿大

加拿大政府制定本国的GMP和采纳一些国际组织的GMP，并要求强制执行。加拿大卫生部（HPB）制定了实施GMP的基础计划，其将GMP定义为一个食品加工企业在良好的环境条件下加工生产安全、卫生的食品所采取的基本的控制步骤或程序。其内容包括：厂房、运输和贮存、设备、人员、卫生和虫害的控制、回收等。

（四）欧盟

欧盟对食品生产、进口和投放市场的卫生规范与要求包括以下六类：①对疾病实施控制的规定；②对农药残留、兽药残留实施控制的规定；③对食品生产、投放市场的卫生规定；④对检验实施控制的规定；⑤对第三国食品准入的控制规定；⑥对出口国当局卫生证书的规定。

四、食品 GMP 在中国的发展及应用

在我国实施 GMP 的意义：为食品生产过程提供一套必须遵循的组合标准；有助于食品生产企业采用新技术、新设备，保证食品质量；为卫生行政部门提供监督检查依据；便于食品的国际贸易。

1984 年，原国家商品检验局首先制定了类似 GMP 的卫生法规《出口食品厂、库最低卫生要求》；几经修改后，于 1994 年发布了《出口食品厂、库卫生要求》；2002 年 4 月，原国家质量监督检验检疫总局颁布《出口食品生产企业卫生注册登记管理规定》，这一规定的附件二相当于我国的食品 GMP。

自 1988 年原卫生部开始制定食品企业卫生规范，以国家标准的形式予以发布，90 年代国家制定了 GB 14881—1994《食品企业通用卫生规范》强制性标准规范，类似于国外广泛应用的 GMP 管理方法。

2013 年，根据《食品安全法》，通过整合食品生产经营过程的卫生要求标准，形成以 1 个通用 GB 14881—2013《食品安全国家标准 食品生产通用卫生规范》为基础、40 余项涵盖主要食品类别的生产经营规范类食品安全标准体系，这些卫生规范都体现了 GMP 管理的基本内容和要求。现执行的卫生规范包括：

GB 12694—2016《食品安全国家标准 畜禽屠宰加工卫生规范》

GB 12695—2016《食品安全国家标准 饮料生产卫生规范》

GB 12696—2016《食品安全国家标准 发酵酒及其配制酒生产卫生规范》

GB 13122—2016《食品安全国家标准 谷物加工卫生规范》

GB 16330—1996《饮用天然矿泉水厂卫生规范》

GB 17403—2016《食品安全国家标准 糖果巧克力生产卫生规范》

GB 17404—2016《食品安全国家标准 膨化食品生产卫生规范》

GB 12693—2010《食品安全国家标准 乳制品良好生产规范》

GB 18524—2016《食品安全国家标准 食品辐照加工卫生规范》

GB 19303—2003《熟肉制品企业生产卫生规范》

GB 19304—2018《食品安全国家标准 包装饮用水生产卫生规范》

GB 20799—2016《食品安全国家标准 肉和肉制品经营卫生规范》

GB 20941—2016《食品安全国家标准 水产制品生产卫生规范》

GB 21710—2016《食品安全国家标准 蛋与蛋制品生产卫生规范》

GB 22508—2016《食品安全国家标准 原粮贮运卫生规范》

GB 31603—2015《食品安全国家标准 食品接触材料及制品生产通用卫生规》

GB 31621—2014《食品安全国家标准 食品经营过程卫生规范》

GB 31641—2016《食品安全国家标准 航空食品卫生规范》

GB 31646—2018《食品安全国家标准 速冻食品生产和经营卫生规范》

GB 31647—2018《食品安全国家标准 食品添加剂生产通用卫生规范》

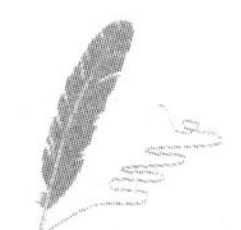

GB 8950—2016《食品安全国家标准 罐头食品生产卫生规范》

GB 8951—2016《食品安全国家标准 蒸馏酒及其配制酒生产卫生规范》

GB 8952—2016《食品安全国家标准 啤酒生产卫生规范》

GB 8953—2018《食品安全国家标准 酱油生产卫生规范》

GB 8954—2016《食品安全国家标准 食醋生产卫生规范》

GB 8955—2016《食品安全国家标准 食用植物油及其制品生产卫生规范》

GB 8956—2016《食品安全国家标准 蜜饯生产卫生规范》

GB 8957—2016《食品安全国家标准 糕点、面包卫生规范》

我国食品 GMP 与国际组织相比存在的差距体现在：CAC《食品卫生通则》强调整个“食品链”的卫生控制，而我国尚未引入“食品链”的概念；我国《食品生产通用卫生规范》没有引入“HACCP”的概念；我国《食品生产通用卫生规范》没有对“产品信息和消费者意识”做说明；我国没对每一环节卫生标准进行准确、细致的描述。

五、《食品生产通用卫生规范》的修订情况

1. 修订的背景及意义　GB 14881—1994《食品企业通用卫生规范》自发布以来，对规范我国食品生产企业加工环境，提高从业人员食品卫生意识，保证食品产品的卫生安全方面起到了积极作用。近些年来，随着食品生产环境、生产条件的变化，食品加工新工艺、新材料、新品种不断涌现，食品企业生产技术水平进一步提高，对生产过程控制提出了新的要求，原标准的许多内容已经不能适应食品行业的实际需求。

《食品安全法》对食品生产经营过程应符合的卫生要求做了明确规定。《食品安全法》第四章“食品生产经营”对厂房布局、设备设施、人员卫生等提出了具体要求，还特别规定了禁止生产经营“用非食品原料生产的食品或者添加食品添加剂以外的化学物质和其他可能危害人体健康物质的食品”以及“混有异物、掺杂使假”的食品等。依据《食品安全法》对食品生产经营过程的卫生要求规定，新的《食品生产通用卫生规范》进一步细化了食品生产过程控制措施和要求，增强了技术内容的通用性和科学性，反映了食品行业发展实际，有利于企业加强自身管理，满足政府监管和社会监督需要。

2. 主要修订内容　与 GB 14881—1994 相比，新标准主要有以下几方面变化。

（1）强化了源头控制，对原料采购、验收、运输和贮存等环节食品安全控制措施做了详细规定。

（2）加强了过程控制，对加工、产品贮存和运输等食品生产过程的食品安全控制提出了明确要求，并制定了控制生物、化学、物理性等主要污染的控制措施。

（3）加强生物、化学、物理污染的防控，对设计布局、设施设备、材质和卫生管理提出了要求。

（4）增加了产品追溯与召回的具体要求。

（5）增加了记录和文件的管理要求。

（6）增加了附录 A“食品加工环境微生物监控程序指南”。

六、本标准与各类 GMP、HACCP 体系的关系

本标准规定了原料采购、加工、包装、贮存和运输等环节的场所、设施、人员的基本

要求和管理准则，并制定了控制生物、化学、物理性污染的主要措施，在内容上涵盖了从原料到产品全过程的食品安全管理要求，并突出了在生产过程关键环节对各种污染因素的分析和控制要求。本标准体现了GMP从厂房车间、设施设备、人员卫生、记录文档等硬件和软件两方面对企业总体、全面的食品安全要求，也体现了危害分析和关键控制点（HACCP）体系针对企业内部高风险环节预先做好判断和控制的管理思想。食品生产企业可以在执行本标准的基础上建立HACCP等食品安全管理体系，进一步提高食品安全管理水平。

和其他食品安全国家标准的衔接，本标准是食品生产必须遵守的基础性标准。企业在生产食品时所使用的食品原料、食品添加剂和食品相关产品以及最终产品均应符合相关食品安全法规标准的要求，如GB 2762—2017《食品安全国家标准 食品中污染物限量》、GB 29921—2013《食品安全国家标准 食品中致病菌限量》、GB 2760—2014《食品安全国家标准 食品添加剂使用标准》、GB 7718—2011《预包装食品标签通则》、GB 28050—2011《食品安全国家标准 预包装食品营养标签通则》等。

此外，制定不同食品类别的生产经营过程卫生要求标准，进一步指导企业根据产品生产工艺特点，严格控制污染风险，确保食品安全。目前已经立项并正在起草的食品安全国家标准涉及多个食品类别，包括肉类、速冻食品、辐照食品、包装饮用水、酱油、航空食品、食品工业用菌种等。

扫码“学一学”

第二节　我国食品GMP的要求

《食品生产通用卫生规范》所规定的内容，是食品企业必须达到的最基本的条件。简要的说，GMP要求食品生产企业应具备良好的生产设备、合理的生产过程、完善的质量管理和严格的检测系统，确保最终产品的质量（包括食品安全卫生）符合法规要求。食品GMP分通则与专则两种，通则适用所有食品工厂，专则依个别产品性质不同及实际需要予以制定。无论通则还是专则，均以强制性国家标准规定来实行。根据《食品生产通用卫生规范》，我国食品GMP包括了厂区选址设计与车间的卫生要求、设施与设备卫生要求、卫生管理、食品原料及食品添加剂和食品相关产品、生产过程的食品安全控制、检验、食品的贮存和运输、产品召回管理、培训、理制度和人员、记录和文件管理等方面的内容，详细内容见GB 14881—2013《食品安全国家标准 食品生产通用卫生规范》。以下是对《食品生产通用卫生规范》的主要内容进行解读。

1. 选址及厂区环境　关于选址及厂区环境要求。食品工厂的选址及厂区环境与食品安全密切相关。适宜的厂区周边环境可以避免外界污染因素对食品生产过程的不利影响。在选址时需要充分考虑来自外部环境的有毒有害因素对食品生产活动的影响，如工业废水、废气、农业投入品、粉尘、放射性物质、虫害等。如果工厂周围无法避免的存在类似影响食品安全的因素，应从硬件、软件方面考虑采取有效的措施加以控制。厂区环境包括厂区周边环境和厂区内部环境，工厂应从基础设施（含厂区布局规划、厂房设施、路面、绿化、排水等）的设计建造到其建成后的维护、清洁等，实施有效管理，确保厂区环境符合生产要求，厂房设施能有效防止外部环境的影响。

2. 厂房和车间　关于厂房和车间的设计布局，包括设计和布局、建筑内部结构与材料。良好的厂房和车间的设计布局有利于使人员、物料流动有序，设备分布位置合理，减少交

叉污染发生风险。食品企业应从原材料入厂至成品出厂，从人流、物流、气流等因素综合考虑，统筹厂房和车间的设计布局，兼顾工艺、经济、安全等原则，满足食品卫生操作要求，预防和降低产品受污染的风险。

3. 设施与设备　关于设施与设备，企业设施与设备是否充足和适宜，不仅对确保企业正常生产运作、提高生产效率起到关键作用，同时也直接或间接地影响产品的安全性和质量的稳定性。正确选择设施与设备所用的材质以及合理配置安装设施与设备，有利于创造维护食品卫生与安全的生产环境，降低生产环境、设备及产品受直接污染或交叉污染的风险，预防和控制食品安全事故。设施与设备涉及生产过程控制的各直接或间接的环节，其中，设施包括供排水设施、清洁、消毒设施、废弃物存放设施、个人卫生设施、通风设施、照明设施、仓储设施、温控设施等；设备包括生产设备、监控设备，以及设备的保养和维修等。

4. 卫生管理　关于食品生产企业的卫生管理，包括卫生管理制度、厂房及设施卫生管理、食品加工人员健康管理与卫生要求、虫害控制、废弃物处理、工作服管理等六个方面的内容。卫生管理是食品生产企业食品安全管理的核心内容。卫生管理从原料采购到出厂管理，贯穿于整个生产过程，涵盖管理制度、厂房与设施、人员健康与卫生、虫害控制、废弃物、工作服等方面管理。以虫害控制为例，食品生产企业常见的虫害一般包括老鼠、苍蝇、蟑螂等，其活体、尸体、碎片、排泄物及携带的微生物会引起食品污染，导致食源性疾病传播，因此食品企业应建立相应的虫害控制措施和管理制度。

5. 食品原料、食品添加剂和食品相关产品　如何控制食品原料、食品添加剂和食品相关产品的安全，主要包括一般要求、食品原料、食品添加剂、食品相关产品、其他等要求。有效管理食品原料、食品添加剂和食品相关产品等物料的采购和使用，确保物料合格是保证最终食品产品安全的先决条件。食品生产者应根据国家法规标准的要求采购原料，根据企业自身的监控重点采取适当措施保证物料合格。可现场查验物料供应企业是否具有生产合格物料的能力，包括硬件条件和管理；应查验供货者的许可证和物料合格证明文件，如食品生产许可证、动物检疫合格证明、进口卫生证书等，并对物料进行验收审核。在贮存物料时，应依照物料的特性分类存放，对有温度、湿度等要求的物料，应配置必要的设备设施。物料的贮存仓库应由专人管理，并制定有效的防潮、防虫害、清洁卫生等管理措施，及时清理过期或变质的物料，超过保质期的物料不得用于生产。不得将任何危害人体健康的非食用物质添加到食品中。此外，在食品的生产过程中使用的食品添加剂和食品相关产品应符合 GB 2760、GB 9685 等食品安全国家标准。

6. 生产过程的食品安全控制　生产过程中的食品安全控制措施是保障食品安全的重中之重，主要包括产品污染风险控制、生物性污染的控制、化学性污染的控制、物理性污染的控制、包装等方面。企业应高度重视生产加工、产品贮存和运输等食品生产过程中的潜在危害控制，根据企业的实际情况制定并实施生物性、化学性、物理性污染的控制措施，确保这些措施切实可行和有效，并做好相应的记录。企业宜根据工艺流程进行危害因素调查和分析，确定生产过程中的食品安全关键控制环节，并通过科学依据或行业经验，制定有效的控制措施。

在降低生物性污染风险方面，通过清洁和消毒能使生产环境中的微生物始终保持在受控状态，降低微生物污染的风险。应根据原料、产品和工艺的特点，选择有效的清洁和消

毒方式。例如考虑原料是否容易腐败变质，是否需要清洗或解冻处理，产品的类型、加工方式、包装形式及贮藏方式，加工流程和方法等；同时，通过监控措施，验证所采取的清洁、消毒方法行之有效。在控制化学性污染方面，应对可能污染食品的原料带入、加工过程中使用、污染或产生的化学物质等因素进行分析，如重金属、农兽药残留、持续性有机污染物、卫生清洁用化学品和实验室化学试剂等，并针对产品加工过程的特点制定化学性污染控制计划和控制程序，如对清洁消毒剂等专人管理，定点放置，清晰标识，做好领用记录等。在控制物理性污染方面，应注重异物管理，如玻璃、金属、砂石、毛发、木屑、塑料等，并建立防止异物污染的管理制度，制定控制计划和程序，如工作服穿着、灯具防护、门窗管理、虫害控制等。

7. 检验 检验是验证食品生产过程管理措施有效性、确保食品安全的重要手段，包括检验制度、能力、管理等要求。通过检验，企业可及时了解食品生产安全控制措施上存在的问题，及时排查原因，并采取改进措施。企业对各类样品可以自行进行检验，也可以委托具备相应资质的食品检验机构进行检验。企业开展自行检验应配备相应的检验设备、试剂、标准样品等，建立实验室管理制度，明确各检验项目的检验方法。检验人员应具备开展相应检验项目的资质，按规定的检验方法开展检验工作。为确保检验结果科学、准确，检验仪器设备精度必须符合要求。企业委托外部食品检验机构进行检验时，应选择获得相关资质的食品检验机构。企业应妥善保存检验记录，以备查询。

8. 食品的贮存和运输 贮存不当易使食品腐败变质，丧失原有的营养物质，降低或失去应有的食用价值。科学合理的贮存环境和运输条件是避免食品污染和腐败变质、保障食品性质稳定的重要手段。企业应根据食品的特点、卫生和安全需要选择适宜的贮存和运输条件。贮存、运输食品的容器和设备应当安全无害，避免食品污染的风险。

9. 产品召回管理 食品召回可以消除缺陷产品造成危害的风险，保障消费者的身体健康和生命安全，体现了食品生产经营者是保障食品安全第一责任人的管理要求。食品生产者发现其生产的食品不符合食品安全标准或会对人身健康造成危害时，应立即停止生产，召回已经上市销售的食品；及时通知相关生产经营者停止生产经营，通知消费者停止消费，记录召回和通知的情况，如食品召回的批次、数量，通知的方式、范围等；及时对不安全食品采取补救、无害化处理、销毁等措施。为保证食品召回制度的实施，食品生产者应建立完善的记录和管理制度，准确记录并保存生产环节中的原辅料采购、生产加工、贮存、运输、销售等信息，保存消费者投诉、食源性疾病、食品污染事故记录，以及食品危害纠纷信息等档案。

10. 培训 食品安全的关键在于生产过程控制，而过程控制的关键在于人。企业是食品安全的第一责任人，可采用先进的食品安全管理体系和科学的分析方法有效预防或解决生产过程中的食品安全问题，但这些都需要由相应的人员去操作和实施。所以对食品生产管理者和生产操作者等从业人员的培训是企业确保食品安全最基本的保障措施。企业应按照工作岗位的需要对食品加工及管理人员进行有针对性的食品安全培训，培训的内容包括：现行的法规标准，食品加工过程中卫生控制的原理和技术要求，个人卫生习惯和企业卫生管理制度，操作过程的记录等，提高员工对执行企业卫生管理等制度的能力和意识。

11. 管理制度和人员 完备的管理制度是生产安全食品的重要保障。企业的食品安全管理制度是涵盖从原料采购到食品加工、包装、贮存、运输等全过程，具体包括食品安全管

理制度，设备保养和维修制度，卫生管理制度，从业人员健康管理制度，食品原料、食品添加剂和食品相关产品的采购、验收、运输和贮存管理制度，进货查验记录制度，食品原料仓库管理制度，防止化学性污染的管理制度，防止异物污染的管理制度，食品出厂检验记录制度，食品召回制度，培训制度，记录和文件管理制度等。

12. 记录和文件管理　记录和文件管理是企业质量管理的基本组成部分，涉及食品生产管理的各个方面，与生产、质量、贮存和运输等相关的所有活动都应在文件系统中明确规定。所有活动的计划和执行都必需通过文件和记录证明。良好的文件和记录是质量管理系统的基本要素。文件内容应清晰、易懂，并有助于追溯。当食品出现问题时，通过查找相关记录，可以有针对性地实施召回。

扫码“学一学”

第三节　GMP 认证——以乳制品生产企业为例

一、认证宗旨

1. 为规范乳制品生产企业 GMP 认证工作，强化乳制品生产企业（以下简称乳品企业）质量安全自控能力，依据《中华人民共和国食品安全法》《中华人民共和国乳品质量安全监督管理条例》《中华人民共和国认证认可条例》有关规定，制定本规则。

2. 本规则规定了从事乳品企业 GMP 认证的认证机构（以下简称认证机构）实施乳品企业 GMP 认证的程序与管理的基本要求，是认证机构从事乳品企业 GMP 认证活动的基本依据。

3. 认证机构和认证人员遵守本规则的规定，并不意味着可免除其所承担的法律责任。认证机构和认证人员应依据《中华人民共和国食品安全法》《中华人民共和国乳品质量安全监督管理条例》《中华人民共和国认证认可条例》等相关法律、法规的规定，承担所涉及的认证责任。

二、认证机构要求

1. 认证机构应当依法设立，具有《中华人民共和国认证认可条例》规定的基本条件和从事乳品企业 GMP 认证的技术能力，并获得国家认证认可监督管理委员会（以下简称国家认监委）批准。

2. 认证机构应在获得国家认监委批准后的 12 个月内，向国家认监委提交其实施乳品企业 GMP 认证活动符合 GB/T 27021—2017《合格评定 管理体系审核认证机构的要求》的证明文件。逾期未获得相关证明文件的，将撤销其乳品企业 GMP 认证批准资质。认证机构在未取得相关证明文件前，只能颁发不超过 10 张该认证范围的认证证书。

三、认证人员要求

1. 认证审核员应按照《认证及认证培训、咨询人员管理办法》有关规定取得中国认证认可协会的执业注册。中国认证认可协会应对认证审核人员的专业能力进行评估。

2. 认证审核员应当具备实施乳品企业 GMP 认证活动的能力。认证机构应对本机构的认证审核员的能力做出评价，以满足实施乳品企业相应类别产品 GMP 认证活动的需要。

四、认证依据

GB 12693—2010《食品安全国家标准 乳制品良好生产规范》。

五、认证程序

（一）认证申请

1. 申请人应具备以下条件 取得国家市场监督管理部门或有关机构注册登记的法人资格（或其组成部分）；取得相关法规规定的行政许可文件（适用时）；产品标准符合《中华人民共和国标准化法》规定；生产经营的产品符合我国相关法律、法规、食品安全标准和有关技术规范的要求；按照 GB 12693—2010，建立和实施了 GMP，产品生产工艺定型并持续稳定生产。

2. 申请人应提交的文件和资料 ①认证申请书；②法律地位证明文件复印件；③有关法规要求的行政许可证件复印件（适用时）；④组织机构代码证书复印件；⑤生鲜乳日供应与企业日加工能力情况及最大收奶区域半径的说明（适用时）；⑥委托加工情况（适用时）；⑦生产管理、质量管理文件目录及 GMP 认证要求的相关文件；⑧组织机构图、职责说明和技术人员清单；⑨厂区位置图、平面图、加工车间平面图、产品工艺流程图及工艺说明；⑩生产经营过程中执行的相关法律、法规和技术规范清单；⑪产品执行标准目录，产品执行企业标准时，提供加盖当地政府标准化行政主管部门备案印章的产品标准文本；⑫主要生产、加工设备清单和检验设备清单；⑬近一年内市场监督管理、行业主管部门产品检验报告复印件或其他规定的证明材料；⑭承诺遵守相关法律法规、认证机构要求及提供资料真实性的自我声明；⑮其他文件。

（二）认证受理

1. 认证机构应向申请人至少公开以下信息 认证范围；认证工作程序；认证依据；认证证书样式；认证收费标准。

2. 申请评审 认证机构应在 15 个工作日内对申请人提交的申请文件和资料进行评审并保存评审记录，确保：①关于申请人及其 GMP 的信息充分，可以进行审核；②认证要求已有明确说明并形成文件，且已提供给申请人；③认证机构和申请人之间在理解上的差异得到解决；④认证机构有能力并能够实施认证活动；⑤考虑了申请的认证范围、运作场所、完成审核需要的时间和任何其他影响认证活动的因素（语言、安全条件、对公正性的威胁等）；⑥保存了决定实施审核的理由的记录。

3. 评审结果处理 申请材料齐全、符合要求的，予以受理认证申请。未通过申请评审的，应在 10 个工作日内书面通知认证申请人在规定时间内补充、完善，或不同意受理认证申请并明示理由。

（三）审核策划

认证机构应根据乳品企业的规模、生产过程和产品的安全风险程度等因素，对认证全过程进行策划，制定审核方案。

（1）组成审核组 审核组应具备实施乳品企业相应类别产品 GMP 认证审核的能力。初次认证及跟踪监督审核，审核组应至少由两名审核员组成，且审核组中至少有一名相应类

别产品专业审核员。同一审核员不能连续两次在同一生产现场审核时担任审核组组长，不能连续三次对同一生产现场进行审核。

（2）编制审核计划　审核组应编制审核计划，并提前与受审核方就审核计划进行沟通，商定审核日期。

（3）审核时间　应根据受审核方的规模、生产过程和产品的安全风险程度等因素，策划审核时间，以确保审核的充分性和有效性。初次认证现场审核为每天 3 ~ 5 人，跟踪监督现场审核每天最多 3 人。

（4）审核应覆盖申请认证范围内的所有生产场所　当受审核方存在将影响食品安全的重要生产过程采用委托加工等方式进行时，应对委托加工过程实施现场审核。

必要时，为了解受审核方是否已具备实施认证审核的条件，可安排进行初访。

（四）现场审核

1. 审核目的　通过在受审核方现场进行系统、完整地审核，评价受审核方厂区环境、厂房及设施、设备、机构与人员、卫生管理、生产过程管理、品质管理、标识等是否符合 GB 12693—2010 的要求。

2. 审核程序　①首次会议；②现场审核；③审核组内部沟通交流；④与受审核方沟通交流；⑤末次会议。

3. 审核内容　现场审核应覆盖本规则和认证依据的所有要求。重点应关注（但不限于）以下内容：①与《食品安全法》《乳品质量安全监督管理条例》等食品安全相关适用法律、法规及标准的符合性的情况；②生产资源（包括厂区环境、厂房及设施、生产设备、品质管理设备、人员等）的充分性、适宜性；③对生鲜乳供应监管的有效性（适用时），包括原料基地或协议基地提供的生鲜乳是否与产品生产量相匹配；是否有效查验生鲜乳收购许可证、生鲜乳准运证明及生鲜乳交接单；是否对按标准要求及重点食品安全危害实施生鲜乳原料产品检验并对不合格品实施控制；是否实施了驻奶站的有效的监管措施，是否具备保证生鲜乳食品安全的能力等；④其他原辅料采购过程控制的有效性。审核组应对受审核方对重要原辅料的供方制定和实施的控制措施严格程度及有效性进行审核，确认受审核方是否真正具备保证食品安全的能力；⑤对生产过程控制的有效性，如杀菌、灭菌、配料、冷藏、冷冻、配方乳粉的干法混合等生产过程；⑥产品检验程序的充分性、适宜性；检验活动实施的有效性，如保存检验、保温检查等；⑦产品可追溯性体系的建立及不合格产品的召回；⑧人员健康、卫生控制的有效性。

4. 审核方式　应通过现场观察、询问及资料查阅等审核方式实施现场审核。

5. 审核实施

（1）现场审核应安排在认证范围覆盖产品的生产期，审核组应在现场观察该产品的生产活动。

（2）现场审核首次会议应由审核组组长主持，确认审核范围、审核目的、审核依据、审核方式、审核日程，宣布检查纪律和注意事项，确定企业的检查陪同人员。对审核中发现的不符合项如实记录，由审核组组长组织评价汇总，做出综合评价意见，撰写现场审核报告，提出认证决定推荐性意见。审核报告须经审核组全体人员签字。认证机构应向受审核方提供审核报告。

（3）现场审核未发现不符合项的，现场审核结论为通过；现场审核发现不符合项的，受审核方可以在约定时间内完成整改的，现场审核结论为验证合格后通过；现场审核发现不符合项，但受审核方不能在约定时间内完成整改的，受审核方可在 3 个月内申请现场验证，现场验证应当由审核组成员完成，涉及专业的不符合项应由专业审核员完成验证，现场验证后再给出现场审核结论。受审核方未能在 3 个月内完成整改或未通过验证的，认证活动终止。

（4）审核组在末次会议上向企业通报现场审核情况，受审核方如对现场评价意见及审核发现的问题有不同意见，可作适当解释、说明。

（5）审核中发现的不符合项，须经审核组成员和受审核方负责人签字。如有不能达成共识的问题，审核组须做好记录，经审核组全体成员和受审核方负责人签字。

（五）抽样验证

必要时，认证机构可通过对认证覆盖范围的产品进行抽样检验，以验证乳品企业 GMP 实施的有效性。

（六）认证决定

1. 综合评价 认证机构应根据现场审核和抽样验证（必要时）结果，并结合其他有关信息进行综合评价，做出认证决定。审核组成员不得参与认证决定。

符合所有认证要求的，认证机构应颁发认证证书。

不符合认证要求的，认证机构应以书面的形式告知其不能通过认证的原因。

2. 对认证决定的申诉 受审核方如对认证决定有异议，可在 10 个工作日内向认证机构申诉，认证机构自收到申诉之日起，应在一个月内进行处理，并将处理结果书面通知申请人。

受审核方认为认证机构行为严重侵害了自身合法权益的，可以直接向国家认监委投诉。

（七）跟踪监督

1. 跟踪监督方式 认证机构应依法对获证企业实施跟踪调查，包括现场监督审核、产品安全性验证及日常监督。

2. 现场监督审核频次和要求

（1）认证机构应至少每年度对获证乳品企业进行二次监督审核，其中至少一次为不通知监督审核。首次监督审核应在初次认证审核后的 6 个月内实施。

（2）审核应在生产期进行，审核组应在现场观察该产品的生产活动。

在获证乳品企业体系发生重大变化或发生食品安全事故时，认证机构应当及时实施监督审核。

3. 不通知监督审核 不通知监督审核可以在审核前 48 小时内向获证乳品企业提供审核计划，获证乳品企业无正当理由不得拒绝审核。

第一次不接受审核将收到书面告诫，第二次不接受审核将导致证书的暂停。

4. 现场监督审核程序及内容 监督审核程序及内容与初次认证审核相同。监督审核还应重点关注（但不限于）以下内容：①获证乳品企业实施 GMP 的保持和变化情况；②生鲜乳日供应变化情况（适用时）；③重要原辅料供方及委托加工的变化情况；④产品安全性情况；⑤顾客投诉及处理；⑥涉及变更的认证范围；⑦对上次审核中确定的不符合项所采取

的纠正措施；⑧法律法规的遵守情况、市场监督或行业主管部门抽查的结果；⑨证书的使用。

5. 产品安全性验证

（1）验证频次　认证机构应根据认证风险情况实施抽样检验并确定抽检项目。每年度至少对获证乳品企业进行一次证书覆盖范围内产品的抽检。

（2）抽样检验

①检验样本采用抽样的方式获得。抽样人员应为审核组成员或认证机构指派的人员，样本应当从企业成品仓库或生产线末端的合格品中随机抽取。

②产品抽样应与现场监督审核同时进行。特殊情况下，为方便获证乳品企业，产品抽样也可以在现场审核后实施。

③至少抽取一个证书覆盖范围内有代表性的产品实施安全卫生指标的检验。检验项目由认证机构根据产品风险予以确定。

④在证书有效期内，抽检应涵盖证书覆盖范围内的所有产品。

⑤抽样方法按有关技术规范要求实施。

（3）检验机构要求　承担认证检验任务的检验机构应当符合有关法律法规和技术规范规定的资质能力要求，并依据 GB/T 27025—2008《检测和校准实验室能力的通用要求》获得认可机构的实验室认可。

6. 跟踪监督结果评价　认证机构应依据跟踪监督结果，对获证乳品企业作出保持、暂停或撤销其认证资格的决定。

7. 信息通报制度　为确保获证乳品企业 GMP 持续有效，认证机构应与获证乳品企业建立信息通报制度，及时获取获证乳品企业以下信息：有关产品、工艺、环境、组织机构变化的信息；生鲜乳、原料乳粉供应变化情况（适用时）；消费者投诉的信息；所在区域内发生的有关重大动植物疫情的信息；有关食品安全事故的信息；在主管部门检查或组织的市场抽查中，被发现有严重食品安全问题的有关信息；不合格产品召回及处理的信息；其他重要信息。

8. 信息分析　认证机构应对上述信息进行分析，视情况采取相应措施，如增加跟踪监督频次、暂停或撤销认证证书等。

（八）再认证

认证证书有效期满前三个月，可申请再认证。再认证程序与初次认证程序一致。

认证机构应根据再认证审核的结果、认证周期内的评价结果和认证使用方的投诉，做出再认证决定。

（九）认证范围的变更

（1）获证乳品企业拟变更认证范围时，应向认证机构提出申请，并按认证机构的要求提交相关材料。

（2）认证机构根据获证乳品企业的申请，策划并实施适宜的审核活动，并做出相应认证决定。这些审核活动可单独进行，也可与获证乳品企业的监督审核一起进行。

（3）对于申请扩大认证范围的，必要时，应在审核中验证其产品的安全性。

（十）认证要求变更

认证要求变更时，认证机构应将认证要求的变化以公开信息的方式告知获证乳品企业，并对认证要求变更的转换安排做出规定。

认证机构应采取适当方式对获证乳品企业实施变更后认证要求的有效性进行验证，确认认证要求变更后获证乳品企业证书的有效性，符合要求可继续使用认证证书。

六、认证证书

1. 认证证书有效期 GMP 认证证书有效期为 2 年。

认证证书应当符合相关法律、法规要求。

认证证书应涵盖以下基本信息（但不限于）：证书编号；企业名称、地址；证书覆盖范围（含产品生产场所、生产车间等信息）；认证依据；颁证日期、证书有效期；发证机构名称、地址。

2. 认证证书的暂停 获证乳品企业有下列情形之一的，认证机构应当暂停其使用认证证书，暂停期限为三个月。

获证乳品企业未按规定使用认证证书的；获证乳品企业违反认证机构要求的；获证乳品企业发生食品安全卫生事故，质量监督或行业主管部门抽查不合格等情况，尚不需立即撤销认证证书的；监督结果证明获证乳品企业 GMP 或相关产品不符合认证依据、相关产品标准要求，不需要立即撤销认证证书的；获证乳品企业未能按规定间隔期实施跟踪监督的；获证乳品企业未按要求通报信息的；获证乳品企业与认证机构双方同意暂停认证资格的。

3. 认证证书的撤销 获证乳品企业有下列情形之一的，认证机构应当撤销其认证证书。对于被撤销认证证书的企业，认证机构 6 个月内不应受理该企业同一认证范围 GMP 认证的申请。

跟踪监督结果证明获证乳品企业 GMP 或相关产品不符合认证依据或相关产品标准要求，需要立即撤销认证证书的。认证证书暂停使用期间，获证乳品企业未采取有效纠正措施的。获证乳品企业不再生产获证范围内产品的。获证乳品企业申请撤销认证证书的。获证乳品企业出现严重食品安全事故或对相关方重大投诉不采取处理措施的。获证乳品企业不接受相关监管部门或认证机构对其实施监督的。

4. 认证机构间认证证书的转换 获证乳品企业因产品质量安全问题处于认证机构的处置期中的，不得转换认证机构，除非做出处置决定的认证机构已确认获证乳品企业已实施有效的纠正和纠正措施。

认证机构被撤销批准资格后，持有该机构有效认证证书的获证乳品企业，可以向经国家认监委的认证机构转换认证证书；受理证书转换的认证机构应该按照规定程序进行转换，并将转换结果报告国家认监委。

七、信息报告

认证机构应当按照要求及时将下列信息通报相关政府监管部门。

（1）认证机构在对企业现场进行认证现场审核时，应当提前 5 个工作日书面通报企业所在地省级质检部门认证监管机构。

（2）认证机构应当在10个工作日内将撤销、暂停、注销证书的乳品企业名单和原因以书面形式，向国家认监委和企业所在地的省级市场监督、检验检疫管理部门报告，并向社会进行了公布。

（3）认证机构在获知获证乳品企业发生食品安全事故后，应当及时将相关信息向国家认监委和企业所在地的省级市场监督、检验检疫管理部门通报。

（4）认证机构应当通过国家认监委指定的信息系统，按要求报送认证信息。报送内容包括：获证乳品企业、证书覆盖范围、审核报告、证书发放、暂停和撤销等方面的信息。

（5）认证机构应当于每年3月底之前将上一年度GMP认证工作报告报送国家认监委，报告内容包括：颁证数量、获证乳品企业质量分析、暂停和撤销认证证书清单及原因分析等。

八、认证收费

GMP认证应按照国家计委、国家质量技术监督局关于印发《质量体系认证收费标准》的通知（计价格［1999］212号）有关规定，收取认证费用。

根据《食品安全法》第三十三条规定，认证机构实施跟踪调查不收取任何费用。

思考题

1. 简述食品生产企业实施良好操作规范的意义和作用？
2. 我国良好操作规范的主要内容有哪些？
3. 食品企业良好生产规范的现场核查的程序包括哪些？
4. 良好生产规范的认证程序包括哪些？
5. 简述GMP与其他食品安全管理系统的关系。

（张　挺）

第七章　卫生标准操作程序

知识目标

1. **掌握**　卫生标准操作程序的主要内容。
2. **熟悉**　卫生标准操作程序文件编写要求。
3. **了解**　国家食品安全法规标准。

能力目标

1.能够应用安全法指导实际生产和生活中食品安全相关工作。
2.能够编制食品卫生标准操作程序文件。

扫码“学一学”

第一节　SSOP 内容

卫生标准操作程序（sanitation standard operation procedure，简称 SSOP），是食品生产企业为了使其加工的食品符合 GMP，满足卫生要求，制定的指导食品加工过程中具体实施清洗、消毒和卫生保持的作业指导文件，以 SSOP 文件的形式出现。

20 世纪 90 年代，美国频繁暴发食源性疾病，造成每年七百万人次感染和七千人死亡。调查数据显示，其中有大半感染或死亡的原因与肉、禽产品有关。这一结果促使美国农业部（USDA）重视肉、禽产品的生产状况，并决心建立一套涵盖生产、加工、运输、销售所有环节在内的肉、禽产品生产安全措施，从而保障公众健康。1995 年 2 月颁布的《美国肉、禽产品 HACCP 法规》中第一次提出了要求建立一种书面的常规可行程序——SSOP，确保生产出安全、无掺杂的食品。同年 12 月，美国 FDA 颁布的《美国水产品的 HACCP 法规》中进一步明确了 SSOP 必须包括的八个方面及验证等相关程序，从而建立了 SSOP 的完整体系。

一个企业正确保持的 SSOP 是危害分析与关键控制点（HACCP）计划运行的基础和前提，是食品企业为了满足食品安全要求，在卫生环境和加工过程等方面所需实施的具体程序，包括加工过程中的卫生、工厂环境及满足 GMP 所采取的操作，至少包括 8 项内容：①水（冰）的安全；②食品接触表面的卫生状况；③防止食品发生交叉污染；④手的清洗与消毒，厕所设施的维护与卫生保持；⑤防止食品被污染物污染；⑥有毒化学物质的标记、贮存和使用；⑦员工的健康与卫生控制；⑧虫害的防治。

一、水（冰）的安全

食品生产用水（冰）的卫生质量是影响食品安全卫生的关键因素。生产中要重点保证与食品接触或与食品接触物表面接触的水（冰）的安全，制冰用水的安全供应。

1. 水的作用　在食品生产中，水经常被用来传送或运输产品、产品清洗、消毒设施、工器具、容器和设备的清洗、制冰及镀冰衣、饮用等用途。

2. 水源　食品生产企业用水水源一般包括城市供水、自备水源。无论采用哪种水源，水质要符合 GB 5749—2006《生活饮用水卫生标准》，如果是海水产品加工企业，生产用海水水质要符合 GB 3097—1997《海水水质标准》。无论是哪种水源，都必须水源充足，得到充分有效的监控，经检测合格后方可使用。对于自备水源的生产企业，需要考虑周围环境、水井深度、污水排放、季节变化等对水源的污染。

3. 标准　GB 5749—2006 中对水质提出了严格要求，其中微生物：细菌总数小于 100 个/mL;大肠菌群和致病菌不得检出。

4. 水的处理　达不到卫生要求的水源，工厂要采取相应的消毒处理措施，主要有：加氯处理，至少 20 分钟，使余氯浓度为 0.05 ~ 0.3 mg/L；加氯消毒（氯气、氯胺、次氯酸钠、二氧化氯等；臭氧消毒；紫外线消毒等。

5. 监控　每次必须包括总的出水口，一年内做完所有的出水口。取样方法一般是先进行消毒，放水 5 分钟再采样。

余氯：企业每天一次，采用试纸、比色法、化学等方法。城市供水检测由卫生防疫部门提供，全项目 2 次/年；微生物：至少 1 次/月。对于自备水源，投产前全项目检测并合格，以后 2 次/年，夏、秋季节相应增加监测频次。

6. 供水设施　食品生产企业提供真实有效的供水网络图，饮用水和非饮用水严格分开，洗手水龙头设置为非手动，用水软管为浅色、不发霉材料，软管口不直接拖在地面，不直接浸入水槽中，距离地面距离大于 2 倍水管直径，防止水倒流；自备水源要关注水池、水塔的防尘、防虫鼠、防鸟等设施。

制冰用水必须符合饮用水标准，制冰设备、贮存、运输和存放的容器卫生、无毒、不生锈，按时进行微生物监测，制冰用具必须保持清洁卫生，存放、粉碎、运输、盛装等必须在卫生条件下进行，防止与地面接触造成污染。

7. 废水的排放　污水处理须符合环保规定和防疫规定，处理地点应远离生产车间，按照相关法律法规及 GMP 要求，车间硬件设施及日常操作时，地面设置一定坡度，易于排水；台案及清洗消毒池的排放直接入沟，不能流到地面。排水暗沟加篦子（易于清洗、不生锈），从清洁区流向非清洁区，与外界接口安装有防异味、防蚊蝇设施，并及时维护。

8. 纠偏及记录　按照监督频次对上述事项日常监控，如发现有问题，必须进行纠偏，直至问题解决；水质的监控、设施的维护及其他问题都要如实并保持记录。

二、食品接触面的清洁和卫生程度

1. 食品接触面　食品接触面是指“接触人类食品的表面和以及在正常加工过程中会将水滴溅在食品或食品接触表面上的那些表面”。典型的食品接触表面包括加工设备、工器具、刀具、桌面、案板、传送带、制冰机、贮冰池、手套、围裙、包装材料等。

按照是否与食品直接接触，食品接触面又分为直接接触面和间接接触面。直接接触面包括加工设备、工器具和台案、加工人员的手或手套、工作服等；间接接触面包括仓库、卫生间的门把手，垃圾箱、设备操作开关、水龙头等。食品接触面的清洁和卫生程度直接

影响食品的安全卫生，可以有效防止交叉污染。

2. 食品接触面的材料和制作 食品接触面的材料要求无毒（无化学物的渗出）、不吸水、抗腐蚀，不与清洁剂/消毒剂产生化学反应。接触面表面光滑，包括缝、角、边，都能被正确地清洁和消毒，不留死角。常用材料有不锈钢、塑料、橡胶、混凝土、瓷砖等。

3. 食品接触表面的清洁

（1）加工设备、器具 材料要求耐腐蚀、光滑、易清洗、不生锈，不用木制品、吸水纤维等，安装时无粗糙焊缝、破裂、凹陷，及时维修保养，工作服、手套也是食品接触面，通常应避免的材料有木材（微生物的繁殖），含铁金属（腐蚀的问题、生锈），黄铜（腐蚀、产品质量），镀锌金属（腐蚀、化学渗出）。

首先必须进行彻底清洗以除去微生物赖以生长的营养物质，确保消毒效果；再进行冲洗而后进行消毒；消毒剂常采用次氯酸钠 100 ~ 150 mg/L，也可以采用物理方法，如紫外线、臭氧等，需要注意的是不同清洁度工器具需要分开清洗消毒，并设置独立的工器具清洗消毒间。

（2）地面

①清洁和消毒地五个步骤：清扫（扫帚、刷子）→预冲洗（清洁水冲洗）→清洗［使用清洁剂（类型、接触时间、温度、物理擦洗、水化学）］→冲洗（用流动的洁净水冲去污物）→消毒（使用消毒剂杀死微生物）。如用 82 ℃热水、含氯消毒剂、碘化合物等符合卫生条件的水冲洗，减少消毒剂残留。

②清洁剂要求：清洗设备、工器具的清洁剂应具备良好的表面去污力，能有效清除表面的食品残渣和污物，易被水冲掉，不会腐蚀设备，无毒、无害、不会造成环境污染。同时应考虑清洁剂的有效性，清洁剂的有效性接触时间（浸泡或泡沫，越长效果越好）、温度（要防止蛋白质变性，越高越好）、物理擦洗（刷子、抹布和压力喷枪，物理作用越大越好）、水化学（水质影响，越清洁越好）

③消毒方式：按照生产环境和食品接触面的不同，消毒方式有所区别，具体有物理消毒和化学消毒。

物理消毒：热水消毒，（不低于 82 ℃的热水喷淋表面或浸泡）；蒸汽消毒：蒸汽枪喷射不易达到的接触面。

化学消毒：氯（氯气、氯胺、次氯酸钠、二氧化氯）等；碘液；季铵盐化物（新洁尔灭）；过氧乙酸。

（3）工作服、手套的清洗消毒 按照食品生产企业员工规模，设置专用洗衣房清洗消毒，不同清洁区的工作服分别清洗消毒、存放，存放工作服的房间设有臭氧、紫外灯等设施，卫生、干燥、清洁。

（4）空气消毒

①紫外线消毒。每 10 ~ 15 m^2 设置 30 W 紫外灯，消毒时间不低于 30 分钟，适用于更衣间、厕所等，环境温度低于 20 ℃或高于 40 ℃，相对湿度大于 60%，相应延长消毒时间。

②臭氧消毒。适用于加工车间、更衣间，消毒时间不少于 1 小时。

③药物熏蒸。过氧乙酸、甲醛等，适用于冷库、保温库，10 mL/m^2。

4. 清洗消毒的频率 大型设备每班加工结束之后进行；工器具每 2 ~ 4 小时；加工设备、器具被污染之后应立即进行消毒，工作服每班结束立即进行。

5. 监控

（1）监控对象　食品接触表面的状况；使用的消毒剂的类型和浓度；可能接触食品的手套和外衣清洁并且状态良好。

（2）监控方法　视觉检查；化学检测：消毒剂的浓度（试纸条或试剂盒）；验证检查：表面的微生物检测。

6. 纠偏及记录　纠偏；在监控过程中发现问题应采取适当的方式及时纠正（最好现场纠止）；记录；每日卫生监控记录；检查、纠偏记录。

三、防止交叉污染

1. 交叉污染定义及其来源　交叉污染是通过生的食物、食物处理者或食物处理环境把生物性或化学性污染物转移到食品的过程。当致病菌或病毒被转移到即食食品上时，通常意味着产生食源性疾病的交叉污染就发生了。

交叉污染包含三方面：员工违规操作造成交叉污染；生的和熟的没有进行很好的隔离；工厂设计造成的交叉污染。其中员工不规范操作是造成交叉污染的重要原因。比如员工整理生的产品，然后又整理熟的产品（串岗）；靠近或在地板上工作，处理完垃圾桶，然后整理产品；从休息室回来，没有洗手；用处理废弃物的器具来处理产品；擦完脸，然后处理产品；或者上厕所不换工作服、鞋，且不洗手。

造成交叉污染的来源，主要包括以下几方面：工厂选址、设计、车间不合理；加工人员个人卫生不良；清洁消毒不当；卫生操作不当；生、熟产品未分开；原料和成品未隔离。

2. 预防

（1）工厂的选址设计　工厂选址、设计考虑常见风向，远离工业区，周围环境不造成污染。厂区内做好绿化和路面硬化，不造成污染。污水排放等按有关规定（提前与有关职能部门联系）。

（2）车间布局合理　食品生产加工工艺流程布局合理，初加工、精加工、成品包装分开，生、熟加工分离。清洗消毒与加工车间单独设置。所用材料易于清洗消毒。

（3）明确人流、物流、水流、气流方向　操作人员从高清洁区到低清洁区作业，物流包括产品、废料和包装材料等从专用通道运转，不造成交叉污染，如硬件无法满足要求，可用时间、空间分隔。水流从高清洁区到低清洁区。气流：入气控制、正压排气。

（4）加工人员卫生　造成交叉污染的主要来源有大肠埃希菌、沙门菌等肠道菌、金黄色葡萄球菌等。操作人员平时应注意个人卫生，养成适当的洗手、化妆、饮食、卫生等习惯，不能佩戴首饰，可能造成物理性危害、微生物生长等。上岗前须进行针对性的培训。

3. 监控　在开工时、交班时、餐后续加工时进入生产车间；生产时连续监控；产品贮存区域（如冷库）每日检查。

4. 纠偏　发生交叉污染，采取措施防止再发生；必要时停产，直到有改进；如有必要，评估产品的安全性；增加培训程序。

5. 记录　消毒控制记录；改正措施记录。

四、手的消毒和卫生间设施

1. 洗手消毒的设施 设置非手动开关的水龙头或臂动开关的水龙头，冬季有温水供应，洗手消毒效果更好。合适、充足的洗手消毒设施，一般每10～15人设一水龙头，条件许可时配备流动消毒车。

2. 洗手消毒方法、频率

方法：清水洗手→用皂液或洗手液洗手→清水冲净皂液→于50 mg/L（余氯）消毒液浸泡30秒以上→清水冲洗→干手（用纸巾或毛巾）。

频率：每次进入加工车间时，手接触污染物及根据不同加工产品规定确定消毒频率。

监测：每天至少检查一次设施的清洁与完好，卫生监控人员巡回监督，化验室定期做表面样品微生物检验，检测消毒液的浓度。

3. 厕所设施与要求 包括所有的厂区、车间和办公楼的厕所。厕所与车间建筑连为一体，门不能直接朝向车间，有相应更衣、换鞋设备。厕位数量与加工人员相适应，每15～20人设一个为宜。手纸和纸篓保持清洁卫生。设有洗手设施和消毒设施，有防蚊蝇设施。厕所内通风良好，地面干燥，保持清洁卫生。员工进入厕所前要脱下工作服和换鞋，方便之后立即进行洗手和消毒。如厕程序如下：更换工作服→换鞋→入厕→冲厕→皂液洗手→清水洗手→干手→消毒→换工作服→换鞋→洗手消毒进入工作区。

4. 设备的维护与卫生保持 设备保持正常运转状态；卫生保持良好不造成污染。

5. 纠偏 检查发现问题立即纠正。

6. 记录 洗手间、洗手池和厕所设施状况，消毒液温度浓度记录；纠正措施记录。

五、防止污染物污染

污染物污染是指食品、食品包装材料和食品所接触表面被微生物、化学性和物理性污染物（如润滑剂、燃料、杀虫剂、清洁剂、消毒剂、冷凝物和地板污物）的污染。

1. 污染物来源 污染物的来源包括有毒化合物的、非食用润滑剂、燃料、杀虫剂、清洁剂、消毒剂（包括使用方法）、不卫生的冷凝物和死水、被污染的冷凝水、不洁净水的飞溅、无保护装置的照明设施、化学药品残留、不卫生的包装材料等。

2. 防止与控制

（1）包装物料的控制 包装物料存放库要保持干燥清洁、通风、防霉，内外包装分别存放、上有盖布下有垫板，并设有防虫鼠设施。

（2）水滴和冷凝水的控制 车间保持良好通风，防止空调管道形成冷凝水，在有蒸汽产生的车间，安装排气装置，防止形成水滴，冲洗天花板后，应及时擦干，控制车间温度稳定，或提前降温。天花板设计成圆弧型，使水滴顺壁流下，防止滴落。空调风道与加工线、操作台错开，防止冷凝水滴落到产品上。

3. 监控 任何可能污染食品或食品接触面的掺杂物，如潜在的有毒化合物、不卫生的水（包括不流动的水）和不卫生的表面所形成的冷凝物。建议在生产开始时及工作时间每2小时检查一次。

4. 纠偏 ①清洗化合物残留。②丢弃没有标签的化合物。③培训员工化合物的正确使用。④除去不卫生表面的冷凝物，调节空气流通和车间温度减少水的凝结。⑤用遮盖物防止冷凝物落到食品、包装材料及食品接触面上。⑥清除地面积水、污物。⑦评估被污染的食品。

5. 记录　每日卫生控制记录。

六、有毒化学物质的标记、贮存和使用

食品加工厂有可能使用的化学物质为洗涤剂、消毒剂（次氯酸钠）、杀虫剂（1605）、润滑剂、食品添加剂（亚硝酸钠、磷酸盐）等。

1. 编写有毒有害化学物质一览表　工厂范围内使用的化合物有主管部门批准生产、销售、使用说明的证明，主要成分、毒性、使用剂量和注意事项明确。在单独的区域贮存，带锁的柜子，防止随便乱拿，设有警告标示，易制毒化学试剂还要求双人双锁管理和使用。化合物正确标记、标明有效期、使用登记记录。由经过培训的人员管理。

2. 监控　经常检查确保符合要求，一般一天至少检查一次。

3. 纠偏　对标记不清的拒收或退回；工作容器不清晰的标示，重新标记才能投入使用；转移存放错误的化合物；对保管、使用人员的培训。评估不正确使用有毒化学物质对食品的影响，必要时销毁食品。

4. 记录与证明　设有进货、领用和配制记录及有毒化学物质批准使用证明和产品合格证明。

七、从业人员的健康与卫生控制

食品企业的生产操作人员（包括检验人员）的身体健康及卫生状况直接影响食品的安全卫生。根据我国《食品安全法》，凡从事食品生产的人员必须体检合格，持有健康证，经培训合格方能上岗。

食品生产企业应制订体检计划，并设有体检档案，凡患有病毒性肝炎、活动性肺结核、伤寒、细菌性痢疾、化脓性或渗出性皮肤病患者、手外伤未愈合者等有碍食品卫生的疾病的均不得参与直接触食品的加工，痊愈后经体检合格后可重新上岗。

生产操作人员要养成良好的个人卫生习惯，进入车间应更换清洁的工作服、帽、口罩、鞋等，不得化妆、戴首饰和手表等。

食品生产企业应制订卫生培训计划，定期对加工人员进行培训，并记录存档。

1. 检查　员工的上岗前健康检查；定期健康检查，每年进行一次体检。

2. 监督　目的是控制可能导致食品、食品包装材料和食品接触面污染的微生物。

3. 纠偏　患患者员调离生产岗位直至痊愈。

4. 记录　健康检查记录。每日卫生检查记录及不满意状况的相应纠正措施。

八、有害动物的防治

昆虫、鸟、鼠等带有一定种类病原体，有害动物的防治对食品加工厂至关重要。

1. 防治计划　绘制灭鼠分布图、清扫清毒执行规定。全厂范围生活区包括厂区周边。重点为厕所、下脚料出口、垃圾箱周围和食堂。

2. 防治措施　①清除滋生地。② 预防进入车间。采用风幕、水幕、纱窗、黄色门帘、暗道、挡鼠板、翻水弯等。③ 杀灭。车间入口用灭蝇灯、黏鼠胶、鼠笼，不能用灭鼠药；

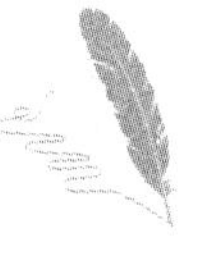

生产区用杀虫剂。

3. 监测 监控频率根据情况而定，严重时须列入 HACCP 计划。

4. 纠偏 卫生监控和纠偏：发现问题立即消除或杀灭。

5. 记录 包括虫害鼠害检查记录和纠正记录。

在食品加工企业建立了卫生标准操作程序之后，还必须设定监控程序，实施检查、记录和纠正措施。企业设定监控程序时描述如何对 SSOP 的卫生操作实施监控，必须指定相关人员，何时及如何完成监控。对监控要实施，对监控结果要检查，对检查结果不合格者必须采取措施加以纠正。对以上所有的监控行动、检查结果和纠正措施都要记录。食品加工企业日常的卫生监控记录是工厂重要的质量记录和管理资料，应使用统一的表格，并归档保存，一般两年。

扫码“学一学”

第二节　SSOP 文件的编写

含有卫生标准操作程序的文件可称为卫生标准操作程序文件，编写由食品生产企业自行完成，编写 SSOP 文件的关键在于易于使用和遵守，以满足相应的法规和卫生要求，文本格式不做统一规定。

一、SSOP 文件编写要求

SSOP 编写原则上由文件颁发部门人员开展，执行文件的相关部门及责任部门参与和商讨，会稿后经部门领导及上级领导审核，主要针对文件的内容、编码、格式、制定程序进行审核，对文件的合法性、规范性、可操作性和统一性进行把关，必要时进行会审。主要要求如下。指令性：主管领导批准后实施；目的性：确定卫生标准操作活动的目标；符合性：应符合 HACCP 体系和 GMP 的应用准则及对应标准与法规的规定；协调性：与 HACCP 管理文件一致；系统性：SSOP 是保证 GMP 和 HACCP 的体系，要有系统性；可行性：切实可行。

二、SSOP 文件编写内容

标题：包括管理对象和业务特征两部分。如：《洗手消毒程序》中的“洗手消毒”是管理对象名称，“程序”是管理业务特征。

编写内容包括目的范围：简要说明文件中的主题内容；依据：确定引用文件；职责：明确责任部门和责任人员；实施程序：确定先后工作顺序；记录：记录表；审批：主管领导签字。

三、SSOP 文件编写方法

（一）生产用水卫生控制程序

1. 水源 自制深井水。

2. 安全与卫生控制 井的周围附近无垃圾掩埋场等污染源，井口封盖严密上锁，有完善的防尘、防鼠措施。井水消毒采用臭氧消毒，专人负责管理。

（1）公司用井水每年两次由市疾病预防控制中心采样做水质卫生全项目检测，符合国

家井水标准后方可投入生产，且存入档案。

（2）加工用水的处理：抽水→蓄水池→过滤→臭氧杀菌→过滤→生产用水。

（3）清洗操作过程按规定文明操作，防止污水溢溅，废水直接导入下水道，软水管不拖地，使用后将水管盘放于架上。

（4）水龙头按序编号，并建立供水网络图，供水系统设置合理，无逆流及相互交叉现象。

（5）废水排放前按国家有关规定进行污水处理达标后排放，处理池远离加工车间。

（6）蒸汽采用符合饮用水标准的水制造，锅炉处理所用化学药品经国家有关部门许可使用。

3. 卫生指标及检测方法　参考 GB/T 5750《生活饮用水标准检验方法》的规定。

4. 设施

（1）在主流入水口安装单向止回阀门，防止虹吸和倒流，设备部门定期对供水设施巡检，一旦发现有损坏立即维修好。

（2）洗手水龙头为非手动开关（自动感应式）。

（3）由设备科负责每年或根据需要联系厂家对臭氧发生器进行清理检查。

5. 监控程序　卫生监督员每天班前对加工用水进行一次感官常规项目检验（气味、清晰度、可见物等）；化验室对水中的微生物每周检测一次，每次至少抽取两个水管，对加工用水进行感官、理化和微生物细菌数、大肠菌群总数进行检测，一年检测完全部水管。并将检测结果记入《水质微生物检验记录表》。

6. 验证程序　市卫生防疫部门每年对水全项目检测两次，其检测报告书存档。以卫生防疫检测结果作为验证依据进行验证比对。

7. 纠正措施

（1）当本厂检测发现水质不符合要求时，应立即查找原因，立即制定水的净化消毒方案，并进行连续的监控。检测结果正常后转入使用。在此之前的产品隔离检测。

（2）当检测发现水源存在问题时应立即停止使用该水源，及时加以评估，检测合格后方可使用。必要时终止使用该水源。

（3）将纠正措施记录于《纠正/预防措施要求表》中。

8. 相关记录　政府部门提供的《水质检测报告》《水质微生物检验记录》《纠正/预防措施要求表》。

9. 文件编号　某食品工业有限公司、文件编号、版本号。

（二）食品接触面卫生控制程序

1. 适用范围　设备设施及工作服的清洗消毒工作分别由专人负责，按从上到下、从清洁区向非清洁区进行，不造成交叉污染。设备设施清洗消毒程序。车间采用中、高效空气过滤器，过滤器滤网每年清洗消毒一次。必要时采用臭氧放生器对空气进行消毒。相关工器具按规定时间或被污染后立即清洗消毒。工作服的清洗消毒程序。库房使用药物薰蒸法（用0.3%～0.5%过氧乙酸，10 mL/m^2），每年彻底消毒一次。

2. 监控程序　卫生督察员每天班前进行设备设施清洗消毒后的感官卫生检验。卫生督察员工作期间每2小时检查一次工器具清洗消毒后的感官卫生状况。

3. 验证程序 化验室根据微生物采样计划每天对工器具、设备设施等环境样进行抽测，检测细菌总数和大肠菌群。化验室每周至少一次对车间的空气进行细菌总数的检测。

4. 纠偏措施

（1）当检验人员确定清洗消毒后的卫生未通过感官检查，应重新清洗、消毒和检验，必要时重新培训清洗消毒人员。

（2）当检验人员确定卫生操作未按程序执行时，及时纠正，并对员工进行相应的培训。

（3）如果清洗后设备与每平方厘米食品接触面的细菌总数接近标准又未超出标准时（>80 个），结合采样情况，组织相关人员查找原因（如试纸失准、消毒剂达不到要求或清洗消毒程序不当等），予以预防。

（4）如果清洗后设备与每平方厘米食品接触面的细菌总数超出标准（>100 个），结合采样情况，组织相关人员查找原因，填写《纠正/预防措施要求表》，予以纠正和改进。

5. 相关记录 《纠正/预防措施要求表》《每日卫生监控记录表》。

（三）防止交叉污染控制程序

1. 工厂周围环境 工厂选址、设计、布局和建筑符合《良好操作规范（GMP)》中厂区环境卫生要求及相关规定。

2. 车间布局 车间结构、布局符合《良好操作规范（GMP)》中厂房、设施卫生要求及相关规定。

3. 人员管理 人员流向粗加工、精加工完全分开，并从高清洁区到低清洁区；工作期间粗加工、精加工生产人员、负责清洗消毒人员严格分开，粗加工/精加工区不得串岗；外来人员或其他非车间人员进车间必须严格按车间相应的程序执行；所有人员严格执行员工进车间标准操作规程。人员卫生要求符合《良好操作规范（GMP)》中生产、管理人员要求相关规定。

4. 原辅料卫生监督管理

（1）原料、辅料、包装物料单独存放并保持清洁卫生，针对特殊要求原、铺料选择适合的条件贮存，原辅料库库门上方安装风幕，当库门开启时风幕自动开启，防止蚊蝇进入。

（2）生制产品的加工区域与熟制产品的加工区域要严格分开，原料及成品分开放置，生制产品与熟制产品要分开放置。

（3）各区域产品运输由各自专门通道通过。

（4）严格标识原料、半成品、成品的合格品和不合格品，不合格品放在带标识的固定容器内，与合格品严格分开。

（5）用于制造、加工、调配、包装等设施与容器使用前应确认经过清洗和消毒。

（6）工作结束后各区域生产用具分开，分别由粗加工/精加工区清洗消毒间清洗消毒，专人回收检查；工作期间各区域的工具分别严格执行工器具清洗消毒的标准操作规程，不能混淆使用。

（7）已清洗的设备容器应避免受污染。食品容器必须离地 30 cm 以上放置。

（8）加工用水的水龙头不能直接接触地面，不用时将水管卷起盘放在水管架上，离地存放。冲洗地面墙壁时防止污水迸溅污染食品及食品接触面。

（9）车间废弃物、投入专用废弃桶内，加以标识，专人负责并及时清理。

（10）加工过程中的下料、落地产品等在指定区域存放，专人负责收集管理。

5. 虫害控制　车间密封良好，通风口有防虫设施，朝外的门有防鼠板，防止外界虫鼠的进入。

6. 监控程序　卫生督察员每天检查一次环境卫生。

7. 验证程序　化验室组织每天对环境卫生进行验证检查。卫生监督员对粗加工/精加工区车间卫生及消毒情况进行检查。

8. 纠偏措施　与食品接触的容器、设备等被污染时必须立即停止使用，并通知卫生消毒人员消毒。车间发生交叉污染及时调整及纠正，如有必要停止生产，并对在此期间生产的产品进行评估。环境卫生经检查不符合要求，通知负责人重新组织清扫。如果发现员工没有消毒或者没有按照消毒程序消毒的进行重新消毒，拒不改正的下岗培训。

9. 相关记录　《每日卫生监控记录表》《纠正/预防措施要求表》。

（四）洗手消毒和卫生间设施卫生控制程序

1. 目的　防止操作者带菌污染产品。

2. 范围　适用于生产加工各环节人员的卫生管理。

3. 卫生设施的卫生控制

（1）洗手消毒设施　在粗加工、精加工车间入口、卫生间入口处设洗手消毒设施，配备非手动开关洗手器、洗涤液、消毒液、干手设施等，并设有标识牌，明示洗手消毒程序，以便提醒员工按照程序消毒。

车间入口处设有比门宽的水靴消毒池，并设置专人负责洗手消毒设施维护及卫生保持工作。车间洗手消毒配备固定消毒槽、流动消毒车，并设立专职卫生人员负责。

工作期间检查洗手消毒设施，一旦发现损坏立即通知维修，使其保持良好的状态。工作期间洗手消毒负责人确保皂液盒内常备有洗涤灵液，酒精壶及消毒槽内常备有消毒液。每班后卫生队人员应彻底清洗消毒设备设施。

（2）卫生间　卫生间的墙壁、地面采用易清洗材质，无积水。卫生间外配有专用换用拖鞋，用地毯和外界地面分开。卫生间的数量与人员相配备。卫生间与加工区域分开，通风良好，水源充足顺畅。生活区设置专人负责管理卫生间。

工作期间卫生间管理负责人监督员工按规定程序入厕，并负责随时保持地面干燥、通风良好。每天班后彻底清理、打扫卫生间，保证卫生间清洁卫生、无异味，并使用200～300 mg/L的次氯酸进行消毒。

员工入厕所必须脱掉工作服，换上专用鞋，出厕所后彻底洗手消毒。

（3）更衣室　更衣室布局合理，配备臭氧发生器、紫外线灯等。更衣架采用不锈钢材料制作，拖鞋和生产加工人员数量相适应。

生活区设置专人负责各更衣室的管理，保持更衣室的环境卫生；员工更衣后马上离开更衣室，不得无故停留；工作服、工作靴只准在上班时穿，禁止带出或穿出厂区，不准穿工作服出车间大门；工作服每班清洗更换一次，各班专人负责收发工作服。

4. 监控程序

为检测洗手消毒效果，班前由卫生监督员监督洗手消毒；班中卫生监督员每2小时监控一次确保消毒液浓度及消毒频率在规定范围内。

化验室则根据微生物抽样计划抽样检测微生物。

5. 纠偏措施 如相关设备、设施有损坏，立即通知维修人员维修。如果经检查卫生不清洁，应通知责任人重新清扫、整理。如发现洗涤灵、消毒剂未准备或使用完毕时，及时添加，如有必要要求员工重新洗手消毒。

6. 相关记录 《每日卫生监控记录表》《水质微生物检验记录》。

（五）防止外来污染物的卫生控制程序

1. 目的 排除一切污染物，防止食品被污染。

2. 范围 适用于生产车间内及其周围环境的卫生管理。

3. 污染物来源 被污染的使用水；不清洁水的飞溅；空气中的灰尘、颗粒；外来物质；地面污物；无保护装置的照明设备；清洁剂、消毒剂的残留；不卫生的包装材料。

4. 污染物控制

（1）冷凝水及污水的控制 严格控制车间温度，并保持通风良好。每周对顶棚彻底清理一次，防止冷凝水产生。车间不能有死水及被污染的水，以免脚和交通工具通过时会产生迸溅。

（2）外来异物控制

①空气。经过滤除尘后进车间。

②包装物料控制。进货检验人员按照内外包装物料的验收规定接收各种包装物料，发现其不合格率超过规定要求的拒收或进行相应处理；包装物料入库后堆放整齐，批次清楚，堆垛距地面 10 cm、距墙壁 30 cm，贮藏过程中保持环境干燥卫生；产品包装时，对内外包装检查有无异物及其完整性。

③食品的贮藏。不同成品分别设专库存放，并设有防虫、防鼠设施。

④外来污染物的控制。手套等一次性物品作好发放记录；刷洗不锈钢盘前撕掉表面残留的胶带纸；摆盘前首先检查不锈钢容器表面是否残留胶带纸，如有将其清除；发现手套有破损或遗失及时更换，并将破损部分或遗失的找回。

⑤设备设施/工器具管理。严格执行设备设施清洗消毒程序；正常生产期间抢修时，维修部位下方的原料、成品必须清理干净，并做好周边部位的防护，拆卸的零配件定位放置；维修后，维修人员及时清理现场，并通知卫生清洗人员清洗消毒，经卫生监督员检查确认合格后方可投入使用；经常检修墙壁、天花板无洞，无裂缝，并保持清洁干爽；所有盛放原辅料的容器离地离墙放置；车间设专人（工器具管理员）对工器具进行统一发放和回收，做好相应的收发记录；使用前和工作期间需半小时或 15 分钟消一次毒的工器具按规定程序消毒；对于所有工器具每天核对其数量，检查其完好性，如发现有缺损和遗失，立即查明原因，并及时进行修补或淘汰；工作人员在操作过程中爱护工器具，不得人为损坏或转作他用，不得用其损坏其他设备设施；闲置工器具必须定置或清出现场；车间所有的照明设施要外加防爆装备。灯具的更换要求在班后进行。车间不允许使用玻璃温度计；机器使用的润滑油应在班后由设备科人员添加，食品接触面使用的润滑油应选择食品级润滑油。添加后应注意使用时的运行情况，防止渗漏。

5. 纠偏措施 设专人对车间顶棚进行检查发现冷凝水及时处理。不合格原料、辅料降级使用或废弃。包装物料的不合格率超过验收规定时拒收，使用时及时剔除不合格的包装材料。发现工器具、手套有破损或有丢失，将其找回，如找不到对前 2 小时生产的产品单独存放，作好标识，返工检查。凡进车间的所有物品及工器具需将表面相关异物（如标签）等剔除。

6. 相关记录　《每日卫生监控记录表》《清洗消毒记录》。

（六）人员卫生控制程序

1. 目的　确保员工健康上岗，防止对食品造成交叉污染。

2. 范围　适用于直接从事食品生产加工的人员。

3. 人员要求　新员工入厂时必须进行健康检查，取得健康合格证的加工人员，方可入车间从事生产加工工作。

生产加工人员每年至少一次进行健康检查，必要时做临时的健康检查。健康证由办公室统一保管。

4. 人员卫生控制

（1）健康检查，凡是患有下列疾病之一者必须调离生产加工岗位：①传染性肝炎；②活动性肺炎；③化脓性或渗出性皮肤病；④手有外伤者；⑤肠道传染病或肠道传染病带菌者；⑥其他有碍食品卫生的疾病。

（2）在生产加工过程中，生产领班和卫生监督员必须检查员工的健康情况，比如患有严重的感冒（如发热、流泪、流鼻涕、咳嗽等）或其他有碍食品卫生的疾病应立即调离生产岗位。

（3）伤手员工处理：①生产过程中发现员工伤手情况，立即报告当班领班，由领班或领班委托门管员携带受伤员工去医务室进行包扎或简单处理，必要时送医院救护。②医务人员视伤手严重程度开具证明书，受伤员工拿证明书向领班申请调离工作岗位或休假。③医务人员对伤手处理及包扎情况进行登记。④轻微伤手员工或未完全愈合员工视工作岗位，卫生监督员检查后允许戴手套操作。

5. 监控程序　每日班前专人检查人员着装、个人卫生状况及健康状况，看有无着装不整、佩戴首饰、健康不良等现象。

卫生监督员每 2 小时检查一次员工着装、洗手消毒及健康状况。

6. 验证程序　化验室根据微生物监测计划每天进行人手消毒后的细菌总数检测。

7. 纠偏措施　体检不合格的调离生产岗位。如果员工卫生操作不当，应对其进行相应的卫生操作知识培训。经检查，员工着装或个人卫生不能达到要求，令其及时纠正。

8. 人员卫生培训计划　所有新进员工需经过企业规章制度、基础卫生知识等培训，考核合格后方可进车间，考核成绩存档。进车间后由车间负责人组织进行操作技术和相关规章制度培训。在岗期间由本车间负责人定期进行卫生知识和操作技术培训并考核，考核不合格者接受下岗培训，直至合格后才准予上岗。

9. 相关记录　《健康合格证》《每日卫生监控记录表》。

（七）虫鼠害控制程序

1. 目的　杜绝虫鼠害污染，保证出口食品卫生质量。

2. 范围　适用于生产加工食品场所的所有区域。

3. 人员与设施

（1）害虫害鼠控制人员　工厂指定一名害虫害鼠控制人员（PCO）人员，并联系到市卫生防疫站进行培训相关的害虫害鼠的知识，经考核合格后正式成为工厂内部的PCO人员。

PCO人员根据工厂平面图，依据工厂及周围环境状况和控制情况及结果制定工厂的害虫、害鼠防治计划，并负责实施，卫生监督员部门负责定期进行监控。

（2）杀虫剂、灭鼠器　工厂内所使用、存贮的杀虫灭鼠剂都是列在“允许使用的化学试剂一览表”中的，并在有效期内且有完整标签。杀虫剂空瓶须标上“只可用于杀虫剂”之类的文字以防误用，杀虫剂灭鼠剂按贮藏条件单独贮存在加锁的柜中，柜子钥匙由专人保管，无部门经理级以上人员签字，任何人不得领用。

工厂内所使用的捕虫器、灭鼠器是经国家卫生防疫或环保部门等政府有关机构批准的可用于食品加工与贮藏场所，供应商已向卫生监督部门提供有效的卫生许可证、生产许可证、使用范围说明、使用方法说明，提供产地物质安全资料表（materal safety data sheets，MSDS）。

4. 防治计划

（1）工厂内各种建筑结构应有良好的密封性能，不得有容易造成鼠害、虫害出入的洞等地方。

（2）车间与车间外相通的地沟及厂内与外界相通的地沟口必须设有足够数量密度相当的铁栅栏或护板，并保持完好状态。

（3）工厂内不得有积水和卫生死角，适时对厂区内的草地、树木喷洗冲尘。厂区内草坪、花池在生长期内每周进行修剪、对杂草彻底铲除，修剪铲除后的残草（枝）及时清理出现场，以免构成害虫栖息地。

（4）清除滋生地。厂区及周围的垃圾、废料应及时清理，不得有积存废物或积水现象。防治重点在厕所，下脚料出口，垃圾箱周围和食堂。

（5）地下水道每周进行例检，每月进行全面清理疏通，清疏完毕将清理出的污泥、垃圾及时清理出现场，并对全部施工现场地下水道进行封盖检查。

（6）每年四月份开始鼠虫类的灭害，到十一月结束，四、五、十、十一月每周一次，六到九月每天一次，并结合其实际及观察效果，适当调节。

（7）车间主要出入口及与外界相通的各通道分别加装门帘或直径小于0.2 mm的防虫网/密闭，设置风幕、暗室、紫外灭蝇灯，同时加装挡鼠板等。

（8）工厂内及周围使用的各种防鼠、灭蚊蝇的设施如：灭蝇灯、诱饵站、电猫、粘鼠板等由PCO人员统一编号标识，其他人员不得随意更改或挪用。PCO人员在监测过程中如发现有损坏或遗失现象，应在最短时间内补配齐并登记好相关的各种日期。

（9）防虫防鼠器材的放置不会污染产品、包装或原料。生产区域和贮存区域不应使用苍蝇拍。

（10）灭蝇灯的管理。加工车间及库房入口处灭蝇灯由生活区门管员负责清理和检查工作。每天清理一次，非灭蝇季节（12～3月份）每周清理一次，确保灭蝇灯的清洁度与完好适用性。

（11）捕鼠器和诱饵站数量的放置是有效的：捕鼠器布置在生产区域和贮存区域的周围，最大间隔不超过8 m，如果墙体短于8 m，则至少要有一个捕鼠设备。设施（包括车间、锅炉房、仓储等）出入口3 m内应有机械式灭鼠器（而不是粘鼠板）。

5. 监控程序

（1）PCO 人员每天进行监控，发现死鼠统一收回，进行深埋或焚烧无害化处理，并作好相关的《虫害防治执行、检查记录表》。

（2）根据每天的监测情况及防治计划，每月对虫鼠害状况进行分析，并做害虫害鼠活动趋势报告，详细记录每月情况并制订防治措施。

6. 验证程序　卫生监督员每周至少一次对防治虫鼠害工作情况及记录的真实性进行验证。

7. 纠偏措施

（1）如扑杀过的区域仍有害虫、害鼠活动，立即扑灭。

（2）如扑杀过的区域连续几日有害虫、害鼠活动痕迹，应查找原因（如器械、药品使用不当，重点区域设置有误或器械药品本身出现问题等），及时纠正或改进。

8. 相关记录　《物品出入库登记台帐》《虫鼠害防治记录》。

第三节　卫生监控与记录的建立

一、水的监控记录

生产用水应具备以下几种记录和证明。

（1）每年 1 ~2 次由当地卫生部门进行的水质检验报告的正本，如自备水源，则其水池、水塔等有清洗消毒计划和监控记录。

（2）每月一次对生产用水进行细菌总数、大肠菌群的检验记录。

（3）每日对生产用水的余氯进行检验。

（4）生产中接触食品的冰，自行生产者应具有生产记录，若向冰厂购买者应有冰厂的卫生证明。

（5）申请向国外注册的食品加工企业需根据所注册国家要求项目进行监控检测并加以记录。

（6）工厂提供供水网络图（不同供水系统用不同颜色表示）和管道检查记录。

二、表面样品的检测记录

表面样品是指与食品接触表面，例如加工设备、工器具、包装物料、加工人员的工作服、手套等。其清洁度直接影响食品的安全与卫生，也是验证清洁消毒的效果的标准。表面样品检测记录包括：加工人员的手（手套）、工作服；加工用案台桌面、刀、筐、案板；加工设备如去皮机、单冻机等；加工车间地面、墙面；加工车间、更衣室的空气；内包装物料。

消毒清洗记录是对食品接触面的清洗消毒执行情况的记录，以证明卫生控制的实施，防止污染食品情况的发生。记录包括：①开工前、休息间隙和每天收工后与食品接触面的清洗消毒记录；②工作服、手套、靴鞋清洗和消毒记录；③消毒剂种类及消毒水的浓度、温度检测记录；④表面样品检测项目为细菌总数、沙门菌及金黄色葡萄球菌；⑤经过清洁消毒的设备和工器具以食品接触面细菌总数低于每平方厘米 100 个为宜，对于卫生要求严格的工序，应低于每平方厘米 10 个，沙门菌及金黄色葡萄球菌等致病菌不得被检出。

对于车间空气的洁净程度，可通过空气暴露法进行检验。

三、雇员的健康与卫生检查记录

食品加工企业的雇员是食品加工的直接操作者，其身体的健康与卫生状况，直接关系到产品的卫生质量。因此食品加工企业必须严格对生产人员，包括从事质量检验工作人员的卫生管理。对其检查记录包括。

（1）生产人员进入车间前的卫生检查记录，包括：生产人员工作服、鞋帽是否穿戴正确；是否化妆、头发外露、修剪手指甲等；个人卫生是否清洁、有无外伤、是否患病等；是否按程序进行洗手消毒等。

（2）食品企业必须具备生产人员健康合格证明及档案。

（3）食品加工企业必须具备卫生培训计划及培训记录。

四、卫生监控与检查纠偏记录

食品加工企业应为生产创造一个良好的卫生环境，才能保证产品是在适合食品生产的条件下及卫生条件下生产的，才不会出现掺假食品。

食品加工企业的卫生执行与检查纠偏记录包括：工厂灭虫灭鼠及检查、纠偏记录（包括生活区）；厂区的清扫及检查、纠偏记录（包括生活区）；车间、更衣室、消毒间、厕所等清扫消毒及检查纠偏记录；灭鼠分布图。

食品加工企业应注意做好以下工作：①保持工厂道路的清洁，经常打扫和清洗路面，可有效地减少厂区内飞扬的尘土；②清除厂区内一切可能聚集、滋生蚊蝇的场所，垃圾要用密封的容器运送，做到当日垃圾当日清除出厂；③实施有效的灭鼠措施，绘制灭鼠图，不宜采用药物灭鼠。

五、化学药品购置、贮存和使用记录

食品加工企业使用的化学药品有消毒剂、灭虫药物、食品添加剂、化验室使用的化学药品以及润滑油等，使用化学药品必须具备以下证明及记录：购置化学药品具备卫生部门批准的允许使用证明；贮存保管登记；领用记录；配制使用记录；监控及纠正记录。

思考题

1. 食品卫生标准操作程序的主要内容包括哪些？
2. 什么是卫生标准操作程序文件？
3. 卫生标准操作程序文件有什么特点？
4. 卫生标准操作程序文件的编写原则和要求是什么？
5. 手的清洗和消毒程序是什么？

（王延辉）

第八章　危害分析与关键控制点

知识目标

1. 掌握　HACCP 的基本原理和具体实施步骤。
2. 熟悉　HACCP 的内容和要求。
3. 了解　HACCP 的产生及发展。

能力目标

1.能够编写HACCP管理体系文件。
2.能够参与HACCP管理体系的实施。

第一节　HACCP 概述

扫码“学一学”

一、HACCP 体系的概念

危害分析与关键控制点（hazard analysis critical control point，HACCP）体系以科学性和系统性为基础，识别特定危害，确定控制措施，以确保食品的安全性。HACCP 是一种评估危害和建立控制体系的工具，着重强调对危害的预防，而不是主要依赖于对最终产品的检验，其根本目的是由企业自身通过对生产体系进行系统的分析和控制来预防食品安全问题的发生。HACCP 体系可应用于从初级生产到最终消费整个食品链中，通过食品的危害分析（hazard analysis，HA）和关键控制点（critical control points，CCP）控制，分析和查找食品生产过程的危害，确定具体的控制措施和关键控制点并实施，有效监控将食品安全预防、消除、降低到可接受水平。

HACCP 体系是一种科学、合理、针对食品生产加工过程进行过程控制的预防性体系，这种体系的建立和应用可保证食品安全危害得到有效控制，以防止发生危害公众健康的问题。

二、HACCP 体系的产生和发展

HACCP 诞生于 20 世纪 60 年代的美国。1959 年，美国皮尔斯柏利（Pillsbury）公司与美国航空航天局［NAS 纳蒂克（Natick）实验室］为了保证航空食品的安全首次建立 HACCP 体系，保证了航天计划的完成。

1971 年在美国第一次国家食品保护会议上 Pillsbury 公开提出了 HACCP 的原理，立即被美国 FDA 接受，并决定在低酸罐头食品的 GMP 中采用。

1985 年，美国科学院（NAS）就食品法规中的 HACCP 方式的有效性发表了评价结果，并发布了行政当局采用 HACCP 的公告。

1993 年，FAO/WHO 食品法典委员会批准了《HACCP 体系应用准则》，1997 年颁发了新版法典指南《HACCP 体系及其应用准则》，该指南已被广泛地接受并得到了国际上普遍的采纳，HACCP 概念已被认可为世界范围内生产安全食品的准则。

我国从 20 世纪 80 年代开始对 HACCP 体系进行了学习和研究，并在出口食品企业试运行 HACCP 管理体系。2002 年 4 月 19 日，国家质检总局发布第 20 号令《出口食品生产企业卫生注册登记管理规定》，自 2002 年 5 月 20 日起施行。规章要求对列入《卫生注册需评审 HACCP 体系的产品目录》的出口食品生产企业需依据《出口食品生产企业卫生要求》和国际食品法典委员会《危害分析和关键控制点（HACCP）体系及其应用准则》建立 HACCP 体系。按照上述管理规定，目前必须建立 HACCP 体系的有六类生产出口食品企业，分别是生产水产品（活品、冰鲜、晾晒、腌制品除外）、肉及肉制品、速冻蔬菜、果蔬汁、含肉及水产品的速冻食品、罐头产品的企业，这是我国首次强制性要求食品生产企业实施 HACCP 体系，标志着我国应用 HACCP 进入新的发展阶段。

三、HACCP 体系的特点

HACCP 是一个质量保证体系，是一种预防性策略，是一种简便、易行、合理、有效的食品安全保证系统，有如下特点：

（1）HACCP 体系不是一个孤立的体系，而是建立在企业良好的食品卫生管理系统基础上的管理体系，如 GMP、QS、SSOP 等。

（2）HACCP 体系是预防性的食品安全控制体系，要对所有潜在的生物的、物理的、化学的危害进行分析，确定显著危害，找出关键控制点，确定预防措施，将食品安全风险预防、消除或降低到可接受的水平，而不是主要依赖于对成品的检验。

（3）HACCP 体系是根据不同食品加工过程来确定的，从原料到成品、从加工厂到加工设施、从加工人员到消费者方式等的全过程控制。

（4）HACCP 体系并不是零风险体系，而是能减少或者降低食品安全中的风险。作为食品生产企业，完全依赖 HACCP 体系是不够的，还应联合相关的检验、卫生管理等手段来配合共同控制食品生产安全。

（5）HACCP 体系不能只停留在文件上，需要管理层的承诺和员工的全面参与，需要一个“实践—认识—再实践—再认识”的过程。企业在制定 HACCP 体系计划后，要积极推行，认真实施，不断对其有效性进行验证，在实践中加以完善和提高。

四、实施 HACCP 体系的意义

食品中的危害存在于包括原料种植、收购、加工、贮运、销售等许多环节上，预先采取措施来防止这些危害和确定控制点是 HACCP 的关键因素。该体系提供了一种科学逻辑的、预防性的控制食品危害的方法，避免了单纯依靠检验进行控制的方法的许多不足。一旦建立 HACCP 体系，质量保证主要是针对各关键控制点而避免了无尽无休的成品检验，以较低的成本保证较高的安全性，使食品生产最大限度地接近于“零缺陷”。因此，这种理性化、系统性强、约束性强、适用性强的管理体系，对政府监督机构、消费者和生产商都

有利。

我国有着丰富的食品资源和广阔的食品工业发展空间。同时我国也是农业大国，出口食品的生产、加工、销售，关系到上亿农民，尤其是为数不少的贫困地区农民的切身利益。面对国际市场竞争的日益激烈，国际技术壁垒与贸易壁垒高筑的严峻形势，HACCP 体系的推广，无疑可以使我国食品的国际贸易冲破各种壁垒约束，成功走向世界，使众多食品企业获得全新的大发展，也使广大的农民能从中获益匪浅。

五、HACCP 体系的基本术语

《HACCP 体系及其应用准则》中规定的基本术语有以下几方面。

（1）HACCP 计划（HACCP plan）　依据 HACCP 原则制定的一套文件，用于确保在食品生产、加工、销售等食物链各阶段与食品安全有重要关系的危害得到控制。

（2）必备程序（prerequisite programs）　为实施 HACCP 体系提供基础的操作规范，包括良好生产规范（GMP）和卫生标准操作程序（SSOP）等。

（3）流程图（flow diagram）　指对某个具体食品加工或生产过程的所有步骤进行的连续性描述。

（4）步骤（step）　指从产品初加工到最终消费的食物链中（包括原料在内）的一个点、一个程序、一个操作或一个阶段。

（5）危害（hazard）　指食品中所含有的对健康有潜在不良影响的生物、化学或物理因素或食品存在的状态。

（6）显著危害（significant hazard）　有可能发生并且可能对消费者导致不可接受的危害；有发生的可能性和严重性。

（7）危害分析（hazard analysis）　对危害以及导致危害存在条件的信息进行收集和评估的过程，以确定出食品安全的显著危害，因而宜将其列入 HACCP 计划中。

（8）关键控制点（critical control point，CCP）　指能够实施控制措施的步骤。该步骤对于预防和消除一个食品安全危害或将其减少到可接受水平非常关键。

（9）控制（control）　为保证和保持 HACCP 计划中所建立的控制标准而采取的所有必要措施。

（10）控制点（control point，CP）　能控制生物、化学或物理因素的任何点、步骤或过程。

（11）控制措施（control measure）　用以防止、消除食品安全危害或将其降低到可接受的水平，所采取的任何行动或活动。

（12）关键限值（critical limits，CL）　区分可接受和不可接受水平的标准值。

（13）操作限值（operating limits，OL）　比关键限值更严格的，由操作者用来减少偏离风险的标准。

（14）监测（monitor）　为评估关键控制点（CCP）是否得到控制，而对控制指标进行有计划的连续观察或检测。

（15）偏差（deviation）　指未能符合关键限值。

（16）纠偏措施（corrective action）　当针对关键控制点（CCP）的监测显示该关键控

制点失去控制时所采取的措施。

(17) 确认（validation） 证实 HACCP 计划中各要素是有效的。

(18) 验证（verification） 指为了确定 HACCP 计划是否正确实施所采用的除监测以外的其他方法、程序、试验和评价。

扫码“学一学”

第二节　HACCP 体系的基本原理

HACCP 体系由以下七个原理组成：原理 1，进行危害分析；原理 2，确定 CCP；原理 3，建立关键限值；原理 4，建立 CCP 的监控系统；原理 5，建立纠正措施，以便当监控表明某个特定 CCP 失控时采用；原理 6，建立验证程序，以确认 HACCP 体系运行的有效性；原理 7，建立有关上述原理及其在应用中的所有程序和记录的文件系统。

一、进行危害分析

危害分析（hazard analysis，HA）与预防控制措施是 HACCP 原理的基础，也是建立 HACCP 计划的第一步。企业应根据所掌握的食品中存在的危害以及控制方法，结合工艺特点，进行详细的分析，并找出潜在的危害。

“危害”：是指食品中所含有的对健康有潜在不良影响的生物、化学或物理的因素或食品存在状况。危害分析一般由企业成立的食品安全小组来完成。危害分析一般分为两个阶段，即危害识别和危害评估。

1. 危害识别　危害识别有两个最基本的要素。第一是鉴别可损害消费者的有害物质或引起产品腐败的致病菌或任何病源；第二是详细了解这些危害是如何得以产生的。

在进行危害分析时，首先应对照工艺流程图从原料到成品完成的每个环节进行危害识别，列出所有可能的潜在危害。进行危害识别时，主要从生物性危害、化学性危害、物理性危害三方面考虑。

(1) 生物性危害　主要是由微生物本身及其代谢过程和代谢产物对食品原料、生产加工过程和成品造成的污染。如细菌性危害、真菌性危害、病毒和立克次体、寄生虫、昆虫及人为因素。

(2) 化学性危害　是指有毒的化学物质污染食品，如农药残留、兽药残留、天然毒素、化学添加剂、重金属污染、化学清洗剂、包装材料等。

(3) 物理性危害　主要指外来杂质污染食品。如玻璃、金属、小石子等。

一般来说，食品中的危害通常来自于以下几个方面。

(1) 原辅材料及生产用水，生产所用动植物原辅材料的生长环境及采集过程会带来物理性（土块、石屑、杂草、玻璃、金属等异物）、化学性（农残、兽残、重金属等）、生物性（微生物、寄生虫、病毒等）污染。

(2) 加工引起的食品成分理化特性变化，如淀粉制品在高温油炸过程中会产生丙烯酰胺。

(3) 生产设备及车间内设施，工艺流程图设置不能避免交叉感染，各种仪表仪器设备运行不稳定等。

（4）人员健康状况，如个人卫生不符合要求、操作不符合卫生规范等。

（5）包装方面，包装材料不符合食品级、包装方式不卫生，包装标签内容含糊不清。

（6）食品的贮运与销售，不适当的贮运条件往往导致或加重危害程度（如产品需要冷链贮运，却放在常温下贮运销售，加速产品的腐败变质）。

（7）消费者对食品不正确的消费行为也会导致或加重危害的产生。

（8）消费对象的身体健康状况和体质特异性或体质差异，同样会导致或显现出危害。

2. 危害评估　在确定危害后，就可进入危害评估阶段。并不是所有识别的潜在危害都必须放在HACCP计划中来控制，但是一个危害如果同时具备下列两个特征，则该危害被确定为显著危害，显著危害必须被控制。显著危害必须具备的两个特性是：①有可能发生（发生的可能性）；②一旦控制不当，可能给消费者带来不可接受的健康风险（严重性）。在危害分析期间，要把对食品安全的关注同对食品的品质、规格、数（质）量、包装和其他卫生方面有关的质量问题的关注分开，应根据各种危害发生的可能风险（可能性和严重性）来确定某种危害的显著性。通常根据工作经验、流行病学数据、客户投诉及技术资料的信息来评估危害发生的可能性，用政府部门、权威研究机构向社会公布的风险分析资料、信息来判定危害的严重性。

加工过程的危害评估程序应在提出了产品的加工说明，确定产品制备需要的原材料种类和成分，准备了产品生产过程工艺流程之后进行。应该注意的是，进行危害分析时必须考虑加工企业无法控制的各种因素。同样的物体（或异物），根据消费群体的不同以及食用方式的不同，有时可能是危害，有时可能不是危害。例如1岁半儿童食用果冻窒息死亡事件；使用吸管饮用热饮烫伤事件等，伤害就会立即发生。

如果可能性和严重性缺少一项，则不要列为显著危害。不要试图控制太多点，否则不能抓住重点，失去了实施HACCP计划的意义。

3. 控制措施　控制措施也被称为预防措施，是用以防止或消除食品安全危害或降低到可接受的水平，所采取的任何行动和活动。在实际生产中，可以采取许多措施来控制食品安全危害。有时一种显著危害需要同时几种方法来控制，有时一种控制方法可同时控制几种不同的危害。

二、确定关键控制点

控制点（CP）：能控制生物、物理或化学因素的任何点、步骤或过程。

关键控制点（CCP）：是能进行有效控制危害的加工点、步骤或程序，通过有效的控制防止发生、消除危害，使之降低到可接受水平。

CCP可能是某个地点、程序或加工工序，在这里危害能被控制。关键控制点有两种类型：CCP－1能保证完全控制某一危害，CCP－2能减少但不能保证完全控制某一危害。在HACCP的范围内，某关键控制点上“控制”的含义是通过采取特别的预防措施减小或防止一个或多个危害发生的风险。

一个关键控制点是某一点、某一步骤或某一程序，在这里可以采取控制手段影响某一食品安全的危害被防止、减少到可以接受水平（注意：CCP－1和CCP－2之间无区别）。这样对每个被认作CCP的步骤、地点或程序，必须提供在该点所采取的预防措施的详尽描

述。如在该点没有预防措施可采取，那么这点就不是 CCP。

1. 关键控制点的确定原则

(1) 当危害能被预防时，这些点可以被认为是关键控制点。

(2) 能将危害消除的点可以被确定为是关键控制点。

(3) 能将危害降低到可接受水平的点可以被确定为关键控制点。

完全消除和预防显著危害是不可能的，因此，在加工过程中将危害尽可能地减少是食品安全管理体系唯一可行并且合理的目标。所以说，食品安全管理体系不是“零风险”体系。

尽管在某些情况下，将危害减少到最低程度是可接受的，但最重要的是明确所有的显著危害，同时要了解 HACCP 计划中控制这些危害的局限性。

确定某个加工步骤是否为 CCP 是一件复杂而又专业性强的事，CCP“判断树”（图 8-1）以进行 CCP 的确定。

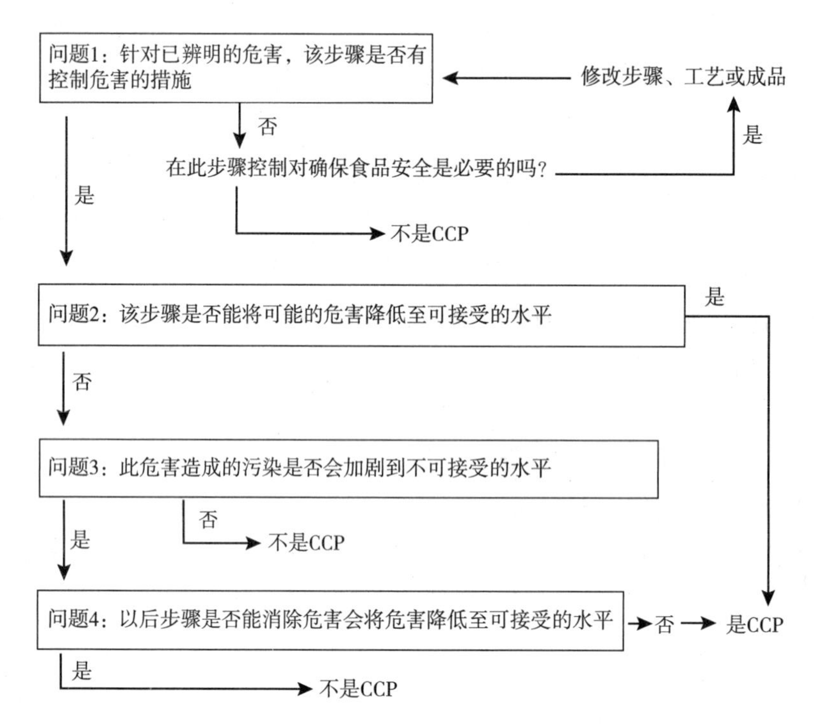

图中内容按描述的过程进行至下一个危害。在识别 HACCP 计划中的关键控制点时，需要在总体目标范围内对可接受水平和不可接受水平作出规定。

图 8-1　CCP 判断树

从图 8-1 的 CPP 判断树可见，就问题 1 对已确定的显著危害首先是了解有无控制该危害的措施，如果“否”，即产品将是不安全的，则继续讨论此点对确保食品安全是否必要，是否一定要加以控制，如果“是”，则该点必须要加以控制，即要修改或调整此工艺步骤。如果“否”，即该点对确保食品安全没必要，不是关键控制点。

如果对问题 1 回答“是”，有控制危害的措施，则进入问题 2。问该点的危害能否降至可接受的水平，如果“是”，即能达到要求，则该关键点成立；如“否”，则进入问题 3。

就问题 3，问此点的危害是否会加剧至不可接受的水平，如果“否”，即“此点”的危

害还无关紧要，不是 CCP；如果“是”，即所有措施还难达到此阶段的规定要求，则进入问题 4。

就问题 4，问以后步骤能否控制危害或将危害降低到可接受的水平，如果“否”，即该点以后工序累积的危害不能被控制和降低至可接受水平，则此点就要作为关键控制点，也就是说应提早或在此点要严加控制，否则以后控制就来不及了；如果“是”，即后续加工步骤能解决危害，则此步骤不是 CCP。

2. 确定关键控制点时应注意的问题

（1）区分关键控制点和控制点　只有某一点或某些点被用来控制显著的食品安全危害时，才被认为是关键控制点。关键控制点应是能最有效地控制显著危害的点。

（2）明确关键控制点和危害的关系　一个关键控制点可以用于一种以上危害的控制；几个关键控制点可能用来共同控制一种以上危害；也可能某一产品在 A 加工线上生产时确定的关键控制点与在 B 加工线上生产同样产品的关键控制点不同。如何判定某一点是不是关键控制点，可以借助 CCP 判断树。值得注意的是，CCP 判断树对 CCP 的确定是一种有用的工具，但不是确定 CCP 所必需的工具。判断树不能代替专业知识，因为完全依赖判断树可能导致错误的结论。

三、建立关键限值

关键控制点确定后，必须为每一个关键点建立关键限值。

1. 定义　关键限值（CL）为区分可接受与不可接受水平的指标。关键限值是非常重要的，而且应该合理、适宜、可操作性强、符合实际和实用。如果关键限值过严，即使没有发生影响食品安全的危害，而要求去采取纠偏措施；如果过松，又会造成不安全的产品到了用户手中。

确定了关键控制点，既了解到在该点的危害程度与性质，知道需要控制什么，这还不够，还应明确将其控制到什么程度才能保证产品的安全。为更切合实际，需要详细描述所有的关键控制点。

CL 确定的原则是能尽可能地有效、直观、快速、方便和可连续监测。在生产实践中，一般不用微生物指标作为 CL，可用温度、时间、流速、含水量、水分活度、pH、盐度、密度、质量、有效氯等，可快速测定的物理化学参数，以利于快速反应，及时采取必要的纠偏措施。

2. 确定关键限值的信息来源　在许多情况下，恰当的关键限值不一定是明显的或容易得到的。需要进行实验研究或从科学刊物、法规性指标、专家等渠道获取信息。确定关键限值应有充分的科学依据。为了确定关键控制点的临界限制指标，应全面收集法规、技术标准的资料，从其中找出与产品性状及安全有关的限量，还应有产品加工的工艺技术、操作规范等方面的资料，从中确定操作过程中应控制的因素限制指标。如果得不到用来确定关键限值的信息，应当选择一个保守的值。确定关键限值见表 8－1。

表 8-1　关键限值实例

危害	CCP	关键限值（CL）
致病菌（生物的）	巴氏杀菌	≥72 ℃，≥15 秒将牛奶中致病菌杀死
致病菌（生物的）	干燥室内干燥	≥93 ℃，≥120 分钟，风速≥0.15 m^3/min，半成品厚度≤1.2 cm（达到水分活度≤0.85，以控制被干燥食品中的致病菌）
致病菌（生物的）	酸化	批次生产配料表：本成品质量≤100 kg；浸泡时间≥8 小时；醋酸浓度≥3.5%，≥50 L（达到 pH 4.6 以下，以控制腌制食品中的肉毒梭状芽孢杆菌）

3. 操作限值　操作限值（OL）是由操作人员使用的，以降低偏离的风险的标准。操作限值应当确立在关键限值被违反以前所达到的水平，比关键限值（CL）更严格。生产中一旦发现可能偏离关键限值（CL）的趋势，在还没有发生偏离时就调整加工或操作，使控制参数重新回复到安全范围以内。加工调整不涉及产品，只是消除发生偏离操作限值的原因，使加工回到操作限值。

四、关键控制点的监控

企业应制定监控程序并执行，以确定产品的性质或加工过程是否符合关键限值。

1. 监控的定义　为了评估 CCP 是否处于控制之中，对被控制参数所作的有计划的、连续的观察或测量活动，称为监控。

2. 监控的目的　确立了关键控制点及其临界限制指标，随之而来的就是对其实施有效的监测措施，这是关键控制点成败的“关键”。

跟踪加工过程，查明和注意可能偏离关键限值的趋势，并及时采取措施进行加工调整，使加工过程在关键限值发生偏离前恢复到控制状态；当一个 CCP 发生偏离时，查明何时失控，以便及时采取纠偏行动；提供监控记录，用于验证，用于追溯加工过程。

3. 监控的要素　每个监控程序必须包括 3W1H，即监控什么（监控对象——what）、何时监控（监控频率——when）、谁来监控（监控人员——who）、怎样监控（监控方法——how）。

监控程序应包括以下方面的内容。

（1）监控对象　通过观察和测量评估一个 CCP 的操作是否在关键限值内；

（2）监控方法　设计的监控措施必须能够快速提供结果。物理和化学检测能够比微生物检测更快地进行，常用的物理、化学检测指标包括时间和温度组合、酸度或 pH、感官检验等。监测方法一般有在线（生产线上）检测和不在线（离线）检测两种。在线检测可以连续地随时提供检测情况，如温度、时间的检测；离线检测是离开生产线的某些检测，可以是间歇的，如 pH、水分活度等的检测。与在线检测比较，离线检测稍显得有些滞后，不如在线检测那么及时。

监控设备：如温度计、钟表、天平、金属探测仪和化学分析设备等。

（3）监控频率　监控可以是连续的或非连续的。连续监控对许多物理或化学参数都是可行的，非连续监控应确保关键控制点是在监控之下。监控的频率由 CCP 的性质和监控过程的类型决定，HACCP 实施小组应该为每个监控过程确定恰当的监控频率，如金属探测器，它的监控频率定为 30 分钟/次。最佳的监控方式是连续性的，当不可能连续监控一个

CCP 时，常常需要缩短监控的间隔、加快监控的频率，以便及时发现操作限值或关键限值的偏离程度。还有几种情况也应该加快监控频率：①监控的参数出现较大变化；②监控参数的正常值与关键限值很接近；③出现超过关键限值的监控参数。

（4）监控人员　可以进行 CCP 检测的人员包括流水线上的人员、设备操作者、监督员、维修员、品控人员等。负责 CCP 检测的人员必须接受 CCP 监控技术的培训，认识 CCP 监控的重要性，能及时进行监控活动，准确报告每次监控工作，随时报告偏离关键限值的情况以便及时采取纠偏措施。

总之，监测是要求管理部门重视的行动。其目的是收集数据作出有关临界限度的决定。监测要在最接近控制目标的地方进行。当你是监测员时你可以观察或测量，监测应全面记录，信任负责监测的人是非常重要的。监测员的培训和定期检查他们的执行情况也是很重要的。

五、建立纠正措施程序

当监控表明没有达到关键限值要求时建立所要采取的纠正措施程序。任何 HACCP 方案要完全避免偏差几乎是不可能的，因此，需要预先确定纠正措施程序以保证 CCP 重新处于受控状态。

纠偏措施包括：①确定引起偏离的原因。②确定偏离期采取的处理方法，当生产参数接近或刚超过操作限值不多时，立即采取纠偏措施。例如进行隔离和保存并做安全评估、退回原料、重新加工、销毁产品等，纠偏措施必须保证 CCP 重新处于受控状态。例如在牛奶的巴氏杀菌中，没有达到杀菌温度的牛奶，通过开启的自动转向阀，重新进入杀菌程序。③记录纠偏措施，包括偏离的描述，对受影响产品的最终处理，采取纠偏措施人员的姓名，必要的评估结果。

应当引起重视的是，当在某个关键控制点上，纠偏措施已被正确实施却仍反复发生偏离关键限值的情况，就需要重新评价 HACCP 计划，并对整个 HACCP 计划做出必要的调整和修改。

六、建立验证程序

验证：通过提供客观证据，包括应用监控以外的审核、确认、监视、测量、检验和其他评价手段，对食品安全管理体系运行的符合性和有效性的认定。

最复杂的 HACCP 原理之一就是验证。验证程序的正确制定和执行是 HACCP 计划成功实施的重要基础。验证原理的核心是“验证才足以置信”。食品安全管理体系的宗旨是防止食品安全的危害，验证的目的是提供置信水平。一是证明 HACCP 计划是建立在严谨、科学的基础上的，它足以控制产品本身和工艺过程中出现的安全危害；二是证明 HACCP 计划所规定的控制措施能被有效的实施，整个食品安全管理体系在按规定有效运转。

一般说来，验证由以下要素组成。

（1）确认　确认是通过提供客观证据，对食品安全管理体系要素本身有效性的认定。

确认方法是结合基本的科学原则（包括运用科学的数据；依靠专家的意见；生产中进行观察或检测等）。确认对象是 HACCP 计划的每一环节从危害分析到验证对策做出科学技术上的复查。

确认频率如下：①最初的确认。②当出现下列情况时，也必须采取确认：改变原料；改变产品或加工工艺过程；复查时数据出现不符或相反；重复出现相同的偏差；有关危害或控制手段的新信息（原来依据的信息来源发生变化）；生产中观察到异常情况；出现新的销售或消费方式。

（2）CCP 验证活动　CCP 验证活动是监控设备的校准，包括以下内容：①监控设备的校准；②校准记录的复查；③针对性的取样和检测；④CCP 记录（包括监控记录、纠偏记录、校准记录）的复查。

（3）HACCP 体系的验证　食品安全管理体系的验证是内部审核及最终产品的微生物试验。审核包括以下内容。

①审核食品安全管理体系的验证活动。检查产品说明和生产流程的准确性；检查工艺过程是否按照 HACCP 计划被监控；检查工艺过程确实在关键界限内操作；检查记录是否准确、是否按要求进行记录。

②审核记录的复查。监控活动是否在 HACCP 计划规定的位置进行了监控活动；监控活动是否按 HACCP 计划规定的频率执行；监控表明发生了关键界限的偏差时，是否有纠偏行动；设备是否按 HACCP 计划进行了校准。

食品安全管理体系的验证频率：每年一次；系统发生故障；产品或加工发生显著变化。

（4）执法机构或其他第三方认证　①对 HACCP 计划及其修改的复查；②对 CCP 监控记录的复查；③对纠偏记录的复查；④对验证记录的复查；⑤检查操作现场 HACCP 计划执行情况及记录保存情况；⑥抽样分析。

七、建立文件控制和记录保持程序

1. 记录的要求

（1）总的要求是所有记录都必须至少包括以下内容：加工者或进口商的名称和地址，工作日期和时间，操作者的签名。适当的时候应包括产品的特性以及代码，加工过程或其他信息资料也应包括在记录中。

（2）记录的保存期限。对于冷藏产品，一般至少保存一年，对于冷冻或货架稳定的商品至少保存二年。对于其他加工设备、加工工艺等方面的研究报告，科学评估的结果应至少保存二年。

（3）可以用计算机保存记录，但要求保证数据完整和统一。

2. 记录的构成

（1）体系文件。

（2）有关食品安全管理体系的记录。HACCP 计划和用于制定计划的支持性文件；纠偏行动记录；关键控制点的监控记录；验证活动记录。

（3）食品安全小组的活动记录。

（4）前提方案和操作性前提方案的执行、监控、检查和纠正记录。

HACCP 计划的有效实施，与 7 个原理的共同作用是分不开的。HACCP 的 7 个原理不是孤立的，而是一个有机整体。

扫码“学一学”

第三节　HACCP 在食品企业的建立和执行

1. HACCP 体系实施的前提计划　企业应建立、实施、验证、保持并在必要时更新或改进前提计划，以持续满足 HACCP 体系所需的卫生条件；前提计划应包括人力资源保障计划，生产许可（SC）、企业良好生产规范（GMP）、卫生标准操作程序（SSOP）、原辅料和直接接触食品的包装材料安全卫生保障制度、召回与追溯体系、设备设施维修保养计划、人员培训计划、应急预案等。企业前提计划应经批准并保持记录。

以单冻虾仁加工厂为例，阐述 HACCP 计划的建立和执行。××单冻虾仁加工厂是一家生产冷冻虾仁的加工企业，产品主要出口欧美市场，在具备 HACCP 体系实施的前提计划的基础上制定了 HACCP 计划。常规的实施 HACCP 体系计划由 12 个步骤组成，建立和执行步骤如图 8－2。

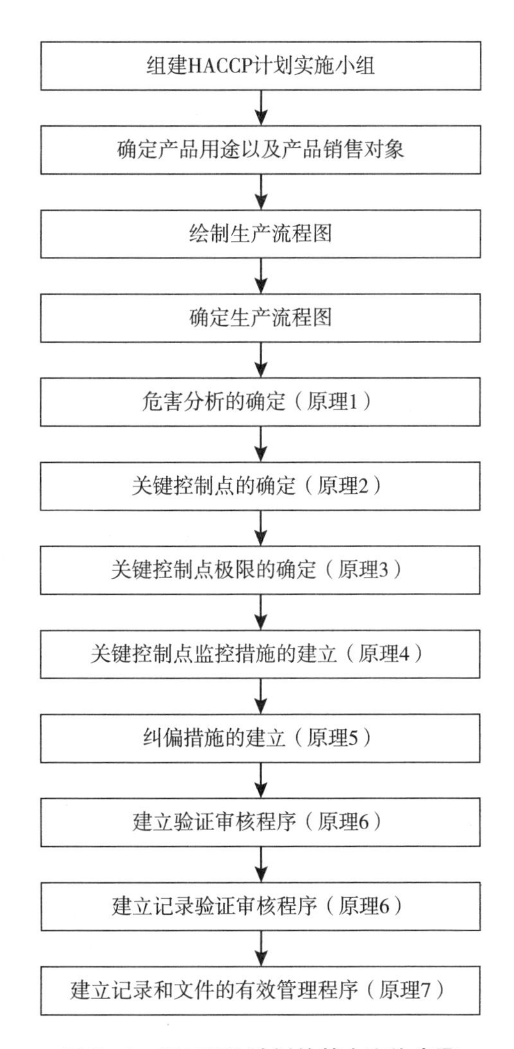

图 8－2　HACCP 计划的基本实施步骤

2. 组建 HACCP 计划实施小组　HACCP 工作小组负责编写制定 HACCP 体系计划以及实施和验证 HACCP 体系。HACCP 体系涉及的学科内容有食品方面的生产、技术、管理、贮运、采购、营销、环境、统计等，因而 HACCP 计划实施小组应由不同部门的人员组成，

应包括组织具体管理HACCP体系实施的领导、卫生质量控制、产品研发、生产技术人员、设备设施管理、原辅料采购、销售、仓储及运输部门人员、品控人员以及其他必要人员，还可以从其他途径获得专家的支持。组建一支相互支持、相互鼓励、团结协作、专业素质好、业务能力强、技术水平高的HACCP计划实施小组，是有效实施HACCP系统及体系的核心保障。

HACCP小组应选派一名熟知HACCP体系和有领导才能的人为组长，领导和组织HACCP小组的工作，并通过教育、培训、实践等方式确保小组成员在专业知识、技能和经验方面得到持续提高，并保持与高层管理及各个部门之间的沟通，确保HACCP体系所需的过程得到建立、实施、保持和更新。

（1）HACCP小组成员的职责规定如下：①制订HACCP计划；②修改、验证HACCP计划；③监督、实施HACCP计划；④完成HACCP体系计划的内部审核；⑤负责对全体员工进行培训。

（2）实施小组的成员必须具备以下基本条件：①具备良好的沟通协调、组织领导能力；②应具有较强的责任心和认真、实事求是的工作态度；③具备必须的专业知识、经验或资格，并接受相应的培训；④具有食品安全管理意识、工作认真负责；⑤能认真执行HACCP计划，能对确认潜在的危害提出控制解决办法。

3. 产品描述 HACCP小组应对产品特性进行全面的描述，包括相关的安全信息。

（1）原辅料、食品包装材料的名称、类别、成分及其生物、化学和物理特性。

（2）原辅料、食品包装材料的来源，以及生产、包装、贮藏、运输和交付方式。

（3）原辅料、食品包装材料接收要求、接收方式和使用方式。

（4）产品的名称、类别、成分及其生物、物理、化学特性（包括A_w、pH、硬度、流变性等）。

（5）产品的加工方式（如：热处理、冷冻、盐渍、烟熏、杀菌程度等）。

（6）产品的包装（密封、真空、气调等）、贮藏（冻藏、冷藏、常温贮藏等）、运输和交付方式。

（7）产品的标识和销售方式（如销售过程中是否需要冷冻、冷藏或在常温下进行销售）。

（8）所要求的贮存期限（保质期、保存期、货架期等）。

以冻虾仁产品为例进行描述：

产品种类：虾类（shrimp）。

最终产品：单体结冻生虾仁（individually quick frozen raw, peeled shrimp/prawn；简称单冻虾仁）。

包装方式：内套塑料袋（每袋1 kg），外装纸箱（12袋/箱或10袋/箱），另可根据客户要求进行调整。

销售和贮存方法：冷藏链销售；冷冻贮存和发运（－18 ℃以下）。

预期用途和消费者：购买后消费前充分加热后方可食用；消费对象为普通公众。

对产品进行必要的表述，可以帮助消费者或后续的加工者识别产品在及包装材料中可能存在的危害，便于考虑易感人群是否接受该产品。

4. 确定产品预定用途以及销售对象 HACCP小组应在产品描述的基础上，还应确定产品预定用途以及销售对象，包括以下几方面内容。

①顾客对产品的消费或使用期望；②产品的预期用途和贮藏条件（常温、冷链等），以及保质期；③产品预期的食用或使用方式（如该产品是直接食用、还是加热后食用或者再加工后才能食用等）；④产品预期的顾客对象；⑤直接消费产品对易受伤害群体的适用性；⑥产品非预期（但极可能出现）的使用或使用方法；⑦其他必要的信息。

使用说明书要说明适合哪一类消费人群、食用目的、食用方法等。不同用途和不同消费者对食品安全的要求不同，对过敏的反应也不同。有五种敏感或易受伤害的人群：老人、婴儿、孕妇、患者及免疫缺陷者。如，单冻虾仁：消费前充分加热后食用，一般公众食用。同时，将有关内容填入 HACCP 计划表表头的相应位置，如表 8－2。

表 8－2　HACCP 计划表

公司名称：						产品名称：			
公司地址：						贮存和销售方法：			
计划用途和消费者：						日期：　年　月　日			
(1) CCP	(2) 显著危害	(3) 关键限值	监控				(8) 纠偏措施	(9) 记录	(10) 验证
			(4) 什么	(5) 如何	(6) 频率	(7) 人员			

5. 绘制生产流程图　生产流程图由 HACCP 计划实施小组制定，要清晰、准确、扼要地列出所有加工步骤，其范围应包括整个加工过程中在企业直接控制下的所有工序，还可以包括食品链中加工前或加工后的步骤。它概括了从原辅料采购、贮存、产品生产、产品贮存过程的所有要素和细节，准确地反映了生产制作过程中的每一个步骤。流程图是危害分析的基础，表明了产品形成过程的起点、加工步骤、终点，确定了危害分析和制定 HACCP 计划的范围，是建立和实施 HACCP 体系计划的起点和焦点。

每个加工步骤的操作要求和工艺参数应在工艺描述中列出。适用时，应提供工厂位置图、厂区平面图、车间平面图、人流物流图、供排水网络图、防虫害分布图等。

以单冻生虾仁为例。

（1）工艺叙述

①鲜虾接收。公司采购员直接从渔民渔船上收购或在码头直接收购；渔民在海上有时使用亚硫酸盐防腐剂对鲜虾进行处理，以防止虾体黑变。经检验合格后接收（应符合 GB 2733—2005《鲜、冻动物性水产品卫生标准》）。原料虾运至公司原料接收区，在接收区清洗后，用4 ℃以下的冰水降温，然后用清洁的鱼盘（筐）层冰层虾做保鲜处理后，存放于预冷库。

②片冰保鲜。原料虾接收后存放在清洁的鱼盘（筐）中，用片冰保鲜，层冰层虾片冰压顶。预冷库的温度低于 7.2 ℃，虾体几何中心温度低于 4 ℃。若连续 2 小时库温超过 7.2 ℃，虾体温度高于 4 ℃，该批原料虾必须在 2 小时内处理完成（整个生产流程不超过 4 小时，特殊情况不超过 6 小时；实验室应检测金黄色葡萄球菌）。

③冻虾原料。直接从有原国家质量监督检验检疫总局注册的加工冷冻厂收购，产品是否含有亚硫酸盐（以 SO_2计），供应商必须提供证明及标签；经检验合格后验收。

④解冻。将冻虾原料放在粗加工车间操作台上空气自然解冻或流动水解冻，室温不超过 20 ℃，解冻至半化冻状态。

⑤去头、去壳。保鲜加冰的鲜虾从预冷库进入粗加工车间；分送到操作台上，用手工去头、去壳。冻虾原料解冻后直接在操作台上进行。然后用清水清洗后送到精加工车间进行分级。粗加工车间环境温度控制在 20 ℃以下。

⑥清洗。虾仁清洗用水的水温尽量不高于 10 ℃；清洗时不断搅动，洗去泥沙及杂质；清洗用水应及时更换，避免交叉污染。虾仁清洗后用 4 ℃以下冰水浸泡降温。

⑦分级。剥好的虾仁清洗后应用冰水浸洗作降温处理，然后在一张不锈钢桌面上，人多虾少的情况下迅速分好规格。分规格的同时应拣出鲜度差、断裂的虾及杂质；要求分选的规格比标定规格只数少几只，由班组长检测只数，并存放在各自的塑料筛中。每档规格放标记指示。

虾仁分级规格要求：只数/磅（L）；也可根据客户的要求进行调整。分级实例见表 8－3。

表 8－3　单冻生虾仁分级规格

规格	100%净重	50%净重	70%净重	75%净重	80%净重	85%净重	90%净重
20/40	38	80	57	52	50	46	44
30/50	48	100	70	65	62	58	55
40/60	58	120	85	80	75	70	65
50/70	68	140	100	93	87	80	75
60/80	78	160	110	105	100	93	85
70/90	88	180	128	120	110	105	100
70/100	98	200	140	130	120	115	110
80/120	115	230	170	160	145	140	130
90/110	105	210	155	145	135	130	120
100/200	180	400	280	260	230	210	210
200/300	280	600	400	400	350	350	300

注：规格以只数/磅表示。

⑧泡液。根据客户的要求，将清洗降温分级后的虾仁立即放入盛有多聚磷酸盐（品质改良剂，符合 GB 2760—2014 要求）溶液的容器中；水：虾仁：多聚磷酸盐的比例一般情况下分别为 50：70：2% 左右［溶液温度控制在 7.2 ℃以下，半成品几何中心温度控制在 4 ℃以下，溶液浸泡时间根据客户的要求，但应小于 4 小时（根据进口国的法规要求）。精加工车间环境温度控制在 20 ℃以下］。

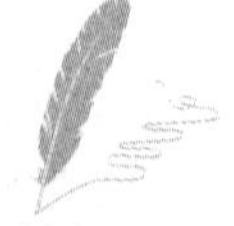

⑨挑选。根据泡液的效果及检验结果而定。如果杂质或每磅只数不符合要求，就应把

泡液后的虾仁进行挑选，符合规定要求后再进行清洗。

⑩清洗。用清洁的流动水洗净后放在搁架上沥水3分钟后进行冻结。

⑪单冻。将沥水后的虾仁摆放在单冻机上，加工人员将其均匀地放置于输送带上，随时目测挑选零星杂质。用－30 ℃以下的冻结温度进行冻结。

⑫半成品冻藏。将分级单冻后的不同规格虾仁装袋（其容量为10 kg），放入周转箱，置于－18 ℃以下的半成品冻藏库中按规格、生产日期或批号堆放使用。

⑬镀冰衣。从冻藏库出库的单冻虾仁镀冰衣时水温控制在0～4 ℃，水质符合饮用水标准。浸水时间在3～5秒之间；镀冰衣后虾仁表面光滑美观，防止干耗。镀冰衣量按照客户要求。镀冰衣后的虾仁粘连须分开。

⑭称量。将镀冰衣后的单冻虾仁使用鉴定准确的衡器按以合同规定的产品净重和镀冰衣产品解冻后的净重为依据进行称量。

⑮包装材料接收。用清洁、密封和保养良好的车辆运输，经HACCP办公室会同车间检验合格后，指定批号分别存放于干燥的物料仓库内。

⑯包装材料贮藏。包装材料按内包装和外包装材料分别存放在物料包装仓库内，加盖塑料薄膜以防止包装材料受到污染。

⑰包装/贴标。把镀冰衣后的虾仁（或用不锈钢漏斗）装入清洁无毒卫生的塑料袋中，封口。如产品含有亚硫酸盐在10～100 mg/kg之间的（以SO_2计）；根据进口国的法规要求和客户的要求，必须贴标签声明。

⑱金属检测。把封口后的产品放在金属探测仪的输送带上进行金属探测，经探测合格的产品才能装外纸箱。若发现有金属异物，立即捡出，单独隔离放置，查明原因并记录。

⑲装外纸箱。产品经金属探测后，按客户要求装入外纸箱内并封箱；外纸箱上标明产品生产的日期、企业代码和批号。包装完毕，成品送入成品冻藏库。

⑳冻藏。所有成品立即送入－18 ℃以下冻藏库中，按规格、批号分别堆垛。

㉑出厂发运。所有货运冷冻集装箱装运前应检查车箱内是否清洁卫生。箱内温度预冷至10 ℃以下方可装货；装货完毕，箱内温度制冷至－18 ℃以下方可起运。

（2）工艺流程图　生产流程图无统一格式要求，以简明扼要、易懂、实用、无遗漏、清晰、准确为原则，形式可以多样化，通常见的是由简洁的文字表述配以方框图和若干的箭头按顺序组成，如图8－3所示。

企业应制定包括食品安全体系涉及的所有产品的生产实际流程图。若一个企业同时生产多种产品，而不同产品的加工工序存在明显区别时，企业应分别制定流程图，分别进行危害分析和分别制定HACCP计划。

6. 生产流程图的现场确证　HACCP计划实施小组对于已制作的流程图进行生产现场确认，以验证流程图中表达的各个步骤与实际是否一致。发现有不一致或有遗漏，就应对流程图做相应的修改和补充。

现场确认可分为以下几个阶段。

（1）对比阶段　将拟定的生产流程图与实际操作过程做对比，在不同的操作时间查对工艺过程与工艺参数、生产流程图中的有关内容，检验生产流程图对生产全过程的实效性、指导性、权威性。

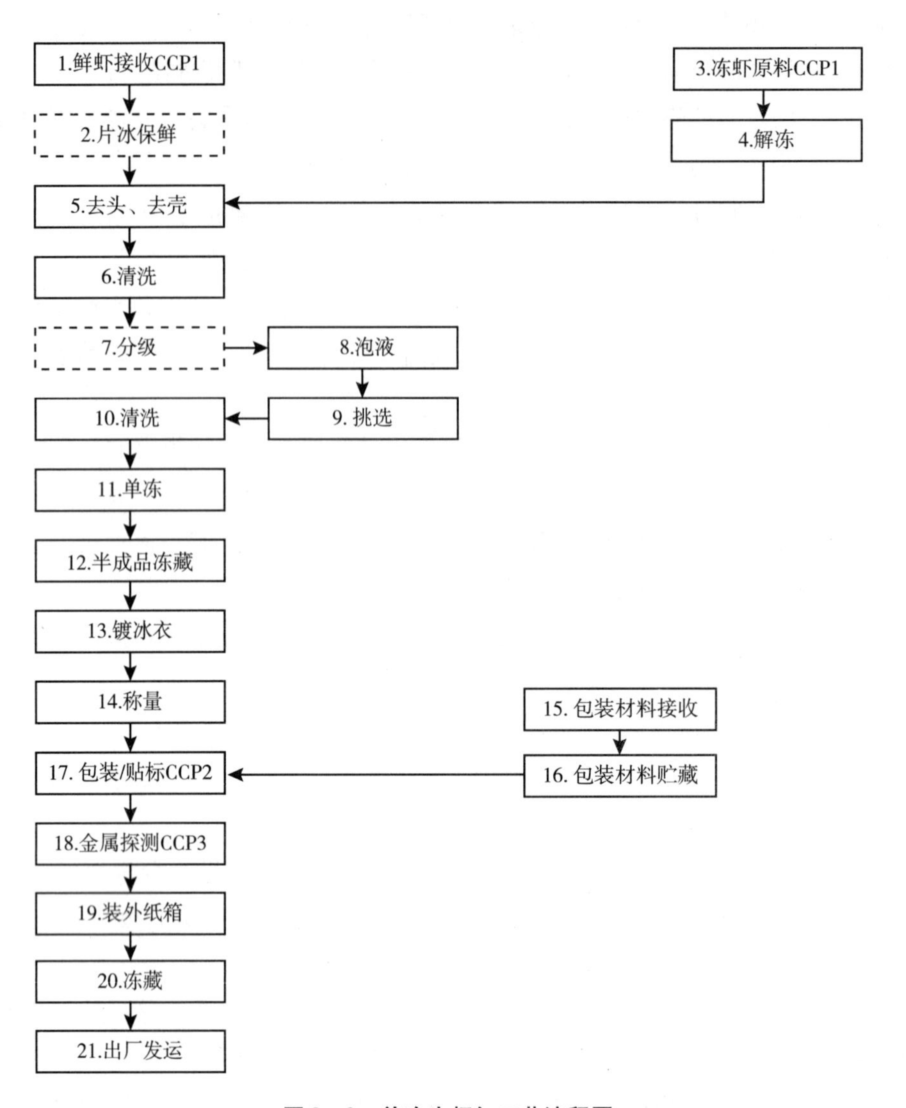

图 8－3　单冻生虾仁工艺流程图

（2）查证阶段　查证与实际生产不吻合部分，对生产流程图做适当修改。

（3）调整阶段　在出现配方变动或设备变换时，也要适时调整生产流程图，以确保生产流程图的准确性和完整性，使之更具可操作性和科学性。

（4）确认阶段　通过前面三个阶段的工作，对生产流程图做出客观的确认与定夺，作为生产中的执行规范下发给企业各个部门和所有人员，并监督执行。

7. 危害分析和制定控制措施（原理 1）　危害分析是指根据流程图，对照单冻虾仁加工工序，从生物性、化学性、物理性污染三方面考虑并确定在每一个加工步骤上可能存在的食品危害。

危害分析的确定是一个 HACCP 计划实施小组广泛讨论、广泛发表科学见解、广泛听取正确观点、广泛达成共识的集思广益、经历思维风暴的必然过程。

按照危害分析的顺序，完成分析过程后，形成危害分析结果。经过确定后，可以以危害分析工作单的形式记录下来。表 8－4 是美国 FDA 推荐的一份表格式危害分析表。

表8-4　危害分析表

公司名称：			产品名称：		
公司地址：			贮存和销售方法：		
计划用途和消费者：			日期：　年　月　日		
(1) 加工工序	(2) 识别本工序被引入、控制或增加的潜在危害	(3) 潜在食品危害是否显著（是/否）	(4) 对第3栏的判定依据	(5) 能用于显著危害的预防措施是什么?	(6) 该步骤是关键控制点吗?（是/否）
1	生物的 化学的 物理的				

（1）危害分析的步骤

①建立危害分析工作表。如上表8-4。按加工流程图的每一个加工步骤，填写危害分析工作表中纵行“（1）”。

②确定潜在的危害。在表中纵行“(2)”对每一个加工流程步骤进行分析，确定在这一步骤操作中可能引入或增加的潜在危害，例如鲜虾产自东海海域，海洋存在大量微生物。鲜虾捕捞后需充分加冰保鲜，控制不当有可能引起微生物繁殖，如放线菌的物质代谢的产物CM、CTC等。

③分析潜在危害是否显著。对表中纵行“（2）”进行危害分析，判定其是否显著，填入纵行“（3）”。一些加工步骤中存在的危害会给消费者造成不可接受的健康风险。例如，单冻虾仁的原料来自于中国东海海域，公司采购员直接从渔民渔船上收购或在码头直接收购；渔民在海上有时使用亚硫酸盐防腐剂对鲜虾进行处理，以防止虾体黑变，虾体内可能亚硫酸超标，亚硫酸盐就是显著危害。

④判断是否显著危害的依据。对纵行“（3）”中判定是否显著危害提出的科学依据，填入纵行“（4）”中。例如，在虾收购时亚硫酸盐为显著危害，判断依据是消费者食用可能导致过敏性反应。

⑤显著危害的预防措施。对“(3)”已判定显著危害，采取什么预防措施予以预防，填入纵行“（5)”。例如，在原料验收的时候，检测SO_2含量，超过100 mg/kg拒收，10~100 mg/kg贴标声明，予以控制。

⑥确定这些步骤是否为关键点（CCP)。对“（3)”已判定为显著危害的点，在这一步骤可以被控制、被预防、消除或降低到可接受水平，那么这一步骤就是关键控制点。亚硫酸盐残留问题只有在原料中存在，后面的加工过程中不会引入，因此原料验收中亚硫酸盐残留即为关键控制点。

（2）确定与单冻虾仁原料有关的潜在危害　在进行分析前，小组成员首先要查阅相关资料，并根据自己的经验，确定与单冻虾仁原料有关的潜在危害可能为化学性危害、生物性危害和物理性危害。

单冻虾仁的原料来自于中国东海海域，鲜虾产自东海海域，海洋存在大量微生物，鲜虾原料中可能带有微生物，鲜虾捕捞后需充分加冰保鲜，控制不当有可能引起微生物繁殖。

渔民在海上有时使用亚硫酸盐防腐剂对鲜虾进行处理，以防止虾体黑变，因此鲜虾体内可能残留有化学物亚硫酸盐，部分消费者食用后会引起过敏反应。

此外，由于捕捞的虾有可能带有金属异物，因此鲜虾接收时的金属危害也不容忽视。

（3）确定与单冻虾仁加工过程有关的潜在危害　根据加工流程图，对每个加工过程进行危害分析，主要从生物、化学和物理性危害三方面进行分析。如下表8－5单体冻结生虾仁危害分析表（举例）。

表8－5　单体冻结生虾仁危害分析表

公司名称：	地址：
产品描述：单体冻结生虾仁	销售贮藏方法：冷藏链销售； 冷冻贮存和发运（－18℃）
包装方式：内套塑料袋，外装纸箱	
预期用途：充分加热后食用	
消费者：普通公众	日期：

（1）加工工序	（2）识别本工序被引入、控制或增加的潜在危害	（3）潜在食品危害是否显著	（4）对第3栏的判定依据	（5）能用于显著危害的预防措施是什么?	（6）该步骤是关键控制点吗?（是/否）
（1）鲜虾接收	生物的 致病菌、非致病菌［放线菌科－链霉菌属－委内瑞拉链丝（霉）菌产生氯霉素（CM）］	是	鲜虾产自中国东海海域，海洋存在大量微生物。鲜虾捕捞后需充分加冰保鲜，控制不当有可能引起微生物扩增，如放线菌的物质代谢的产物CM、CTC等	消费前需充分加热。对由于保鲜措施不当而造成鲜虾初级腐败的原料应采取相应的措施。如拒收、退货等	否
	化学的 亚硫酸盐残留	是	可能对人体导致过敏性反应	接收时检测 SO_2 含量，超过100 mg/kg拒收，10～100 mg/kg贴标声明，予以控制	是
	物理的 无				
（3）冻虾原料	生物的 致病菌、非致病菌［放线菌科－链霉菌属－委内瑞拉链丝（霉）菌产生氯霉素（CM）］	是	鲜虾产自中国东海海域，海洋存在大量微生物。鲜虾捕捞后需充分加冰保鲜，控制不当有可能引起微生物繁殖，如放线菌的物质代谢的产物CM、CTC等	消费前需充分加热。对由于保鲜措施不当而造成鲜虾初级腐败的原料应采取相应的措施。如拒收、退货等	否
	化学的 亚硫酸盐残留	是	可能对人体导致过敏性反应	供应商必须提供证明及标签；或接收时检测 SO_2 含量，超过100 mg/kg拒收，10～100 mg/kg贴标声明，予以控制	是
	物理的 鱼钩	是			
	化学的 亚硫酸盐残留	是	会导致潜在的过敏反应	正确的标签声明	是
	物理的 无				

续表

(1) 加工工序	(2) 识别本工序被引入、控制或增加的潜在危害	(3) 潜在食品危害是否显著	(4) 对第3栏的判定依据	(5) 能用于显著危害的预防措施是什么?	(6) 该步骤是关键控制点吗? (是/否)
(18) 金属检测	生物的 无				
	化学的 无				
	物理的 金属异物	是	金属异物有可能进入产品	对产品进行金探仪探测，每半小时用试件检测灵敏度并记录	是

（4）判定危害是否显著

①原料中的生物、化学和物理性的危害。鲜虾产自中国东海海域，海洋存在大量微生物。鲜虾被捕捞后需充分加冰保鲜，控制不当有可能引起微生物繁殖，如放线菌的物质代谢的产物 CM、CTC 等；因此原料中的微生物危害为显著危害。原料中的化学物质亚硫酸盐残留在后续加工过程中不能有效控制降低到可接受程度，可能对人体导致过敏性反应，为显著危害。捕捞的鲜虾有可能带有金属异物，对消费者健康造成威胁，因此鲜虾原料中的物理性危害是显著危害。

②加工过程温度/时间控制不当会造成致病菌的生长繁殖，由于采用鲜虾作为原料，活体动物有抑制致病菌生长的防御机制，同时在采购时对不新鲜具有初级腐烂的原料拒收。采用冻虾作为原料时，选择在中国检验检疫局注册的加工冷冻厂，并要求其提供批检报告。在后续的加工过程中多为低温条件下连续操作，因此致病菌生长危害不是显著的。

③成品中的亚硫酸盐残留可能对部分消费者造成过敏反应，因此在包装/贴标时必须贴标签声明，为显著危害。

④原料及加工过程中可能有金属碎片，在前面的加工过程中都没有进行控制，因此金属检测中物理性危害为显著危害。

8. 关键控制点的确定（原理 2）　经危害分析表明，原料验收工序中的致病菌危害、亚硫酸盐和物理性危害为显著危害。

小组成员应用 CCP 判断树对上述显著危害进行分析，确定 CCP。单冻虾仁的 CCP 为以下几种。

（1）鲜虾接收、冻虾接收作为亚硫酸盐（以 SO_2 计）危害的关键控制点（CCP1）。理由是，假如该工序不控制亚硫酸盐的残留量，以后的工序均无法消除该危害，将其降低到可接受水平。

（2）鲜虾接收、冻虾接收不作为控制原料所带致病菌危害的关键控制点。理由是，由于采用鲜虾作为原料，活体动物有抑制致病菌生长的防御机制，同时在采购时对不新鲜具有初级腐烂的原料拒收。采用冻虾作为原料时，选择在中国检验检疫局注册的加工冷冻厂，并要求其提供批检报告，在后续的加工过程中多为低温条件下连续操作。

（3）包装/贴标作为亚硫酸盐（以 SO_2 计）危害的关键控制点（CCP2）。理由是，亚硫酸盐的存在可能引起部分人群的过敏反应。所有含有亚硫酸盐的产品，必须有亚硫酸盐标签的存在（CCP2）的控制；是指在遵循进口国的法律法规要求的前提下满足客户的要求。

（4）金属异物检测作为控制金属危害控制的关键控制点（CCP3）。理由是，由于捕捞

的虾有可能带有金属异物及生产过程中有可能带入金属异物，并且前面个步骤对此项均没有相关的预防措施。另外，根据进口国的法律法规及中国官方机构的规定，必须对产品进行金属异物检测。

特别要注意的是，以下潜在的产品显著危害可能对产品带来的不良影响。

鲜虾接收工序：微生物在自然界里广泛分布，如空气、土壤、水。特别是微生物类群之一放线菌（大部分是腐生菌，而且是非致病菌，少数是寄生菌）。其中放线菌科下的链霉菌属在物质代谢的过程中会产生抗菌素如氯霉素、土霉素、金霉素等。其中值得关注的是，氯霉素是由委内瑞拉链丝（霉）菌产生的。所以，加强对鲜虾的保鲜控制显得极为重要。另外需注意的是鲜虾原料的腐败大部分是由非致病菌引起的。

9. 确定各关键控制点的关键限值（原理 3） 完成 CCP 的判定后，将 CCP 和对应的显著危害分别填写到 HACCP 计划表中，并对每个 CCP 设定关键限值。

（1）鲜虾接收、冻虾接收亚硫酸盐（以 SO_2计）残留（CCP1）。亚硫酸盐（以 SO_2计）残留；SO_2超过 100 mg/kg 的拒收，不得作为原料进入生产线。

（2）包装/贴标作为亚硫酸盐（以 SO_2计）危害的关键控制点（CCP2）。亚硫酸盐（以 SO_2计）残留在 10 ~ 100 mg/kg 需要贴标声明。

（3）金属异物检测作为控制金属危害控制的关键控制点（CCP3）。对产品进行金探仪探测，每半小时用试件检测灵敏度并记录，金属探测器灵敏度应至少能检出直径为 1.5 mm 的铁。

10. 建立监控程序（原理 4） 确定好每一个 CCP 的关键限值后，应对每一个关键控制点建立监控程序，以确保达到关键限值的要求，是 HACCP 的重点之一，是保证质量安全的关键措施。监控能够及时提供检测信息，以便快速做出调整，防止关键限值出现偏离。单冻虾仁加工过程的监控程序如下：

（1）监控原料的亚硫酸盐残留 ①监测什么：鲜虾的亚硫酸盐残留；冻虾的亚硫酸盐残留报告。②如何监测：检验；审阅。③监测频率：验收的每批原料。④谁来监测：原料验收员；检验员。

（2）监控包装/贴标上亚硫酸盐残留声明 ①监测什么：包装/贴标上亚硫酸盐残留声明。②如何监测：审阅。③监测频率：包装的每批成品。④谁来监测：包装负责人。

（3）金属探测 ①监测什么：金属探测器灵敏度。②如何监测：定时使用直径为 1.5 mm 的铁片测试金属探测器的灵敏度。③监测频率：生产班长每天开机前检查；生产期间每半小时一次；每天生产结束后检查金属探测器。④谁来监测：生产班长。

11. 纠偏措施的建立（原理 5） 纠偏措施是当发现 CCP 出现失控（CL 发生偏离）时，找到原因并为了让 CCP 重新回复到控制状态所采取的行动。纠偏措施包括：确定引起偏离的原因；确定偏离期采取的处理方法；记录纠偏措施。

冻虾仁产品纠偏计划。实施纠偏计划是为了防止产品出现偏差时，能及时纠正，以最大限度地保证产品的食品安全卫生和消费者的健康。冻虾仁的纠偏计划包括原料接收、包装/贴标和金属检测三部分。

（1）原料接收

①若已接收的原料经检测亚硫酸盐（以 SO_2计）超过 100 mg/kg 的，必须隔离这批原料并作销毁或退货［或企业生产时经脱硫（蒸煮）工序处理制成冻熟虾仁产品］处理，已上生产线的马上从生产线上撤回并销毁或退货。

②若接收的原料未经亚硫酸盐检测的（以 SO_2计），必须隔离这批原料，已上线从生产线上撤回，重新检测，SO_2值小于100 mg/kg，重新进入生产线，SO_2 值大于100 mg/kg，则作销毁或退货处理。

（2）包装/贴标

①如果发现可能含有作为防腐剂的亚硫酸盐，英文“MAY CONTAIN CULFITES AS A PRESERTIV”标签数比实际使用数少，必须全部开箱检查，补贴标签。

②如未核对亚硫酸盐标签使用数，那么重新核对，核对后其使用数与包装袋相符，则不作返工处理，否则全部开箱检查，全部返工补贴标签。

③经核对《包装贴标纠正记录表》和《包装贴标检查记录表》在某一时间段不一致，则对该时间表的包装数量重新开箱检查，找出未贴标的予以补贴。

（3）金属检测　对于金属探测器工作异常造成的产品全部扣留，机子恢复正常后重新用金属探测器校准，并对扣留产品重新检测。

纠偏计划实施后，必须对偏差原因进行分析、纠正。

必要时可根据偏差产生的原因和偏差发生频率对HACCP作重新验证，避免以后发生类似偏差，从而保证产品的安全和卫生。

12. 建立验证程序（原理6）　企业应建立并实施对HACCP计划的确认和验证程序，用来确定HACCP体系是否按HACCP计划运作或计划是否需要修改及再确认、生效，以证实HACCP计划的完整性、适宜性、有效性。验证程序包括对CCP的验证和对HACCP体系的验证。

冻虾仁产品HACCP计划验证程序如下。

①目的。为使产品的HACCP计划符合进口国的法律法规（如美国FDA海产品HACCP法规），有效地运行适应各种条件变化的需要，特制定本验证程序。

②HACCP计划的验证每年至少一次，当下述因素之一发生变动时，则需对HACCP计划体系进行验证：原料来源发生变化，危害需要重新分析、评估时；工艺配方发生变动时；产品的消费对象发生变动时；纠偏行动发生频繁，CCP控制失效或消费者有投诉时；产品召回计划启动时。

③验证须由企业的主管领导和取得HACCP资格认证的人员组成验证小组，并对下列逐项进行验证：对危害进行重新分析、评估；对CCP的设定和CL值的确定进行再确认；对HACCP计划体系的所有记录进行审核、审查，尤其是CCP监控和纠偏的所有记录进行审核、审查；对实施HACCP计划相关人员能力的考核、确证；对控制CL值的测试方法和测试仪器进行再确认，以保证所控制的CL值确证在范围之内；征求客户和检验检疫部门对产品质量和安全卫生方面的意见。

④验证报告。当HACCP计划验证实施后，须由验证小组提出并发布书面的验证报告，若需修改HACCP计划，则重新修改并制订，经企业主管签署后重新发布。

⑤年度验证。年度验证工作在当年12月20日前完成，12月25日发布下年度HACCP计划执行令，下年度HACCP计划从当年1月1日起开始实施。

13. 建立记录和文件的有效管理程序（原理7）　企业是否有效执行了HACCP体系计划，HACCP体系计划的实施对食品安全性是否有效，最具有说服力的就是HACCP体系计划的记录和文件等书面证据。所以，HACCP体系计划的每一个步骤和与HACCP体系计划相关的每一个行为都要求有翔实的记录，并有效地保存下来，见表8-6。

表 8－6　单冻虾仁 HACCP 计划表

企业名称：	企业地址：
产品描述：单体冻结生虾仁	销售贮藏方法：冷藏链销售，冷冻贮存和发运（－18 ℃）
包装方式：内套塑料袋，外装纸箱	预期用途：消费前充分加热后食用
消费者：普通公众	日期：

(1) CCP	(2) 显著危害	(3) 关键限值	监控				(8) 纠偏措施	(9) 记录	(10) 验证
			(4) 什么	(5) 如何	(6) 频率	(7) 是谁			
鲜虾接收、冻虾原料	亚硫酸盐残留会引起过敏性反应	SO_2 含量超过100 mg/kg 拒收	鲜虾接收时逐船取样检测有否亚硫酸盐存在。冻虾原料每批次检测有否亚硫酸盐存在	使用 SO_3^{2-} 专用试纸（MERCK）检测 SO_2 是否超过100 mg/kg	每船次、每批次检查三个样品，有怀疑时扩大取样检测	鲜虾、冻虾原料收购管理员、质检员	如 SO_2 含量超过 100 mg/kg 拒收 未经检测原料不准进入车间	原料 SO_2 检测结果单 冻虾仁 CCP1 监控记录	每日审查 SO_2 检测结果单 每季度实验室至少做一次原料 SO_2 的化学检测，并向 HACCP 办公室报告。（或抽样送官方机构进行化学检测）
包装/贴标	未声明含亚硫酸盐会引起过敏性反应	所有含有亚硫酸盐的产品，必须有亚硫酸盐存在的标签	在包装时检查有无加贴含有亚硫酸盐的标签	检查装箱的产品是否贴上亚硫酸盐标签	连续监控，每小时记录一次	包装负责人	若产品贴标错误或遗漏则重新贴标	每小时产品装箱监控记录，冻虾仁 CCP2 监控记录	每天对记录进行审查
金属检测	金属碎片	金属探测器灵敏度应至少能检出 1.5 mm 的铁	金属探测器的灵敏度	每半个小时用直径 1.5 mm 铁片测试金属探测器的灵敏度	每天开机前检查；生产期间每半个小时一次；每天生产结束后检查金属探测器；失灵时检查调试	生产班长；品管员	如偏离：停止检测，对金属探测器进行校准；对于因金属探测器工作不正常造成的产品应全部扣留，探测器恢复正常后对该批产品予以重新检测	每天在生产前至少检查一次测铁情况；每周至少一次复查监控纠偏措施记录	金属探测记录

思考题

1. 什么是 HACCP？HACCP 包括哪几项基本原理？
2. 食品企业要建立 HACCP 体系需要具备哪些前提条件？
3. 食品企业实施 HACCP 体系有什么意义？
4. 什么是 CCP？确定的原则和方法是什么？
5. 监控程序包括哪些内容？

（欧爱芬）

第九章　ISO 9001 质量管理体系

知识目标

1. 掌握　ISO 9001 质量管理体系建立、实施流程。
2. 熟悉　ISO 9001 标准的基本要求。
3. 了解　ISO 9001 认证的工作流程。

能力目标

1.能够建立食品组织质量管理体系。
2.会编写食品组织质量管理体系成文信息。
3.能够实施食品组织质量管理体系的内部审核。

第一节　ISO 9001 质量管理体系概述

扫码"学一学"

一、ISO 9000 族标准的定义

"ISO 9000 族标准"是 ISO 在 1994 年提出的概念。是指"由 ISO/TC176（国际标准化组织质量管理和质量保证技术委员会）制定的所有国际标准"。该标准族是质量管理体系通用的要求或指南，可帮助组织实施并有效运行质量管理体系。它不受具体的行业或经济部门的限制，可广泛适用于各种类型和规模的组织，并在国内和国际贸易中促进相互理解和信任。

二、质量管理体系标准的产生

第二次世界大战期间，军事工业得到了迅猛的发展，各国政府在采购军品时，不但提出产品特性要求，还对供应厂商提出了质量保证的要求。20 世纪 50 年代末，美国国防部发布了 MIL－Q－9858A《质量大纲要求》，成为世界上最早的有关质量保证方面的标准。此后，美国国防部制订和发布了一系列的生产武器和承包商评定的质量保证标准。

70 年代初，借鉴了军用质量保证标准的成功经验，美国标准化协会（ANSI）和机械工程师协会（ASME）分别发布了一系列有关原子能发电和压力容器生产方面的质量保证标准。

美国军品生产方面的质量保证活动的成功经验，在世界范围内产生了很大的影响，一些工业发达国家，如英国、美国、法国、加拿大等，在 70 年代末先后制订和发布了用于民品生产的质量管理和质量保证标准。随着各国经济的相互合作和交流，对供应商质量管理体系审核已逐渐成为国际贸易和国际合作的前提。世界各国先后发布了许多关于质量管理体系及其审核的标准。由于各国标准的不一致，给国际贸易带来了障碍，质量管理和质量保证的国际化成为当时世界各国的迫切需要。

随着地区化、集团化、全球化经济的发展，市场竞争日趋激烈，顾客对质量的期望越来越高，每个组织为了竞争和保持良好的经济效益，努力设法提高自身的竞争能力以适应市场竞争的需要。为了成功地领导和运作一个组织，需要采用一种系统的和透明的方式进行管理。针对所有顾客和相关方的需求，必须建立、实施并保持持续改进其业绩的管理体系，从而使组织获得成功。

顾客要求产品和服务具有满足其需求和期望的特性，这些需求和期望会在产品和服务规范中表述。如果提供产品和服务的组织质量管理体系不完善，那么规范本身就不能始终满足顾客的需要。因此，这方面的关注导致了质量管理体系标准的产生，并以其作为对技术规范中有关产品和服务要求的补充。

ISO 于 1979 年成立了质量管理和质量保证技术委员会（TC 176），负责制定质量管理和质量保证标准。1986 年发布了 ISO 8402《质量：术语》标准，1987 年发布了 ISO 9000《质量管理和质量保证标准：选择和使用指南》、ISO 9001《质量体系：设计开发、生产、安装和服务的质量保证模式》、ISO 9002《质量体系：生产和安装的质量保证模式》、ISO 9003《质量体系：最终检验和试验的质量保证模式》、ISO 9004《质量管理和质量体系要素：指南》等 6 项标准，通称为 ISO 9000 系列标准。

ISO 9000 系列标准的颁布，使各国的质量管理和质量保证活动统一在 ISO 9000 系列标准的基础之上。该标准总结了工业发达国家先进组织的质量管理的实践经验，统一了质量管理和质量保证的术语和概念，并对推动组织的质量管理，实现组织的质量目标，消除贸易壁垒，提高产品和服务质量以及顾客的满意程度等产生了积极的影响，受到了世界各国的普遍关注和采用，并广泛用于工业、经济和政府的管理领域，世界各国质量管理体系审核员注册的互认和质量管理体系认证的互认制度也在广泛范围内得以建立和实施。

三、质量管理体系标准的修订和发展

为了使 1987 版的 ISO 9000 系列标准更加协调和完善，ISO/TC 176 质量管理和质量保证技术委员会于 1990 年决定对标准进行修订，提出了《90 年代国际质量标准的实施策略》（国际通称为《2000 年展望》），其目标是："要让全世界都接受和使用 ISO 9000 族标准；为了提高组织的运作能力，提供有效的方法；增进国际贸易、促进全球的繁荣和发展；使任何机构和个人可以有信心从世界各地得到任何期望的产品以及将自己的产品顺利销到世界各地。"按《2000 年展望》提出的目标，标准分两阶段修改。第一阶段修改称为："有限修改"，即为 1994 年版本的 ISO 9000 族标准；第二阶段修改是在总体结构和技术内容上作较大的改动，即 2000 版 ISO 9000 族标准。

2000 年 12 月 15 日，ISO/TC 176 正式发布了新版本的 ISO 9000 族标准，即 2000 版 ISO 9000 族标准。该标准的修订充分考虑了 1987 年版和 1994 年版标准，以及其他管理体系标准的使用经验，目的是使质量管理体系标准更加适合组织的需要。

2004 年，ISO 9001：2000 在各成员国中进行了系统评审，评审结果表明，需要修正 ISO 9001：2000，并决定成立项目组（ISO/TC 176/SC2/WG 18/TG 1. 19），对 ISO 9001：2000 进行有限修正。

修正 ISO 9001 的目的是更加明确地表述 2000 版 ISO 9001 标准的内容，并加强与 ISO 14001：2004的兼容性。2008 年 11 月 15 日 ISO 组织发布了 ISO 9001：2008 标准《质量管理体系 要求》。

其后 ISO/TC 176 第二分委会着手下一版较大修改的准备。在一系列调查、研究、工作组会议和与 ISO 其他管理体系标准协调工作基础上，于 2012 年 6 月拟定了新版 ISO 9001：2015 标准的修订目标和设计规范。

2015 年 9 月 23 日，ISO/TC 176 发布了 2015 版 ISO 9001 标准。

四、2015 版 ISO 9001 标准修订的主要变化

根据修订目标，历经委员会草案（CD）、国际标准草案（DIS）、最终国际标准草案（FDIS）各阶段，ISO 9001：2015 标准较前各版标准的主要变化如下。

（1）完全按照《附件 SL》的格式重新进行了编排。《附件 SL》为新 ISO 管理体系标准制定和原有标准的修订提供了一个统一的结构和模式，同时也提供了一个统一的文本。附件 SL 文本的统一体现了管理活动的一些通用理念，也构成了本版 ISO 9001 标准变更的一些主要内容。但这并不意味组织要调整自己质量管理体系成文信息的编排格式，新版 ISO 9001 的引言和附件 SL 均说明不要求组织按此结构编写自己的成文信息。

（2）新版标准用“产品和服务”替代了 2008 版中的“产品”。变更原因是有很多服务业的组织还没能真正理解，现行标准里面每当提到产品的时候，实际上也隐含了服务。特别是谈到监视、测量的时候，人们立刻就会想到有形产品，而没有想到还有无形的服务。所以，新标准决定用“产品和服务”替代原版标准里面的“产品”。在 ISO 9000 标准中，“产品”和“服务”已经是两个定义，但在多数场合下，定义“产品”和“服务”是一起使用的。

（3）对最高管理者提出了更多的要求。新版标准的要求更加具体，使本条款的可审核性更好。无论如何，最高领导者的领导作用对于体系有效性是非常重要的。

（4）新版标准用“外部提供的过程、产品和服务”替代 2008 版中的“采购”，包括外包过程。新版标准条款 8. 4 列举了所有的外部提供形式。

（5）用“成文信息”替代了“文件化的程序和记录”。

（6）新的条款 4. 1“理解组织及其环境”。每一个组织所处的环境都是不一样的，当每个组织在设计质量管理体系的时候，要考虑外部和内部的因素，以及这些因素是否对组织要实现的目标和结果有影响。组织所处的环境是其建立质量管理体系的出发点，组织和组织之间有很大的不同，组织可结合识别和评价这些因素，评价建立的质量管理体系是否适合于组织。

（7）条款 4. 2“理解相关方的需求和期望”。顾客是首要的相关方，但不是唯一的相关方。为满足顾客要求，要理解相关方的要求和影响。

（8）强调“基于风险的思维”这一核心概念。新版标准中，识别风险并采取相应措施来消除风险、降低风险或者减缓风险的思想，贯穿在整个标准里。因此，预防措施贯穿于

整个标准。风险管理体现了因果关系、关键少数等概念，要求从受不确定性影响的事物中，使有显著影响的风险可见可控，也使可能的机遇可见可用。基于风险的思维方法应用程度取决于这个组织所处的环境，基于风险的分析应在两个层面上运行，一个层面就是组织层面，另外一个层面就是组织内部的过程。

（9）新版要求中还有一个子条款是关于组织的知识。这是一个特别重要的要求，对转型升级时期的我国的组织，本条款的要求确有长远意义。

（10）还有一个新要求值得关注，即“改进产品和服务，以满足要求并关注未来的需求和期望”（条款 10.1），扩充了改进方式，加大了改进力度。

（11）2008 版标准中的一些要求已被删除：①2015 版标准去掉了“预防措施”这个术语，但是这个概念不仅依然存在，而且通过应对“风险”得到了加强；②2015 版标准去掉了针对“质量手册”和“管理者代表”的具体（规定性的）要求。ISO 9001：2015 标准给予组织更多的灵活性。有很多种方法可以做到质量手册过去所做的事情。管理者代表也是一样，因为新版标准里面还是有要求，要求对管理体系的实施和绩效进行报告，确定管理体系的职责和权限，至于是否非得专人或是大家一起来做这件事，要取决于组织自己的决定，只要符合管理科学的要求，只要管理职责能落实就行。

五、实施 ISO 9000 族标准的意义

ISO 9000 族标准的诞生是世界上许多经济发达国家质量管理实践经验的科学总结，具有通用性和指导性。我国实施 ISO 9000 族标准，可以促进组织质量管理体系向国际标准靠拢，对参与国际经济活动，消除贸易技术壁垒，提高组织的管理水平都能起到良好的作用。概括起来，可以有以下几方面的主要的作用和意义。

1. 实施 ISO 9000 族标准有利于保护消费者利益 现代科学技术的飞速发展，使产品向高科技、多功能、精细化和复杂化发展。但是，消费者在采购或使用这些产品时，一般都很难在技术上对其产品加以鉴别。即使产品是按照技术规范生产的，但当技术规范本身不完善或组织质量管理体系不健全时，也无法达到提供持续满足要求的产品。按 ISO 9000 族标准建立质量管理体系，通过体系的有效运行，能够促进组织持续地改进产品、服务和过程，也是对消费者利益的一种最有效的保护。

2. 为提高组织的运作能力提供了有效的方法 ISO 9000 族标准鼓励组织在制定、实施质量管理体系时，采用过程方法，通过识别和管理众多相互关联的活动，以及对这些活动进行系统的管理和连续的监视和控制，以实现顾客能接受的产品和服务。此外，质量管理体系提供了持续改进的框架，并增加顾客和其他相关方满意的机会。因此，ISO 9000 族标准为有效提高组织的运作能力和增强市场竞争能力提供了有效的方法。

3. 有利于增进国际贸易，消除技术壁垒 在国际经济技术合作中，ISO 9000 族标准被作为相互认可的技术基础，ISO 9000 的质量管理体系认证制度也在国际范围中得到互认，并纳入合格评定的程序之中。世界贸易组织/技术壁垒协定（WTO/TBT）是 WTO 达成的一系列协定之一，它涉及技术法规、标准和合格评定程序。ISO 9000 族标准为国际经济技术合作提供了国际通用的共同语言和准则；取得质量管理体系认证，已成为参与国内和国际贸易，增强竞争能力有力的武器。因此贯彻 ISO 9000 族标准对消除技术壁垒，排除贸易障碍起到了十分积极的作用。

4. 有利于组织的持续改进和持续满足顾客的需求和期望 顾客要求产品和服务具有满足其需求和期望的特性，是在产品和服务的技术要求或规范中表述。因为顾客的需求和期望是不断变化的，这就促使组织持续地改进产品、服务和过程。而质量管理体系要求恰恰为组织改进其产品、服务和过程提供了一条有效途径。因而，ISO 9000 族标准将质量管理体系要求、产品和服务要求区分开来，它不是取代产品和服务要求而是把质量管理体系要求作为对产品和服务要求的补充。这样更有利于组织的持续改进和持续满足顾客的需求和期望。

六、ISO 9000 族标准在中国

我国对口 ISO/TC 176 技术委员会的全国质量管理和质量保证标准化技术委员会（以下简称 SCA/TC 151），是 ISO 的正式成员，参与了有关国际标准和国际指南的制定工作，在国际标准化组织中发挥了十分积极的作用。

1987 年 3 月 ISO 9000 系列标准正式发布以后，我国在原国家标准局部署下组成了“全国质量保证标准化特别工作组”，于 1988 年 12 月正式发布了等效采用 ISO 9000 标准的 GB/T 10300《质量管理和质量保证》系列国家标准，并于 1989 年 8 月 1 日起在全国实施。

1992 年 5 月，我国决定等同采用 ISO 9000 系列标准，制订并发布了 GB/T 19000—1992（idt ISO 9000：1987）系列标准，1994 年又发布了 1994 版的 GB/T 19000 idt ISO 9000 族标准。

2000 年底，我国等同采用了 2000 版 ISO 9000 族标准，制订并发布了 2000 版的 GB/T 19000 idt ISO 9000 族标准。

2007 年 4 月，从 2008 版 ISO 9001 标准草稿开始，跟踪研究 ISO 9001 标准修订情况，并及时提交中国意见。

2008 年 6 月，通过中国标准化研究院、中国认证认可协会网站，向社会征集起草专家，2008 年 8 月 29 日，成立了该国家标准的起草组。

2008 年 11 月底，根据正式的 2008 版 ISO 9001 标准形成国家标准的送审稿，2008 年 12 月 23 日召开该国家标准的审查会，完成报批稿，2008 年 12 月 30 日，2008 版 GB/T 19001 标准正式发布，实施日期为 2009 年 3 月 1 日。

GB/T 19000—2016《质量管理体系 基础和术语》、GB/T 19001—2016《质量管理体系 要求》已于 2016 年 12 月 30 日发布，2017 年 7 月 1 日起实施。

七、ISO 9000 族的三个核心标准及其联系

ISO 9000 族的三个核心标准包括 ISO 9000、ISO 9001 和 ISO 9004。ISO 9000/GB/T 19000 为正确理解和实施 ISO 9000 标准提供必要的基础。在制定 ISO 9000 族标准过程中考虑到了 ISO 9000 详细描述的质量管理原则。这些原则本身并不等同于要求，但构成 ISO 9000 标准所规定要求的基础。ISO 9000 还定义了应用于 ISO 9000 族标准的术语、定义和概念。

ISO 9001/GB/T 19001 规定的要求旨在为组织的产品和服务提供信任，从而增强顾客满意。正确实施本标准也能为组织带来其他预期利益，例如：改进内部沟通，更好地理解和

控制组织的过程。

ISO 9004/GB/T 19004《追求组织的持续成功 质量管理方法》为组织选择超出 ISO 9001 标准要求的质量管理方法提供指南，关注能够改进组织整体绩效的更加广泛的议题。ISO 9004 包括自我评价方法指南，以便组织能够对其质量管理体系的成熟度进行评价。

ISO 9001 与 ISO 9004 是协调一致的标准：①两个标准之间不存在冲突；②两个标准可以相互补充，也可以单独使用；③协调一致的概念和术语；④易于从一个标准转换为另一个标准；⑤两个标准便于应用于相关的质量管理体系；⑥不强调 ISO 9001 与 ISO 9004 标准在结构上和发布时间上的协调一致。

ISO 9001、ISO 9000 和 ISO 9004 标准的区别和联系：尽管 ISO 9001 和 ISO 9004 标准遵循了相同的质量管理原则和方法，有许多共同点，但它们的适用范围不同，它们之间存在着区别和联系。

GB/T 19001 和 GB/T 19004 都是质量管理体系标准，这两项标准相互补充，但也可单独使用。

GB/T 19001 规定了质量管理体系要求，可供组织内部使用，也可用于认证或合同目的。GB/T 19001 所关注的是质量管理体系在满足顾客要求方面的有效性。与 ISO 9001 相比，ISO 9004 关注的质量管理范围更宽，阐述了所有相关方的需求和期望；通过指导组织如何在一个复杂的、严苛的和不断变化的环境中，实施内容更为广泛、更全面的质量管理体系，系统、持续地改进组织的整体绩效，从而达到并保持持续成功。

强调一个组织只有充分了解其所处的环境，平衡考虑所有相关方的利益，并通过不断学习、改进和创新，长期满足相关方的需求和期望，才能全面提高组织的经营质量和整体业绩，实现永续经营；标准还通过其附录 A，提出用“5 级成熟度水平”作为评价组织成功程度的手段，从而帮助组织找到问题和差距，寻找改进或创新的机会，走向持续成功。GB/T 19004 不拟用于认证、法律法规和合同的目的。

ISO 9000 标准为 ISO 9001 的引用标准，ISO 9000 界定的术语和定义以及质量管理原则也适用于 ISO 9004 标准，但 ISO 9004：2009 标准在术语和定义中增加了两个新的术语及定义（条款 3. 1 持续成功，条款 3. 2 组织的环境）。

ISO 9000，术语，基础（C 类）；ISO 9001，要求，标准（A 类）；ISO 9004，指南，提高（B 类）。

ISO 9004 为管理者提供管理方法，超越 ISO 9001 摆脱束缚，为更高层次管理者提供指南。ISO 9004 不做 ISO 9001 的指南，不再强调与 ISO 9001 的结构对应，对管理体系的改进作用，仅是次要作用；提供一种质量管理方法，为组织实现持续成功。

超越 9001 和质量管理原则，进而包括：道德、社会要素；组织的愿景和使命；适应性、灵活性、柔性（相对于不断变化的机遇和挑战）；对知识的管理；与其他管理体系的相容性；行动与结果的一致性。

八、ISO 9000 族的其他相关标准

在组织实施或寻求改进其质量管理体系、过程或相关活动的过程中，以下标准可以为其提供帮助。

（1）ISO 10001/GB/T 19010《质量管理 顾客满意 组织行为规范指南》，为组织确定其在满足顾客需求和期望方面的满意程度提供指南。实施该标准可以增强顾客对组织的信心，使组织对顾客的预期更加准确，从而降低误解和抱怨的可能性。

（2）ISO 10002/GB/T 19012《质量管理 顾客满意 组织处理投诉指南》，通过确认和理解投诉方需求和期望，解决接到的投诉，为组织提供投诉处理过程的指南。该标准提供一个包括人员培训的开放有效和易于使用的投诉过程，并且也为小型组织提供指南。

（3）ISO 10003/GB/T 19013《质量管理 顾客满意 组织外部争议解决指南》，为组织有效解决有关产品投诉的外部争议提供指南。若组织不能在内部对投诉进行补救或纠正，争议指南可为其提供解决途径。大多数投诉可以在不形成对抗的条件下在组织内部成功解决。

（4）ISO 10004/GB/Z 27907《质量管理 顾客满意 监视和测量指南》，为组织采取增强顾客满意度的措施，并识别顾客所关注的产品、过程和属性的改进机遇提供指南。这些措施能够增强顾客忠诚，避免顾客流失。

（5）ISO 10005/GB/T 19015《质量管理体系 质量计划指南》，为组织制定和实施质量计划，作为满足相关过程、产品、项目或合同要求的手段，形成支持产品实现的方法和惯例提供指南。制定质量计划的益处在于能使相关人员增加可以满足质量要求并有效控制相应过程的信心，推动其积极参与。

（6）ISO 10006/GB/T 19016《质量管理体系 项目质量管理指南》，可适用于从小到大、从简单到复杂、从单独的项目到作为项目组合之组成部分的各种项目。既可供项目管理人员使用，亦可供需要确保其组织应用 ISO 质量管理体系相关标准所包含惯例的人员使用。

（7）ISO 10007/GB/T 19017《质量管理体系 技术状态管理指南》，帮助组织在整个产品生命周期内技术和行政方面的状态管理。技术状态管理可用于满足 ISO 9001 国际标准规定的产品标识和可追溯要求。

（8）ISO 10008：2013《质量管理 顾客满意度 B2C 电子商务交易指南》，指导组织如何有效实施 B2C 电子商务交易系统（B2C ECT），从而为增加顾客对 B2C 电子商务交易系统的信心奠定基础，提高组织满足顾客要求的能力，以减少投诉和纠纷。

（9）ISO 10012/GB/T 19022《测量管理体系 测量过程和测量设备要求》，为测量过程管理以及支持和证明符合计量要求的测量设备的计量确认提供指南。规定测量管理系统的质量管理要求，以确保满足计量要求。

（10）ISO 10013/GB/T 19023《质量管理体系文件指南》，为编制和保持质量管理体系所需的文件提供指南。可应用于 ISO 质量管理体系相关标准以外的文件管理体系，例如：环境管理体系和安全管理体系。

（11）ISO 10014/GB/T 19024《质量管理 实现财务和经济效益的指南》，专门为最高管理者制定。为通过应用质量管理原则实现财务和经济效益提供指南。有利于促进组织应用管理原则以及选择持续成功的方法和工具。

（12）ISO 10015/GB/T 19025《质量管理 培训指南》，为组织解决相关培训问题提供帮助和指南。可适用于 ISO 质量管理体系相关标准涉及“教育”与“培训”事宜时所需要的

指南。所描述的“培训”包括所有类型的教育和培训。

（13）ISO 10017/GB/Z 19027《ISO 9001：2000 的统计技术指南》，依据即使在明显稳定条件下亦可观察到的过程状态和结果变量解释 ISO 9001：2000 所涉及的统计技术。采用统计技术可以更好地利用获得的数据进行决策，从而有助于持续改进产品和过程质量，实现顾客满意。

（14）ISO 10018《质量管理 人员参与和能力指南》，提供影响人员参与和能力方面的指南。质量管理体系取决于胜任人员的积极主动参与，以及这些人员的组织管理方式。对所需知识、技能、行为、工作环境的识别、发展和评价至关重要。

（15）ISO 10019/GB/T 19029《质量管理体系咨询师的选择及其服务使用的指南》，指导如何选择质量管理体系咨询师以及使用其服务。对质量管理体系咨询师的能力评价过程提供指南，帮助组织获得满足其需求和期望的咨询服务。

（16）ISO 19011/GB/T 19011《管理体系审核指南》，就审核方案管理，管理体系审核的策划和实施，以及审核员和审核组能力评价提供指南。适用于审核员、实施管理体系的组织以及实施管理体系审核的组织。

扫码“学一学”

第二节 ISO 9000 质量管理原则

GB/T 19000—2016（ISO 9000：2015，IDT）为质量管理体系提供了基本概念、原则和术语，可作为其他质量管理体系标准的基础。该标准帮助使用者理解质量管理的基本概念、原则和术语，以便能够有效和高效的实施质量管理体系，并实现其他质量管理体系的价值。

该标准基于汇集当前有关质量的基本概念、原则、过程和资源的框架来准确定义质量管理体系，以帮助组织实现其目的。其术语定义放在标准理解里解释，不专门列出。本节着重讲述其中的质量管理原则。

ISO 9000 族标准是关于质量管理实践的客观规律的总结，为奠定 ISO 9000 族标准的理论基础，使之更有效地指导组织实施质量管理，使全世界普遍接受 ISO 9000 族标准，ISO/TC 176于 1995 年成立了一个工作组，基于 ISO 9000 族标准实践经验及理论分析，吸纳了国际上最受尊敬的一批质量管理专家的意见，用了两年多的时间，整理并编撰了八项质量管理原则。八项质量管理原则是质量管理实践经验和理论的总结，是质量管理的最基本、最通用的一般性规律，它适用于所有类型的产品、服务和组织，成为质量管理的理论基础。ISO/TC 176 基于八项质量管理原则，系统、全面地修订了 2000 版 ISO 9000 族标准。

八项质量管理原则实质上也是组织管理的普遍原则。八项质量管理原则充分体现了管理科学的原则和思想。因此使用这八项原则还可以对组织的其他管理活动，如环境管理、职业健康与安全管理、成本管理等有所帮助和借鉴，真正促进组织建立一个改进其全面业绩的管理体系。

随着 ISO 9000 族标准的不断发展，八项质量管理原则还能否继续作为 2015 版质量管理标准的理论基础。ISO/TC 176/SC1 和 SC2 成立联合工作小组，于2010 年开始着手评审修订质量管理原则，结论是继续适用于质量管理，八项变为七项，把在实际使用过程中不容易

界定的过程方法和管理的系统方法合二为一了，同时对其他各项原则的用词也进行了更加完善的表述。

七项质量管理原则是组织有效实施质量管理工作必须遵循的原则，是所有从事质量管理工作的人员学习、理解、掌握 ISO 9000 族标准必须掌握的理论基础。

ISO 9000 标准包含七个质量管理原则以支持该标准所述基本概念，并针对每一个质量管理原则，通过“概述”介绍每一个原则；通过“依据”解释组织应该重视它的原因，也就是这项原则的根据；通过“主要益处”告知应用这一原则的结果，也就是贯彻落实这项原则的输出；通过“可开展的活动”给出组织应用这一原则能够采取的措施，也就是贯彻落实这项原则可以系统开展的一系列活动，这些活动又通过一系列标准条款来体现。

一、以顾客为关注焦点

1. 概述　质量管理的首要关注点是满足顾客要求并且努力超越顾客期望。

2. 依据　组织只有赢得和保持顾客和其他有关相关方的信任才能获得持续成功。与顾客相互作用的每个方面，都提供了为顾客创造更多价值的机会。理解顾客和其他相关方当前和未来的需求，有助于组织的持续成功。

3. 主要益处　主要益处可能有提升顾客价值、增强顾客满意、增进顾客忠诚、增加重复性业务、提高组织的声誉、扩展顾客群、增加收入和市场份额。

4. 可开展的活动　可开展的活动包括：

（1）识别从组织获得价值的直接顾客和间接顾客，如条款 4.2；

（2）理解顾客当前和未来的需求和期望，如条款 8.2、4.2、7.1.6；

（3）将组织的目标与顾客的需求和期望联系起来，如条款 6.2.1；

（4）在整个组织内沟通顾客的需求和期望，如条款 7.4、5.1.2、5.3、4.3；

（5）为满足顾客的需求和期望，对产品和服务进行策划、设计开发、外购外协、生产、交付和支持，如条款 8.1、8.3、8.4、8.5、8.5.5、8.6、8.7；

（6）监视、测量、分析和评价顾客满意情况，并采取适当的措施，如条款 9.1.2、9.1.3、9.3.2、10.1；

（7）在有可能影响到顾客满意度的有关相关方的需求和适宜的期望方面，确定并采取措施，如条款 6.1；

（8）主动管理与顾客的关系，以实现持续成功，如条款 8.2.1。

ISO 9001 标准条款 5.1.2，表明最高管理者要在其公司贯彻落实“以顾客为关注焦点”这项原则，再看 ISO 9001 标准条款 5.3，除了最高管理者之外，其他岗位也有贯彻执行“以顾客为关注焦点”这项原则的职责，也就是说，整个公司都要认真贯彻好“以顾客为关注焦点”这项原则，可见，“以顾客为关注焦点”这项原则的重要性，下面着重说明该原则。

ISO 9001 标准第 1 章：“本标准为下列组织规定了质量管理体系要求：需要证实其具有稳定提供满足顾客要求及适用法律法规要求的产品和服务的能力”中说明：产品和服务要同时满足 2 个要求——顾客要求及适用法律法规要求，这是理解“以顾客为关注焦点”这项原则的基础，如图 9－1 所示。

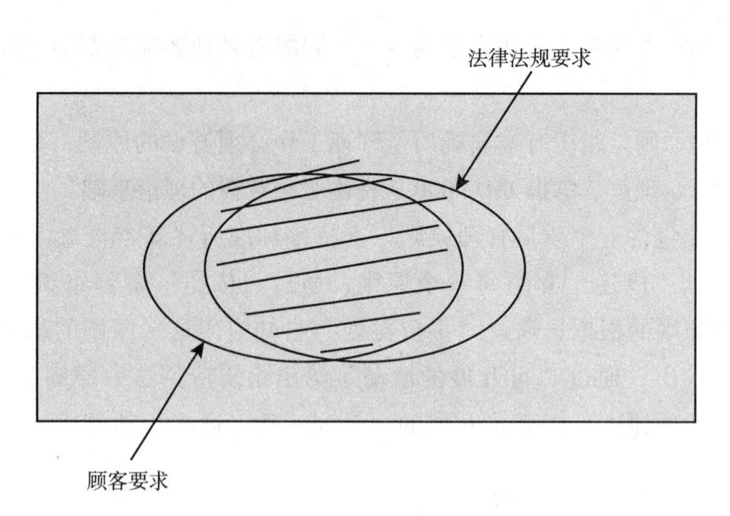

图9－1　以顾客为关注焦点

从图9－1中可以看出，顾客要求包括两个部分：符合法律法规要求的和不符合法律法规要求的。我们只能关注顾客的符合法律法规要求的那部分正当要求，不符合法律法规要求的部分是不能满足的。“顾客至上”“顾客是上帝”和“以顾客为中心”是带有片面性的，是不能真正做到的，最好不要正式使用。

二、领导作用

1. 概述　各级领导建立统一的组织宗旨和方向，并创造全员积极参与实现组织的质量目标的条件。

2. 依据　统一的宗旨和方向的建立，以及全员的积极参与，能够使组织将战略、方针、过程和资源协调一致，以实现其目标。

3. 主要益处　主要益处可能有：提高实现组织质量目标的有效性和效率；组织的过程更加协调；改善组织各层级、各职能间的沟通；开发和提高组织及其人员的能力，以获得期望的结果。

4. 可开展的活动　可开展的活动包括：在整个组织内，就其使命、愿景、战略、方针和过程进行沟通；在组织的所有层级创建并保持共同的价值观，以及公平和道德的行为模式；培育诚信和正直的文化；鼓励在整个组织范围内履行对质量的承诺；确保各级领导者成为组织中的榜样；为员工提供履行职责所需的资源、培训和权限；激发、鼓励和表彰员工的贡献。

三、全员积极参与

1. 概述　整个组织内各级胜任、经授权并积极参与的人员，是提高组织创造和提供价值能力的必要条件。

2. 依据　为了有效和高效的管理组织，各级人员得到尊重并参与其中是极其重要的。通过表彰、授权和提高能力，促进在实现组织的质量目标过程中的全员积极参与。

3. 主要益处　主要益处可能有：组织内人员对质量目标有更深入的理解，以及更强的加以实现的动力；在改进活动中，提高人员的参与程度；促进个人发展、主动性和创造力；提高人员的满意程度；增强整个组织内的相互信任和协作；促进整个组织对共同价值观和文化的关注。

4. 可开展的活动　与员工沟通，以增进他们对个人贡献的重要性的认识；促进整个组织内部的协作；提倡公开讨论，分享知识和经验；让员工确定影响执行力的制约因素，并且毫不顾虑地主动参与；赞赏和表彰员工的贡献、学识和进步；针对个人目标进行绩效的自我评价；进行调查以评估人员的满意程度，沟通结果并采取适当的措施。

四、过程方法

1. 概述　将活动作为相互关联、功能连贯的过程组成的体系来理解和管理时，可更加有效和高效地得到一致的、可预知的结果。

2. 依据　质量管理体系是由相互关联的过程所组成。理解体系是如何产生结果的，能够使组织尽可能地完善其体系并优化绩效。

3. 主要益处　主要益处可能有：提高关注关键过程的结果和改进的机会的能力；通过由协调一致的过程所构成的体系，得到一致的、可预知的结果；通过过程的有效管理、资源的高效利用及跨职能壁垒的减少，尽可能提升其绩效；使组织能够向相关方提供关于其一致性、有效性和效率方面的信任。

4. 可开展的活动　可开展的活动包括：确定体系的目标和实现这些目标所需的过程；为管理过程确定职责、权限和义务；了解组织的能力，预先确定资源约束条件；确定过程相互依赖的关系，分析个别过程的变更对整个体系的影响；将过程及其相互关系作为一个体系进行管理，以有效和高效地实现组织的质量目标；确保获得必要信息，以运行和改进过程并监视、分析和评价整个体系的绩效；管理可能影响过程输出和质量管理体系整个结果的风险。

五、改进

1. 概述　成功的组织持续关注改进。

2. 依据　改进对于组织保持当前的绩效水平，对其内、外部条件的变化做出反应，并创造新的机会，都是非常必要的。

3. 主要益处　主要益处可能有：提高过程绩效、组织能力和顾客满意；增强对调查和确定根本原因及后续的预防和纠正措施的关注；提高对内外部风险和机遇的预测和反应能力；增加对渐进性和突破性改进的考虑；更好地利用学习来改进；增强创新的动力。

4. 可开展的活动　可开展的活动包括：促进在组织的所有层级建立改进目标；对各层级人员进行教育和培训，使其懂得如何应用基本工具和方法实现改进目标；确保员工有能力成功地促进和完成改进项目；开发和展开过程，以在整个组织内实施改进项目；跟踪、评审和审核改进项目的策划、实施、完成和结果；将改进与新的或变更的产品、服务和过程的开发结合在一起予以考虑；赞赏和表彰改进。

六、循证决策

1. 概述　基于数据和信息的分析和评价的决策，更有可能产生期望的结果。

2. 依据　决策是一个复杂的过程，并且总是包含一些不确定性。它经常涉及多种类型和来源的输入及其理解，而这些理解可能是主观的。重要的是理解因果关系和潜在的非预期后果。对事实、证据和数据的分析可导致决策更加客观、可信。

3. 主要益处 主要益处可能有：改进决策过程；改进对过程绩效和实现目标的能力的评估；改进运行的有效性和效率；提高评审、挑战和改变观点和决策的能力；提高证实以往决策有效性的能力。

4. 可开展的活动 包括：确定、测量和监视关键指标，以证实组织的绩效；使相关人员能够获得所需的全部数据；确保数据和信息足够准确、可靠和安全；使用适宜的方法对数据和信息进行分析和评价；确保人员有能力分析和评价所需的数据；权衡经验和直觉，基于证据进行决策并采取措施。

七、关系管理

1. 概述 为了持续成功，组织需要管理与有关相关方（如供方）的关系。

2. 依据 有关相关方影响组织的绩效。当组织管理与所有相关方的关系，以尽可能有效地发挥其在组织绩效方面的作用时，持续成功更有可能实现。对供方及合作伙伴网络的关系管理是尤为重要的。

3. 主要益处 主要益处可能有：通过对每一个与相关方有关的机会和限制的响应，提高组织及其有关相关方的绩效；对目标和价值观，与相关方有共同的理解；通过共享资源和人员能力，以及管理与质量有关的风险，增强为相关方创造价值的能力；具有管理良好、可稳定提供产品和服务供应链。

4. 可开展的活动 可开展的活动包括：确定有关相关方（如：供方、合作伙伴、顾客、投资者、雇员或整个社会）及其与组织的关系；确定和排序需要管理的相关方的关系；建立平衡短期利益与长期考虑的关系；与有关相关方共同收集和共享信息、专业知识和资源；适当时，测量绩效并向相关方报告，以增加改进的主动性；与供方、合作伙伴及其他相关方合作开展开发和改进活动；鼓励和表彰供方及合作伙伴的改进和成绩。

七项质量管理原则就像一只飞翔的鸟。“领导作用”像鸟头，“全员积极参与、关系管理”像鸟的翅膀，“过程方法、循证决策”像鸟躯体，“以顾客为关注焦点、改进”像鸟尾巴，如图 9－2 所示。

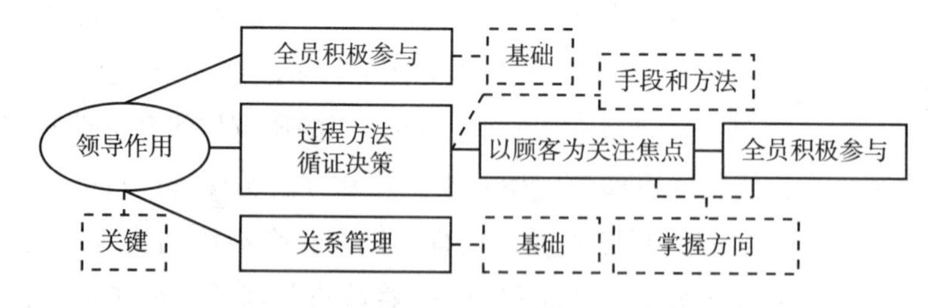

图 9－2 七项质量管理原则像一只飞翔的鸟

扫码“学一学”

第三节 ISO 9001 质量管理体系标准的理解

GB/T 19001—2016（ISO 9001：2015 IDT）标准第 1 章至第 3 章是一般性说明。在本节中，重点理解正文中第 4 至 10 章部分，即质量管理体系的具体要求，针对标准原文精讲理解要点内容，须结合标准学习。

一、组织环境

（一）理解组织及其环境

1. 正面和负面要素或条件　正面和负面要素或条件，如图 9－3 所示。

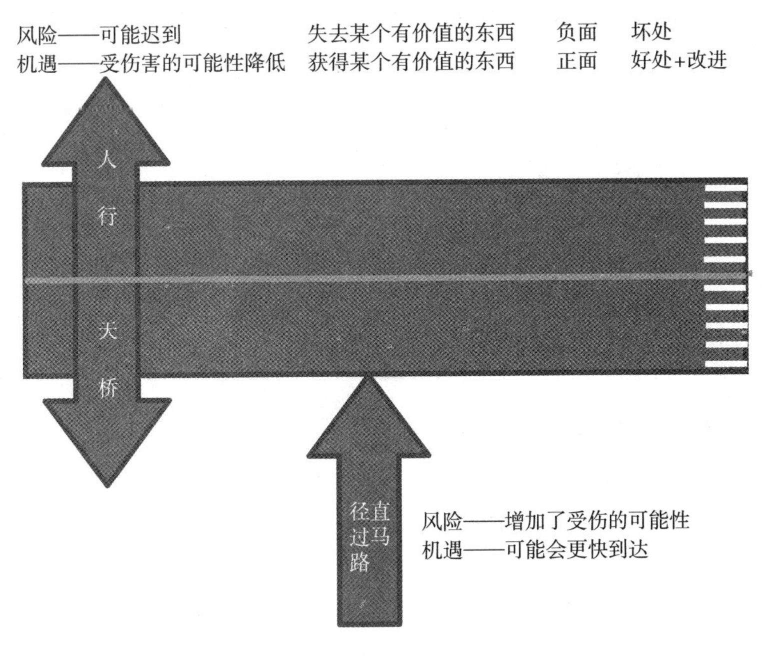

图 9－3　过马路风险和机遇

2. 考虑与组织外部环境有关的因素　法律法规、技术、市场、文化、社会、经济和政治环境因素。

政策、法律法规因素，如影响工作环境的工会规章和行业规章、环境保护、社会保障、反不正当竞争、税收，以及国家相关产业政策等。

技术因素，如高新技术、新兴行业技术、工艺技术、基础研究、材料和设备、专利期限、职业道德规范等。

市场因素，如竞争，包括组织的市场份额、类似产品或服务、市场领导者动向、顾客增长趋势、市场稳定性、供应链关系等。

社会与文化因素，如就业观念、当地失业率、安全感知、教育水平、公共假期和工作日、公民意识、消费文化、收入水平、人口年龄和文化差别情况等。

经济因素，如地区 GDP、经济形势、通胀预期、信贷可获得性、货币汇率、利率、失业率（或劳动力供给率）、能源供给及成本等。

政治因素，如政治稳定性、公共投资、当地基础设施、国际贸易协议等。

产业环境因素，如产业内竞争对手、潜在进入者、替代产品、外部供方、顾客和其他相关方等方面的威胁。

3. 考虑与组织内部环境有关的因素　资源因素，如基础设施、过程运行环境、组织的知识等，组织控制的资产、过程、技能、知识，包括有形资产和无形资产。

人员因素，如人员的能力、组织行为和文化、与工会的关系等。

运行因素，如过程或生产和服务提供能力、质量管理体系绩效、顾客满意的监视等。

组织治理因素，如决策或组织结构方面的规则和程序等。

能力和核心竞争力因素，即有价值的、稀有的、不可替代的、难以模仿的竞争能力。

（二）理解相关方的需求和期望

相关方是可影响决策或活动、受决策或活动所影响、或自认为受决策或活动影响的个人或组织。与实现质量管理体系预期结果有影响的相关方及其要求，参见表9－1。

表9－1　质量管理体系相关方及其要求

相关方	需求和期望
顾客	节能降耗、无污染的环保型产品
所有者和（或）股东	①持续改进环境要求能力；②透明地改进成本控制，满足投资者准则，拓展资金来源
组织的员工	①良好的工作环境；②职业安全；③得到承认和奖励
外部供方和合作伙伴	互利和连续性
社会	①环境保护；②道德行为；③遵守环境合规义务

“条款4.1理解组织及其环境”和“条款4.2理解相关方的需求和期望”识别的是质量风险，标准未规定风险识别的具体方法，由本组织根据各种识别方法的特点和组织的具体实际选用。SWOT分析法是简单实用的方法之一，即集中本组织相关人员，分析本组织的优势S、劣势W、机会O和威胁T，按照“条款4.1”的三个备注的具体指引去分析，识别出本组织的所有质量风险，比如有300个风险。“条款4.1”和“条款4.2”的输出是“条款6.1应对风险和机遇的措施”的输入。

（三）确定质量管理体系的范围

1. 确定边界和适用性　某资源再生公司的四种范围：①经营范围为废弃资源综合利用业。②体系范围为一般工业固体废弃物的回收、加工和销售。③认证范围为铁屑、有色金属、包装材料等固体废弃物（危险废弃物除外）的回收、筛选、简单加工和销售。④审核范围为审核的内容和界限，一年内都要覆盖到认证范围。如果一年内只有一次审核，则审核范围等于认证范围；如果一年内有二次或以上审核时，则具体某次审核范围可以小于认证范围。

本条款考虑的是体系范围，主要考虑体系的输入和输出。

“适用性”比“删减”用词更准确。

2. 适用性判断原则　只有当所确定的不适用的要求不影响组织确保其产品和服务合格的能力或责任，对增强顾客满意也不会产生影响时，方可声称符合本标准的要求。

这是适用性的判断原则，即不适用不能影响到实现体系预期结果的能力或责任。“适用性”比“删减”用词更准确。

（四）质量管理体系及其过程

1. 组织应确定质量管理体系所需的过程　标准中“4.4质量管理体系及其过程”要求使用过程方法识别出质量管理体系的所有过程。

2. 过程及其相互作用　标准“4.4”中a～e条款是过程方法的典型应用，是采用过程方法所需考虑的具体要求，即过程7要素（输入、输出、顺序、相互作用、准则和方法、资源和职责和权限等），过程的基本要素是输入和输出。要确定（服装公司）质量管理体

系所有的200个过程的这7个要素，即200×（6个要素+1个资源）。

3. 风险、机遇、变更　标准“4.4 质量管理体系及其过程”中“h条款风险、机遇”等；先讲解“6.1 应对风险和机遇的措施”，“6.1”与“4.4”这2个过程发生相互作用。标准使用基于风险思维的方法，更加关注变更管理，从此处“变更”开始，标准中共有11处变更或更改的条款，需放在一起熟悉与辨识。

“4.4”是对质量管理体系所有过程的总要求，所有的过程都要符合这8项要求。

4. 质量管理体系输出　“4.4.2 在必要的范围和程度上，组织应：保持成文信息以支持过程运行；保留成文信息以确信其过程按策划进行。”是“4.4”的输出，“4.4.2”一般指输出，过程方法在本标准中使用得淋漓尽致。

二、领导作用

（一）领导作用和承诺

1. 最高管理者等术语　最高管理者是指在最高层指挥和控制组织的一个人或一组人。

有效性是指完成策划的活动并得到策划结果的程度。质量管理体系的有效性的具体内容参见“9.3.2 的c条款”。

2. 最高管理者的职责　“确保”意味着职责可以被授予，而责任不能转移。“5.5.1”的b条款“组织环境”是指第4章，而不能凭字面理解。“确保质量管理体系要求融入与组织的业务过程”中“业务过程”就是指第8章“运行”，第8章是重点章节，第8章实际做的要符合ISO 9001标准提出的要求，不能是写一套做一套而成“二张皮”，如图9－4所示。图中“红色皮”是“实际应该做到的”，而“理想皮”是努力的方向，目前“成文信息写的”另外一张皮还与“理想皮”有一段差距，比如今年是在咨询老师辅导下建立起来的质量管理体系，咨询老师在有限的辅导期间内，也难以全面了解该公司的实际情况，留下的“二张皮”之间还有“最后一公里”未予以解决，标准把解决这个问题的责任交给了最高管理者，要督促体系主管部门持续改进，逐渐把二张皮变成一张皮，那时就水到渠成了。

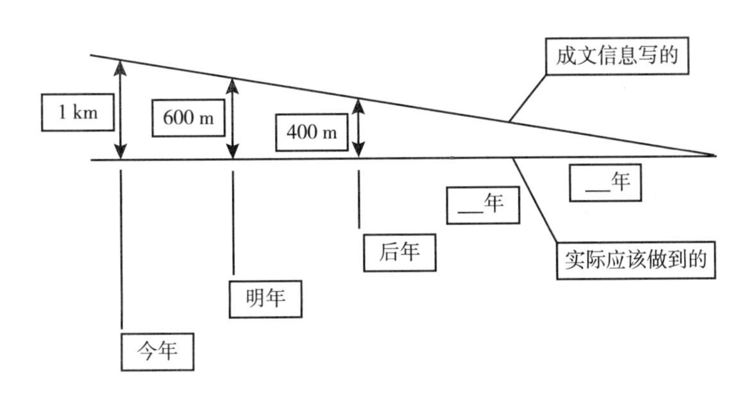

图9－4　质量管理体系二张皮

3. 以顾客为关注焦点　以顾客为关注焦点是最高管理者的重要职责之一，是第11项职责。

（二）方针

1. 制定质量方针 “5.2.1 制定质量方针”这个条款是对质量方针内容方面的要求，要适应本组织环境即第4章的实际情况，要包括满足实现质量管理体系预期结果的承诺。建议编写质量方针时，就用一段话直述，而不要采用放到不同类型组织都可以的四个字或七个字一句的一段话。如：经营支柱在于质量，准确地把握顾客需求和期望，开发与生产顾客满意和信赖的产品；坚持持续改进，预防质量异常和投诉，为社会提供卓越的产品。

2. 沟通质量方针 “5.2.2 沟通质量方针”这个条款是对质量方针的管理性要求，像环境、职业健康安全方针一样，也可以使相关方获取质量方针。

（三）组织的岗位、职责和权限

“5.3 组织的岗位、职责和权限”中的5条职责和权限分解到除了最高管理者以外其他岗位。通过“职能分配表”把“本标准的要求”的主要责任分配到各部门，“职能分配表”的输出是“部门职责”的输入，“部门职责”的输出是“岗位职责”的输入，各个岗位的工作符合质量管理体系的要求。分解到体系主管领导，即按照科学的领导管理原则，结合本组织实际，分解到主管质量管理体系的最高管理者。本标准中，不再设置“管理者代表”这个岗位，不需要有一个专门的管理者的代表。

三、策划

（一）应对风险和机遇的措施

1. 确定高风险 “需要应对的风险和机遇”简称高风险，“确定需要应对的风险和机遇”就是确定高风险，如表9－2所示，“6.1 应对风险和机遇的措施”的输入是“4.1 理解组织及其环境”和“4.2 理解相关方的需求和期望”识别出来的质量风险，比如是300个，输出是高风险，比如是30个。

表9－2 ISO 9001：2015风险管理

过程要素	过程事项	举例
输入	4.1内外部因素＋4.2相关方要求	300
	风险评价	
输出	确定需要应对的风险和机遇	30

2. 风险评价 条款6.1.1在策划质量管理体系时，确定需要应对的风险和机遇。标准6.1.1中a～d条款是风险评价准则：对实现质量管理体系预期结果有严重影响的就是高风险；对实现改进有好处的就是机遇。本标准中，只要出现“成文信息”的过程，就是高风险所在，控制措施要么是“保持”要么是“保留”成文信息，即或者是文件控制，或者是记录控制。

3. 应对风险和机遇的措施 “6.1.2 组织应策划”英文语句，变成中文就是3句话，连着6.1.1的1句话，6.1共4句话，这4句话就是：①确定需要应对的风险和机遇；②组织应策划应对这些风险和机遇的措施；③组织应策划如何在质量管理体系过程中整合并实施这些措施（见标准4.4条款）；④组织应策划如何评价这些措施的有效性。

应对风险和机遇措施一览表详见表9－3。

表 9-3　应对风险和机遇措施一览表

过程	1 需要应对的风险和机遇	2 应对措施	3 实施措施的过程	成文信息	4 评价有效性
径直过马路	增加了受伤的可能性	在附近没有车辆通过的时段穿过马路；选择在能见度很好的且安全的地方穿行马路；停在马路中间安全岛，再次评估来往车辆穿行马路	运行过程	交通安全管理办法	1 次/年；安全地穿过马路，及时到达会场，这个策划有效，并避免了不期望的结果
体系管理	质量管理体系范围不明确，影响体系执行的充分性	明确质量管理体系的地理范围、产品和服务范围、部门范围	质量管理体系范围确定	质量管理体系范围	1 次/年

（二）质量目标及其实现的策划

1. 概述　“6.2 质量目标及其实现的策划”是针对质量管理体系这个大过程提出来的奋斗目标，质量目标的要求很具体，a～d 条款是内容方面的要求，e～g 条款以及 6.2.2 是管理方面的要求。

2. 如何实现质量目标　质量目标提出来了，就要努力去实现，就要在“6.2.2 策划如何实现质量目标”a～e 条款内容等五方面去落地实现。

3. 变更的策划　“6.3 变更的策划”是针对质量管理体系的变更提出来的要求，大大小小的管理体系变更都会影响到其下一个过程，基于风险思维的方法要求控制变更风险。

四、支持

（一）资源

1. 组织应确定并提供所需的资源　资源是重要的过程要素，适宜的资源是过程工作质量的基本保证，是实现质量管理体系预期结果的前提。这一句话不是空话，学习了条款“8.5.1 生产和服务提供的控制”就知道资源的重要性了。

2. 组织应确定并配备所需的人员　“7.1.2 人员”“7.2 能力”“7.3 意识”通常以“人力资源管理程序”来落实标准的要求。

3. 基础设施与过程运行环境　环境包括 2 个部分：过程运行环境和实现产品和服务符合性所需的环境。比如到机场坐飞机所需的 2 个环境分别是：为实现登机服务符合性所需的环境，即取登机牌 + 过安检 + 检票 + 过廊桥登机，这是必需的环境；但飞机场还有很大的室内环境是用来供登机人等候的过程运行环境，为了实现登机服务符合性，必须有大量的候机环境，这是登机服务质量管理实践中真实的环境。

4. 监视和测量资源　监视和测量资源就是检验手段，培训效果的检验手段有哪些。笔试，口试，也可以是检查表作答，也可以是督导者坐在教室的最后一排督查，这些手段叫做“监视和测量设备”合适，还是叫做“监视和测量资源”更合适。

5. 测量溯源确定其状态　确定的状态包括：校准状态或工作状态或封存状态等，测量设备可以是校准状态，也可以是工作状态，也可以是封存停用状态等。

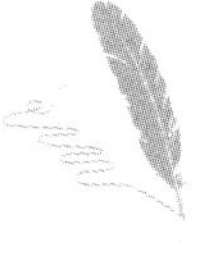

6. 组织的知识　组织不进则退，要关注本行业的“四新技术”，即新技术、新设备、新工艺和新材料，要收集和整理本组织的组织知识，并形成组织知识清单。

（二）能力

确定在其控制下工作的人员所需具备的教育、培训或经验等能力要求，这些人员从事的工作影响质量管理体系绩效和有效性；基于适当的教育、培训或经验，确保这些人员是胜任的；适用时，采取措施以获得所需的能力，并评价措施的有效性；保留适当的成文信息，作为人员能力的证据。

（三）意识

意识是指人员对组织质量风险及其控制要求的察觉、认知和关注度。意识能够指导人的行为。条款“7.3 意识”是各部门全员积极参与的过程，各个部门不断按照“7.3”的要求做好质量管理体系工作，那么全公司的质量管理体系就能不断地实现其预期结果。

（四）沟通

沟通其他条款不管的内容，尤其是条款之间的“相互作用”，是质量管理体系的“相互作用”要素的收集“器”，应由质量管理体系主管部门来负责“收集”的主要责任，而不是组织的负责内外部大沟通的部门来统管。

（五）成文信息

1. 所需的成文信息 条款7.5是对“成文信息”的要求，包括对文件的要求，也包括对记录的要求，可以把条款7.5中的“成文信息”替换成“文件”，领会一下对“文件”的要求，再把“成文信息”替换成“记录”，体会一下对“记录”的要求。

2. 成文信息创建和更新 创建和更新了成文信息，才有了成文信息控制的必要，才成为成文信息控制的输入。

3. 成文信息的控制 条款7.5.3.1是成文信息的控制目的；条款7.5.3.2是成文信息的控制活动。有4类控制活动，以及外来文件和已经填好记录的控制。

五、运行

（一）运行的策划和控制

本条款与条款4.4和6.1、6.2相互作用，本条款“8.1 运行的策划和控制”中的“在必要的范围和程度上”与4.4.2的“在必要的范围和程度上”字面相同但范围大不相同。

（二）产品和服务的要求

1. 顾客沟通 顾客沟通过程的最终预期结果是得到顾客的产品和服务的要求，顾客沟通的基础信息是本组织能为社会提供哪些产品和服务。8.2.1中a条款是本组织的能力底线，尤其是与潜在顾客沟通时不能突破能力底线，必须满足所声明的要求。

2. 产品和服务要求的确定 “8.2.3.1 组织应确保有能力向顾客提供满足要求的产品和服务”的a～d条款四条要求就是产品和服务的具体要求，在开始与顾客沟通后直到签订合同前，这4条要求存在的差异应该已经得到解决。

（三）产品和服务的设计和开发

1. 概述 设计和开发是指将对客体的要求转换为对其更详细的要求的一组过程。输入要求与输出要求相比，可以更概括性地表达为更一般的含意。客体是指可感知或可想象到的任何事物，如产品、服务、过程、体系等。

2. 设计和开发策划 如夏装设计90天后上市，设计和开发策划结果，见表9-4。

表9-4 夏装上市90天前的设计和策划结果

输入	草图	打版	样衣试穿	小批量散发试销	输出
舒适、凉爽、遮体（功能），世界流行风，排除某些不适合的图案（法律）	评审	评审	验证	确认，收集改进意见	正式图纸、技术文件

3. 设计和开发输入 “8.3.3 设计和开发输入”条款中功能和性能要求就是“8.2.3.2”的b、e条款，就是汽车行业16949标准中的设计FMEA（失效模式与影响分析）。五种输入可能产生矛盾，是否需要评审，在策划时确定。

4. 设计和开发控制 这是设计和开发过程控制，按照夏装设计和开发策划的四个阶段一一顺序进行，其中第一、第二阶段要做设计评审，第三阶段要做设计验证，第四阶段要做设计确认。

（四）外部提供的过程、产品和服务的控制

1. 外部供方代表组织直接将产品和服务提供给顾客 “8.4.1 总则”中b条款的外部供方是指关联组织，泛指现代社会新型商业模式；包括了一切形式的外部提供都在“8.4 外部提供的过程、产品和服务的控制”的控制之下。

2. 外部供方人员资格 8.4.3中c条款能力是对人员的本质要求，人员资格是人员能力的门槛，但不等于就有了能力。

（五）生产和服务提供

1. 生产和服务提供的控制 尺寸链闭环的误差来自于各组成尺寸的误差。比如服装公司建立的质量管理体系的预期结果是向社会提供始终如一的合格的服装，服装生产过程要经过多个车间多道工序的生产小过程，做出合格的服装，就得有赖于所有这些生产小过程中的误差严格控制在许可范围之内，所以，这些工序都必须处于受控状态。

2. 受控条件 如何受控？通过国内外大量的质量管理经验教训总结出下面八条可能对所在行业有效的一般受控条件，当然，具体到某公司的每一件具体产品和服务时，不一定每一条都同时适用。

人、机、料、法、环、测是最常见的质量管理理论内容之一，在中国常称之为影响产品质量的六大因素，也称为过程能力影响因素（工作质量的决定因素）。也就是说，这“6个字”具体表述成了标准的a~e条款这5句话，它们之间应如何具体对应？

3. 可获得成文信息 在这些成文信息里规定的要求包括以下内容。

（1）假如某服装公司共有员工200人，每一个人的工作都只看成一个过程，今天上班正准备生产的产品或工序半成品的人员有130人，正准备生产的产品或工序半成品的特性有哪些？就是说，产品名称、规格型号、数量与要求分别是哪些？

与此同时，该服装公司今天上班的服务岗位人员有20人，他们正准备提供的服务的特性有哪些？提供的具体服务内容与要求有哪些？

今天上班除了生产和服务岗位人员之外，其他管理岗位的人员有50人，他们正准备进行的人力资源管理等各项支持活动的特性有哪些？工作进展要求有哪些？这些就是输入要求。

（2）该服装公司所有200个员工请回来了，今天上班都要为公司分别做出哪些贡献？这些就是输出要求。

就是说，该服装公司所有200个员工即200个过程，今天上班来，每一个过程的基本要素——输入和输出，都要规定清楚，详见ISO 9001：2015标准条款4.4.1a。也就是说，过程的2个基本要素要首先规定清楚。

本条款不仅是对生产员工有要求，也是对所有员工都应该有这些要求，所以说，本条款是各岗位过程全员积极参与的要求。目前，各组织更多的只是狭义地把本条款理解为对生产员工的要求，生产一线有大量的作业指导成文信息，而其他岗位的作业文件就很少，应该加强对生产员工以外的其他岗位员工的质量管理要求，这就是当前很多组织质量管理的薄弱环节。

ISO 9001：2015标准条款4.4.1要求，不仅只对所有过程的2个基本要素要规定清楚，还应对所有过程的所有7个要素都要规定清楚，即200×7个要素，形成质量管理体系网络。但目前做的较好的也就是生产过程的2个基本要素，即150×2个要素，还差多少？200×7－150×2＝1100，也就是说，质量管理工作还有很多细节没有做好。

该服装公司200个员工200个过程的2个基本要素的规定，以哪些形式表述？是否有生产指令？派工单？生产线上LED指示牌？工艺文件？图纸？作业指导书？这些成文信息就是“6个字”中的“法”。

该服装公司采取哪几种具体形式？什么情况下使用什么形式？都要规定清楚。先规定清楚生产过程的，再来规范服务过程和管理过程的要求。

4. 监视和测量资源、活动 监视和测量资源就是每个工序生产小过程是否合格的检验手段，该服装公司请回来200个员工，都是希望他们能够对公司做出合格的产品质量或工作质量，所以，必须规定合格与否的检验手段，要获得，要得到，要去使用。合格与否的检验手段要是适宜的，要符合ISO 9001：2015标准条款“7.1.5”的要求。

每个工序生产小过程的输出是否合格？要使用适宜的检验手段按照规定的要求实施检验。

b、c条款就是“6个字”中的“测”。

5. 适宜的基础设施和过程运行环境 有的工序生产小过程可能要使用基础设施，就是“6个字”中的“机”。使用的基础设施要是适宜的，要符合ISO 9001：2015标准条款“7.1.3”的要求。

每个工序生产小过程要保持适宜的过程运行环境，就是“6个字”中的“环”。过程运行环境要保持适宜的，就要符合ISO 9001：2015标准条款“7.1.4”的要求。

6. 人员配备 每个工序生产小过程都要配备胜任的人员，就是“6个字”中的“人”。配备的人员是否胜任，就要符合ISO 9001：2015标准条款“7.1.2”的要求。

“6个字”中的“料”在ISO 9001：2015标准条款8.4中详细要求。

每个工序生产小过程乃至质量管理体系所有小过程实际上就是要配备好ISO 9001：2015标准“条款7.1”所对应的人员、基础设施、组织知识、过程运行环境及监视和测量资源这五种资源，每种资源要符合“条款7.1”提出的要求，每种资源又有确定、提供和维护这三个小过程，也就是说，要规定清楚过程的所有要求，即：200×7个要素＝200×

(6 要素 +1 资源 ×5 种 ×3 个小过程 × (6 要素 +1 资源)),把这些要求都做到位了,那么质量管理体系这个大过程中的所有过程就受控了。

7. 特殊过程确认 8.5.1 中 f 条款是指特殊过程,比如焊接过程,把两件不同物品焊接在一起,焊缝与母材要求等强度,但直到产品交付给顾客之前,也不能知道是否能够等强度,就是不知道输出是否合格。

对于特殊过程,当然要求其输出是合格的,但预先不能知道输出是否合格,那么就必须控制其输入,确保输入是合格的。因此,在特殊过程开始之前,就要对其输入进行确认,确保前面至全部是合格的,然后才开始该特殊过程的实施,才能保证输出是合格的。

特殊过程就是对其六种过程能力影响因素控制得更严格更全面。前面提到的是对非特殊过程的一般要求,不一定要确认全部合格。

确保前面 a ~ e 条款全部是合格的,然后才开始该特殊过程的实施,这时候的输出也就是合格的了。

特殊过程就是对其输入的六种过程能力影响因素控制得更严格更全面。前面 a ~ e 条款提到的是对非特殊过程的一般要求,不一定要确认全部合格。

8. 采取措施防止人为错误 什么是人为错误?比如,火车道下面有一个涵洞,宽度和高度尺寸都是 3 米,尺寸标识牌挂在了进入涵洞的洞壁上,如果货车司机看到了这个标识牌,评估自己的货车尺寸超过了,就不通过这个涵洞,就是正确的,就没有犯错误。如果该货车司机,马马虎虎,得过且过,不准确判断尺寸是否超标就通过涵洞,就会犯人为错误,就会把涵洞拉垮,火车道可能就会受到严重影响,造成很大的损失,这是人为错误。

为防止人为错误,应该在车辆进入涵洞之前的道路上,做个防撞支架,防撞支架的宽度和高度尺寸与涵洞尺寸一样,如果马虎司机开车撞了防撞支架,损失不大,但可以避免撞火车道而造成更大的损失,这个防撞支架就是防止人为错误的措施。

这就是汽车行业的防呆装置,这条要求是从汽车行业提升上来的。ISO 9001 标准是对各行各业质量管理的最低要求,说明 2015 版的要求相对于 2008 版提高了。

9. 实施放行、交付和交付后的活动 对于一些复杂产品和服务,还要在放行、交付和交付后的小过程中采取措施,使其整个过程受控,至于如何做好交付后的活动,参见并实施 ISO 9001:2015 标准条款“8.5.5 交付后活动”的要求。

“8.5.1 生产和服务提供的控制”是对各个岗位员工的要求,简单地把 1 个岗位看成 1 个过程,也就是质量管理体系对各个过程的要求。想想:该岗位的要求规定清楚了没有?做到位了没有?清楚了这些要求没有?所以,“条款 8.5.1”应该是每个过程要熟练掌握的条款,应经常认真对照学习,不断以点带面,逐步做好质量管理体系所有过程的要求。

10. 识别输出 “输出”用词适用于所有行业,输出对于制造行业就是产品,对于服务行业就是服务。

11. 顾客或外部供方的财产 造船厂建造一条大船,通常是分成多段分段建造的,条款 8.5.3 备注的这些类型的顾客财产基本都有涉及。

12. 防护 防护就是在预期产品开始购买原材料到交付给顾客之前的这段时间,所需要做到的保质保量的所有工作。

(六)产品和服务的放行

1. 授权放行人员 放行人员狭义指出厂检验员,广义指所有检验员以及技术人员、品

质和技术部门负责人。授权形式多种多样，最简单的形式是签领检验章。

2. 防止非预期的使用或交付　“8.7 不合格输出的控制”中告知顾客和获得让步接收的授权这 2 种措施是对不合格输出不作处理而主动放行的措施，让顾客在下一道工序再采取措施。

六、绩效评价

（一）监视、测量、分析和评价

1. 组织应确定需要的监视和测量　确定检查的对象是质量管理体系的所有过程；确定这些过程的不同的检查方法；确定这些过程的不同的检查时机。

2. 顾客满意　确定顾客满意度的获取、监视和评审的方法，监视方法除了顾客调查外，还应有本条款备注中其他的方法。

3. 分析与评价　对质量管理体系所有的过程进行日常一级监控检查后，对检查结果应用统计学技术在内的数据分析方法进行分析，对照分析结果，评价质量管理体系的 7 个方面的结果，条款 9.1.3 的输出就作为条款 9.3.2 管理评审的输入。

（二）内部审核

内部审核是二级监控，内部审核的对象是质量管理体系，内部审核的时间间隔不大于 12 个月或 6 个月，内部审核的目的是评价质量管理体系的符合性和有效性。

9.2.2 中 a ~ f 条款是内部审核的几项要点工作，具体细节要求参见 GB/T 19011—2013。

（三）管理评审

1. 管理评审策划　管理评审是三级监控，责任人是最高管理者，管理评审的对象是质量管理体系，管理评审的时间间隔不大于 12 个月，管理评审的目的是评价质量管理体系的适宜性、充分性和有效性。

2. 管理评审输入　管理评审的输入是条款“7.3 意识”各部门贯彻质量管理体系要求的年度总结的输出，也是“9.1.3 分析与评价”分析和评价结果的输出。

3. 管理评审输出　管理评审过程的输出中一定要重视改进机会的提出。

七、改进

（一）总则

为了实现质量管理体系的预期结果，可以“改进产品和服务”，这个步伐是很大的，可以是“突破性变革、创新和重组”，这个力度之大是 ISO 9001 前面几个版本所不能企及的，是重大的纠正措施。

（二）不合格和纠正措施

对所有的不合格都要做出应对，公司内出现的不合格，采取条款 8.7 的 4 种措施；交付后出现的不合格，要及时处置后果。

对所有的不合格都做出应对的基础上，要进行评审和分析，对于其中的严重的、批量性的和重复出现的不合格，要进一步采取纠正措施，防止其再次发生。

确定不合格的真正原因或主要原因是重要步骤，要多问几个为什么，而不能仅停留在

其表面，这是引起目前很多组织的质量管理体系水平不高的重要原因。原因分析过程也是风险分析过程。

如果所采取的纠正措施有效，说明针对高风险所采取的措施有效，就应该把高风险降低为低风险，反之，就再在“低”风险里评估高风险。

如果所采取的纠正措施有效，就将其固化到质量管理体系的相应成文信息中去。

（三）持续改进

图 9－5 引自 GB/T 19001—2016 标准引言中的图，图中带箭头的大圆环，就意味着 PDCA循环，“改进”比较突出，意味着 PDCA 循环要螺旋式上升，这是 PDCA 循环的一个重要特点。质量管理体系这个大过程，一年做一次大循环，一年一次的管理评审是继往开来的转折点，上一年管理评审输出中的改进的机会将作为开展下一年度质量管理体系的输入，将引出更高水平的 PDCA 循环，一年更比一年强。

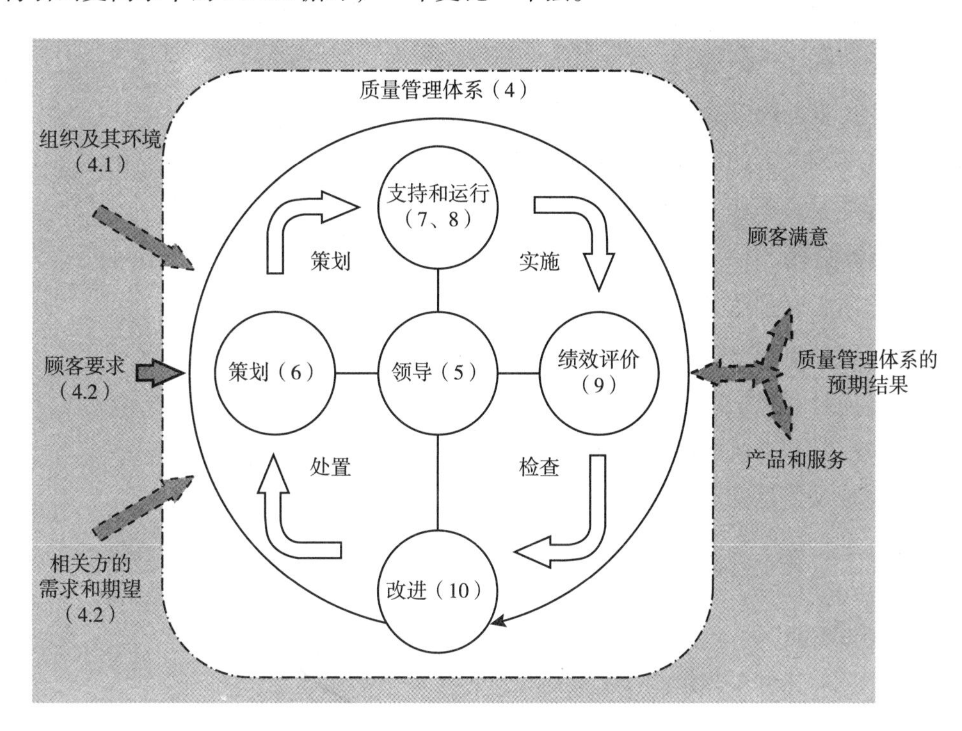

图 9－5　质量管理体系过程图

对于 GB/T 19001—2016 标准的学习，除了正文部分外，其前言、引言和附录的学习，对正文的理解也是有帮助的。本标准的前言中，给出了本标准编写的信息；本标准的引言中，指出了本标准使用的三种方法——过程方法、PDCA 循环和基于风险思维的方法；在其附录 A 中指出了 2015 版相对于 2008 版标准的新的内容的说明。

第四节　ISO 9001 质量管理体系的建立和实施

扫码“学一学”

质量管理体系是通过 PDCA 循环周期性改进，随着时间的推移而不断进化的动态系统。无论其是否经过正式策划，每个组织都有质量管理活动。GB/T 19000 标准为如何建立正规的体系，以管理这些活动提供了指南。确定组织中现存的活动和这些活动对组织环境的适宜性是必要的。GB/T 19000 标准和 GB/T 19001 及 GB/T 19004 一起，可用于帮助组织建立一个完善的质量管理体系。

正规的质量管理体系为策划、实施、监视和改进质量管理活动的绩效提供了框架。质量管理体系无需复杂化，而是要准确地反映组织的需求。在建设质量管理体系的过程中，GB/T 19000 标准中给出的基本概念和原则可提供有价值的指南。

质量管理体系策划不是一劳永逸的，而是一个持续的过程。质量管理体系的策划随着组织的学习和环境的变化而逐渐完善。策划要考虑组织的所有质量活动，并确保覆盖GB/T 19000标准的全部指南和 GB/T 19001 的要求。该策划经批准后实施。

建立和实施质量管理体系的步骤，一般可以由以下四个阶段完成。

一、第一阶段：体系策划

（一）体系策划准备

（1）成立贯标领导小组和工作小组。

（2）制定贯标工作计划。

（3）组织所处的内外部因素的识别和分析。

（4）顾客等相关方的需求和期望的识别与分析。

（5）实施质量管理业务流程分析诊断。

（二）体系策划

（1）确定质量管理体系范围。

（2）确定业务流程/体系过程。

（3）质量方针和目标的策划。

（4）职责/组织结构/职能分配的策划。

（5）体系成文信息的策划。

二、第二阶段：体系建立

（一）基础培训

（1）ISO 9000 族标准理解与实施培训。

（2）体系成文信息编制培训。

（3）内审员培训。

（二）成文信息编制

（1）体系成文信息编制。

（2）体系成文信息审批和发布。

三、第三阶段：体系运行

（1）确定和提供必需的运行资源。

（2）体系运行动员与培训。

（3）体系运行实施保留记录。

四、第四阶段：体系评价和完善

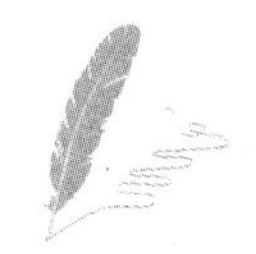

（1）内部审核。

（2）管理评审。

（3）体系纠正及改进。

（4）体系认证。

建立和实施质量管理体系的方法是过程方法、PDCA 循环和基于风险思维的方法。这 3 种方法在 GB/T 19001 标准中有机结合、共同运作和贯穿始终。

过程方法使组织能够策划过程及其相互作用。GB/T 19001 标准中“条款 4.4”是过程方法的典型应用，应熟练掌握该条款。

PDCA 循环方法使组织能够确保其过程得到充分的资源和管理，确定改进机会并采取行动。GB/T 19001 标准中“条款 10.2”是 PDCA 循环方法的典型应用，应熟练掌握该条款。

基于风险思维的方法使得组织能够确定可能导致其过程和质量管理体系偏离策划结果的各种因素，采取预防控制，最大限度地降低不利影响，并最大限度地利用出现的机遇。GB/T 19001 标准中“条款 6.1”是基于风险思维的方法的典型应用，应熟练掌握该条款。

建立和实施质量管理体系的原则是源于现实，高于现实，低于设想。组织在正式建立质量管理体系之前，客观上，已经存在一个质量管理体系，只是按照该组织自己的想法做的，有很多做法是符合 GB/T 19001 标准要求的，这一部分要继承下来；对于不符合 GB/T 19001 标准要求的或者原来没有做到的部分要求，就要完善补充，高于现实；但是也不能“设想”过高的实施要求，提出的实施办法，既要符合 GB/T 19001 标准要求，又要结合组织实际，是目前可行的，以后再不断提高要求。

第五节　ISO 9001 质量管理体系认证

扫码“学一学”

质量管理体系认证是指由取得质量管理体系认证资格的第三方认证机构，依据正式发布的质量管理体系标准，对组织的质量管理体系实施评定，评定合格的，由第三方机构颁发质量管理体系认证证书，并给予注册公布，以证明组织质量管理和质量保证能力符合相应标准或有能力按规定的质量管理要求提供产品和服务的活动。质量管理体系认证的主要流程如下。

一、质量管理体系认证申请

申请认证的组织（申请方）向自己选定的、国家认可的认证机构提出质量管理体系认证申请，填写申请书，并提供如下信息：组织结构情况（名称、地址、组织机构、现场区域、活动范围、员工人数、厂区平面图等）；质量管理体系简介；质量管理体系成文信息；产品和服务范围、产品和服务实现过程；适用的法律法规、标准说明；组织的法律地位证明文件；最近一次产品质量监督抽查结果；申请人聘请咨询机构及咨询人员名单；申请人对审核和认证的要求。

申请方应确保质量管理体系建立、运行已达 3 个月左右。

认证机构对受审核方的申请材料进行评审，判断该组织是否符合申请认证条件，并给予明确答复。

二、质量管理体系认证审核的实施

质量管理体系认证审核包括文件审核、第一阶段审核和第二阶段审核。

1. 文件审核

（1）文件审核目的　文件审核就是对受审核方质量管理体系成文信息的符合性、完整性进行审查，即成文信息是否符合质量管理体系标准的要求，适宜性是否合理，成文信息是否已发布实施，从而确定是否进行现场审核，并为制定第一阶段审核计划做准备。

（2）文件审核内容　包括：成文信息内容是否符合标准并覆盖了标准的所有要素；是否结合组织的产品和服务、活动特点，并提出了控制要求；各项活动的职能分配、接口是否明确、协调；同一层次成文信息或不同层次成文信息在职责、要求方面是否一致，连贯对应；主要过程、活动是否有成文信息控制。

（3）文件审核结论　文件符合标准要求，可以进行现场审核；部分文件不符合，修改后进行现场审核；文件严重不符合标准的要求，不能进行现场审核，请受审核方修改后重新进行文件审核。

当然，文件审核贯穿于整个认证审核过程，在第一阶段和第二阶段现场审核中，还应继续审查成文信息的适宜性和充分性。

2. 第一阶段审核　成文信息审核通过后，进行第一阶段审核。

（1）第一阶段审核目的　包括：通过对组织的方针目标、法律法规、主要部门、场所的活动情况进行现场审核，了解组织的基本概况，判断组织的质量管理体系策划、运行的合理性和有效性；对第二阶段审核进行策划；确定第二阶段审核范围、审核方法和审核准则；决定第二阶段审核的时间和审核组的组成。

（2）第一阶段审核内容　包括：组织的基本概况；组织的生产、活动、服务特点、主要过程及运作方式；识别业务的主要风险，以及相关法律法规及其符合性；评估受审核方所确定的过程是否充分，是否满足其目标和顾客要求；确认内审、管理评审的可信度；了解顾客、社会、相关方对组织的意见；了解法律法规和许可证制度；了解近期发生质量事故的情况；结合现场情况对质量管理体系成文信息进行补充审核并提出修正意见。

第一阶段审核不需对标准的所有过程进行审核，而是有侧重点的审核，重点是各类风险因素识别、评价、运行控制和监测活动是否实施。

审核组在第一阶段审核后提出整改意见（但不开不符合项报告，以不符合汇总表形式给出），要求受审核方完成整改后再进行第二阶段审核。

3. 第二阶段审核

（1）第二阶段审核目的　包括：第二阶段审核是认证活动的核心部分，目的是验证组织的质量管理体系运行的有效性和质量方针目标的实现程度；决定是否给予认证注册。

（2）第二阶段审核内容　包括：审核范围覆盖组织的所有部门、场所和区域；质量方针及其实现方案的合理性；最高管理者的承诺及证据；各部门、各岗位的职责权限是否已落实；质量目标是否在各层次上建立并已量化；质量各类风险因素识别是否充分，评价是否准确，目标及其管理方案是否落实；风险因素控制及绩效监测是否到位；三级监控机制是否已经建立；内审、管理评审是否按计划实施，对发现的不符合是否采取了纠正措施并进行了有效性验证。

（3）第二阶段审核程序　包括：首次会议；按审核计划实施现场审核；确认审核发现；末次会议；审核结论。

第二阶段审核末次会议上，由审核组组长宣布审核结论，并出具审核报告。报告对组织的质量管理体系分别进行评价，然后再综合评价质量管理体系的符合性、充分性和有效性，并确定现场审核结论。审核结论在审核组讨论后，经组长作出。现场发现的问题以“不符合报告单”形式提出，限期整改，经组长验证后，交认证机构技术委员会进行审议。最终认证决定由认证机构作出。

三、认证后的监督审核

1. 监督审核的目的　受审核方获准认证后，认证机构颁发质量管理体系认证证书，有效期为 3 年。认证机构定期进行监督检查，其目的是验证组织的质量管理体系是否持续符合标准的要求。

2. 监督审核的要求　对受审核方的监督审核通常是一年一次，但初次认证后的第一次监督检查，则在通过认证后 6 ~ 9 个月内进行。监督审核的程序与初次认证现场审核相同，只不过每次审核的条款较全体系审核为少，但 3 年必须覆盖全部条款和部门至少一次。

3. 监督审核的结果形式　保持注册；暂停认证；注销认证。

四、再认证

再认证或称复评，是指认证证书 3 年有效期满前，组织应重新提出申请，认证机构重新组织再认证/复评审核，其程序同于初审。

思考题

1. 什么是七项质量管理原则？它与 ISO 9001 有何关系？
2. 设计和开发输入应包括哪些内容？
3. 不合格输出控制的目的是什么？如何处置已发现的不合格品输出？
4. 质量管理体系认证初次审核包括哪些阶段？
5. 简述建立和实施质量管理体系的方法。

（吴炎松）

第十章　ISO 22000 食品安全管理体系

知识目标

1. 掌握　ISO 22000 体系的策划和建立要求、体系审核和认证的流程。
2. 熟悉　ISO 22000 体系的目的和范围、术语和定义、前提方案。
3. 了解　ISO 22000 体系的发展历程和系列标准。

能力目标

1.制订OPRP控制计划和CCP控制计划。
2.运用PDCA循环方法制定企业改进措施。

扫码“学一学”

第一节　ISO 22000 食品安全管理体系概述

一、ISO 22000 食品安全管理体系简介

ISO 22000 是由国际标准化组织 TC34/SC17/WG8 小组负责制订的适用于食品链各类组织的食品安全管理标准。ISO 22000 的目标是协调全球食品安全管理的要求，有助于确保“从农场到餐桌”整个食品供应链的食品安全。2005 年 9 月 1 日，为保证全球食品安全，国际标准化组织正式发布了 ISO 22000：2005《食品安全管理体系：适用于对食品链中各类组织的要求》，2006 年 3 月 1 日，我国等同转换国际版标准 GB/T 22000—2006 正式发布，2006 年 7 月 1 日正式实施。ISO 22000 是国际标准化组织继 ISO 9000、ISO 14000 标准后推出的又一管理体系国际标准。它建立在 GMP、SSOP 和 HACCP 基础上，首次提出针对整个食品供应链进行全程监管的食品安全管理体系要求。同年 11 月国际标准化组织又发布了 ISO/TS 22004：2005《食品安全管理体系 ISO 22000 应用指南》。

ISO 22000 在食品危害风险识别、确认以及系统管理方面，参照了国际食品法典委员会（CAC）颁布的《食品卫生通则》中有关 HACCP 体系和应用指南部分。ISO 22000 的使用范围覆盖了食品链全过程，即种植、养殖、初级加工、生产制造、分销，一直到消费者使用，其中也包括餐饮。另外，与食品生产密切相关的行业也可以采用这个标准建立食品安全管理体系，如杀虫剂、兽药、食品添加剂、贮运、食品设备、食品清洁服务、食品包装材料等。它是通过对食品链中任何组织在生产（经营）过程中可能出现的危害进行分析，确定控制措施，将危害降低到消费者可接受的水平。ISO 22000 标准的核心是危害分析，并将它与国际食品法典委员会所制定的实施步骤、HACCP 的前提条件——前提方案（OPRP）和相互沟通均衡地结合。在明确食品链中各组织的角色和作用条件下，将危害分析所识别

的食品安全危害进行评价并分类，通过 HACCP 计划和操作性前提方案（OPRP）的控制措施组合来控制，能够很好地预防食品安全事件的发生。ISO 22000 强调在食品链中的所有组织都必须具备能够控制食品安全危害的能力，以便能提供持续安全的产品来满足顾客的需求和符合相对应的食品安全规则。ISO 22000 标准已成为审核标准，可以单独作为认证、内审或合同的依据，也可与其他管理体系，如 ISO 9001：2015 组合实施。

ISO 22000 推行了十余年后，国际标准化组织开始着手对其修订的工作。2018 年 6 月 18 日，国际标准化组织正式发布了 ISO 22000 的第二次修订版 ISO 22000：2018《食品安全管理体系：适用于对食品链中各类组织的要求》。要求获得认证的组织必须在 2021 年 6 月 19 日之前过渡到 2018 版标准。ISO 22000：2018 采用了所有 ISO 标准所通用的 ISO 高阶结构（HLS），以提高与其他管理体系标准的兼容性。标准使用组织能够使用过程方法，并结合 PDCA 和基于风险的思维，将其食品安全管理体系要求与其他管理体系标准要求进行协调或整合。PDCA 循环使组织能够确保其过程得到充分的资源和管理，并确定和实施改进机会。基于风险的思维能够使组织确定可能导致其过程和食品安全管理体系偏离所策划的结果的因素，采取预防性控制，以最小化负面影响。

ISO 22000：2018 标准包括八个方面的内容，即范围、规范性引用文件、术语和定义、组织环境、领导力、策划、支持、运行、绩效评价、改进。虽然 ISO 22000 是一个自愿采用的国际标准，该标准为越来越多国家的食品生产加工企业所采用而成为国际通行的标准。

二、食品安全管理体系的发展历程

自 20 世纪 60 年代，HACCP 原理第一次运用在航空食品，充分论证了 HACCP 原理的先进性。HACCP 作为一个原理，是现代世界确保食品安全的基础，其作用是预防或减少食品实现过程中食品危害的产生。HACCP 不是依赖对最终产品的检测来确保食品的安全，而是将食品安全建立在对产品实现过程的控制上，以防止食品产品中已知的食品安全危害或将其降低至可接受的水平，是一种经实践证明了的有效的风险控制措施。美国 FDA 鉴于 HACCP 原理的成功实践，先后将其推广至低酸性罐头、水产品、禽肉和果蔬汁等高风险行业，并且作为 HACCP 法规加以实施。但 HACCP 只是一个原理和方法，需要有系统的方法来管理食品安全，才能真正保证食品安全。ISO 组织在采用了 ISO 9001 系统的管理方法的基础上，结合 HACCP 原理，建立了 ISO 22000：2005 食品安全管理体系标准，以规范和协调全球食品安全管理的要求。确保“从农场到餐桌”整个食品供应链的食品安全，尽可能地保持标准与商业和贸易紧密联系，并确实起到帮助组织业务发展的作用。

但是作为第一个版本的食品安全管理体系，ISO 22000：2005 从公布之时，就存在着诸多问题，如某些术语和定义晦涩深奥、不易理解、容易导致混淆，标准内容存在一些不必要的重复，中小型食品企业不能对标准进行充分地运用，对风险的理解有待提高等，一定程度上影响了其在全球食品安全方面的影响力和作用。另外，ISO 22000：2005 标准是建立在 ISO 9001：2000 的基础上，体系架构不清晰，影响了该版标准在组织的有效运用。

随着当代食品安全管理和当前商业环境的变化，相关方的需求和期望让食品企业面临着新的挑战，ISO 22000：2005 在应用了近 10 年之后，国际标准组织计划对其进行改版。经过 ISO/TC 34/SC 17/WG 8 小组的不懈努力，新版 ISO 22000 于 2018 年 6 月 18 日正式发布。

三、实施 ISO 22000 标准的目的和范围

1. 实施 ISO 22000 标准的目的 ①策划、实施、运行、保持和更新食品安全管理体系，确保提供的产品安全预期用途对消费者是安全的；②证实符合适用的食品安全法律法规要求；③评价和评估顾客要求，并证实符合双方商定的、与食品安全有关的顾客要求，以增强顾客满意；④与供方、顾客及食品链中的其他相关方在食品安全方面进行有效沟通；⑤确保组织符合其声明的食品安全方针；⑥证实符合其他相关方的要求；⑦寻求由外部组织对其食品安全管理体系的认证或注册，或进行符合性的自我评估，或自我声明符合本标准。

2. 标准的适用范围 ISO 22000 标准的所有要求都是通用的，旨在适用于在食品链中的所有组织，无论其规模大小和复杂程度如何。直接介入食品链中组织包括但不限于饲料加工者，收获者，农作物种植者，辅料生产者，食品生产者，零售商，食品服务商，配餐服务组织，提供清洁和消毒服务、运输、贮存和分销服务的组织；其他间接介入食品链的组织包括但不限于设备、清洁剂、包装材料以及其他与食品接触材料的供应商。ISO 22000 标准允许组织，如小型和/或欠发达组织（如小农场、小分包商、小零售或食品服务商）实施外部开发的食品安全管理体系的要素。

四、ISO 22000 系列标准

ISO 22000 是该标准族中的第一个文件，该标准族还包括下列文件。

（1）ISO/TS 22003：2013《食品安全管理体系：审核与认证机构要求》，于 2013 年 12 月发布。我国对应的国家标准是 GB/T 22003—2017。

（2）ISO 22004：2014《食品安全管理体系：ISO 22000 应用指南》，于 2014 年 9 月发布。我国对应标准是 GB/T 22004—2007。

（3）ISO 22005《饲料和食品链的可追溯性 体系设计与实施的通用原则和基本要求》，于 2007 年 7 月发布。我国对应国家标准是 GB/T 22005—2009。

五、ISO 22000 基础术语与定义

行动准则：设定的用于监视如操作性前提方案的控制措施的可测量的或可观察的准则。

审核：系统的、独立的和文件化的过程，通过获取审核证据和评价，客观地判定审核准则实现的程度。

食品链：从初级生产直至消费的各环节的顺序，涉及食品及其辅料的生产、加工、分销、贮存和处理。

食品安全管理体系：组织建立食品安全方针和目标，以及实现这些目标的过程的相关关联或相互作用的一组要素。

操作性前提方案（operational prerequisite programme，OPRP）：防止显著食品安全危害或降低至可接受水平，具有规定的行动准则的控制措施或其组合，测量和观察能有效地控制过程和（或）产品。

前提方案（prerequisite programme，PRP）：对于在组织内和食品链中保持食品安全所必需的基本条件和活动。

可追溯性：追溯客体经历特定生产、加工和配送阶段的历史、应用情况、移动和所处位置的能力。

扫码“学一学”

第二节　ISO 22000 食品安全管理体系的建立与认证

ISO 22000 标准适用于食品链中所有的食品生产经营组织，它要求食品生产经营组织将食品安全进行系统管理，以确保消费者食用安全为目标，以 HACCP 原理及其应用体系为核心，重点强调对“从农田到餐桌”整个食品链中影响食品安全的危害进行过程化、系统化和可追溯性控制。因此，通过实施这一结构严谨且成效显著的预防性食品安全控制体系，可以对食品形成和分销全过程的安全危害，依据其显著程度实施分类控制，确保食品中潜在的显著危害得到预防、消除或降低到可接受水平，从而使提供的食品满足消费者身体健康和生命安全的要求。

企业建立 ISO 22000 食品安全管理体系并推行食品安全管理体系认证制度，有利于推动各种技术法规和标准的贯彻，促使企业按照技术法规之标准实施管理或组织生产，规范自身行为，从根本上提高企业食品安全管理水平，增强员工卫生安全意识，有效控制可能发生的食品安全事故。根据食品安全危害的显著程度分别采取有效的控制措施，可以恰当的配置资源，在有效控制危害的同时降低运营成本，减少浪费，提高效益。

一、ISO 22000 体系的策划与建立

1. 运行策划和控制　组织应通过以下措施，策划、实施、控制和更新满足要求的安全产品所必需的过程：为过程建立准则；按照准则实施过程控制；保留文件化信息，其程度为证实过程已经按策划进行。

组织应控制策划的更改，评审非预期变更的后果，必要时，采取措施减少不利影响。

组织应确保外包过程得到控制。

2. 建立前提方案

（1）组织应建立、实施和保持前提方案（PRP（s）），以助于控制污染物（包括食品安全危害）通过工作环境进入产品的可能性；产品的生物性、化学性和物理性污染，包括产品之间的交叉污染；有助于产品和产品加工环境污染物（包括食品安全危害）的控制。

（2）前提方案应与组织和其在食品安全方面的环境相适宜；与运行的规模和类型、制造和（或）处置的产品性质相适宜；无论是普遍适用于特定产品或过程，前提方案都应在整个生产系统中实施；获得食品安全小组的批准。

PRP 应在进行危害分析前建立和设计。但更新 PRP 和食品安全管理体系其他部分时，可识别 PRP 变更和改进的需求。

（3）当选择和（或）建立前提方案时，组织应考虑适用 ISO/TS 22002 系列技术规范；客户要求；适用的法典和指南。

（4）当制定这些方案时，组织应考虑建筑物和相关设施的布局和建设；包括工作空间和员工设施在内的厂房布局；空气、水、能源和其他基础条件的提供；支持服务，包括虫害控制，废物和污水处理；设备的适宜性，及其清洁、保养和预防性维护的可实现性；供

应商批准和保证过程（如原料、辅料、化学品和包装材料）；到货物料的接收、贮存、运输和产品的处置；交叉污染的预防措施；清洁和消毒；人员卫生；产品信息和消费者意识；其他适用的方面。

组织应有效地实施和更新 PRP。文件宜规定如何管理前提方案中包括的活动。

3. 建立可追溯性系统 可追溯性系统应能够识别直接供方的进料和终产品首次分销途径。组织应建立、实施和适用以下：与原料批次、中间产品和终产品的关系，包括返工；符合法律法规和顾客要求。

应在一定期间内保留作为可追溯性系统证据的文件化信息（包括最少的产品保质期）。组织应验证和测试可追溯性系统的有效性。

4. 应急准备和响应 最高管理者应建立、实施保持程序，以管理影响食品安全的潜在紧急情况和事故。该程序应与组织在食品链中的作用相适宜。组织应：

通过以下方式响应实际发生的紧急情况和事故：①适用时，符合法律法规要求；②对外沟通；③对内沟通（例如，供应商、顾客、执法部门、政府机构、媒体）。采取措施减少紧急情况的后果，该措施要适于紧急情况或事故的程度及对食品安全可能的影响。可行时，对程度进行定期测试；必要时评审和修订程序，特别是在事故、紧急情况或测试发生后。

可以影响食品安全和或生产的紧急情况是自然灾害、环境事故、生物恐怖、工作场地事故、公共卫生事件和其他事故，和其他必要服务的中断，如断水、断电或冷气供应中断。

5. 危害控制

（1）危害分析的预备步骤 食品安全小组应确保收集、更新和保持危害分析所需的全部基本信息，并形成文件化信息。这些信息包括但不限于：组织的产品、过程、设备；食品安全管理体系范围内的食品安全危害。

组织应保留所有原料、辅料和与产品接触的材料的文件化信息，其详略程度为实施危害分析所需。适用时，包括以下方面：生物、化学和物理特性，包括已知的过敏原；配制辅料的组成，包括添加剂和加工助剂；来源（例如：动物，矿物质，蔬菜）；起源；生产方法；包装和交付方式；贮存条件和保质期；使用或生产前的预处理；与采购材料和辅料预期用途相适宜的有关食品安全的接收准则或规范。

组织应确保识别与预期生产的终产品有关的适用的食品安全法律法规的要求。

组织应保留终产品特性文件化信息，其详略程度为实施危害分析所需。适用时，包括以下方面：产品名称或类似标识；成分；与食品安全有关的化学、生物和物理特性；预期的保质期和贮存条件；包装；与食品安全有关的标识和（或）处理、制备及使用的说明书；分销方法。

应考虑终产品的预期用途和合理的预期处理，以及非预期但可能发生的错误处置和误用，并应将其在文件化信息描述，其详略程度为实施危害分析所需。适用时，应识别每种产品的消费和使用群体，并应考虑对特定食品安全危害的易感消费群体。

食品安全小组应建立、保留和更新文件化信息方式的产品或产品类别和体系覆盖过程的流程图。

流程图提供过程的图示。流程图应为评价食品安全危害可能出现、增加或引入提供

基础。

流程图应清晰、准确和足够详尽，其详略程度为实施危害分析所需。适当时，流程图应包括：操作中所有步骤的顺序和相互关系；源于外部的过程和分包工作；原料、辅料和中间产品投入点；过程参数的描述；返工点和循环点；终产品、中间产品和副产品放行点及废弃物的排放点。

食品安全小组应现场证实流程图的准确性，适当时更新作为文件化信息进行保留。

食品安全小组应描述和更新，其详略程度为实施危害分析所需：工厂平面图，包括食品和非食品加工区；过程设备和接触材料，加工助剂和物流；现有的 PRP，过程参数、控制措施（如果有）和（或）它们应有严格程度，或者可以影响食品安全的程序；外部的要求（例如，来自法规部门或顾客），其可能影响到控制措施的选择和严格程度。

适当时，应考虑可预料的季节变换或调班导致的变化。适当时，应更新描述。

（2）危害分析

①总则。食品安全小组基于预备信息进行危害分析，确定哪些危害需要控制，以及为确保食品安全的控制程度。应使用的适宜的控制措施组合。

②危害识别和确定可接受水平。组织应识别并记录与产品类别、过程类别和实际生产设施相关的所有合理预期发生的食品安全危害。这种识别应基于以下方面：根据危害分析预备步骤收集信息和数据；经验；外部信息，尽可能包括流行病学和其他历史数据；来自食品链中，可能与终产品、中间产品和消费食品的安全相关的食品安全危害信息；法律法规和客户要求。

流程图应为评价食品安全危害可能的出现、引入或增加提供基础。在识别危害时，组织应考虑：食品链的前后环节；流程图中的所有步骤；加工设备、实施/服务、加工环境和人员。

组织应确定终产品中食品安全危害的可接受水平。确定可接受水平时，组织应考虑：确保识别适用的法律法规要求和顾客要求；考虑终产品的预期用途；考虑其他相关信息。

组织应保留确定的可接受水平的文件化信息和接受水平的依据。

③危害评估。组织应对每种已识别的食品安全危害进行危害评估，以确定消除危害或将危害降至可接受水平是否是生产安全食品所必需的；以及是否需要控制危害以达到规定的可接受水平。

组织应根据食品安全危害造成不良健康后果的严重性及其发生的可能性，对每种食品安全危害进行评价。组织应识别显著的食品安全危害。

④控制措施的选择和分类。基于危害评估，组织应选择适宜的控制措施或控制措施组合，以预防、消除或减少食品安全危害至规定的可接受水平。组织应对所选择的控制措施进行分类，以决定其是否需要通过操作性前提方案或 HACCP 计划进行管理。应使用系统方法对控制措施进行分类，其包括下面可行性的评估：建立可测量的关键限值和/或可测量/观察的行动准则；监视可发现不符合关键限值和/或可测量/观察的行动准则的任何失效；一旦不符合及时采取纠正。

（3）控制措施和控制措施组合的确认　在实施包括在危害控制计划里的控制措施之前和任何的变更后，组织应确认：所选择的控制措施能使其针对的食品安全危害实现预期控制，和控制措施和（或）其组合是有效的，能确保控制已确定的食品安全危害，并获得满

足规定可接受水平的终产品。

当确认结果表明不能满足上述要素时，应对控制措施和（或）其组合进行修改和重新评价。组织应保留确认的方法和控制措施能够达到预期结果的文件化信息。

（4）危害控制计划（HACCP/OPRP 计划）

①总则。组织应建立、实施和维护作为 OPRP 或 CCP 的危害控制计划。危害控制计划应作为文件化信息加以保留，并且每个 CCP 和 OPRP 应包括以下信息：CCP 或 OPRP 控制的食品安全危害；CCP 的关键限值或 OPRP 的行动准则；监控程序；如果关键限值或行动准则不满足时的纠正；职责和权限；监控记录。

②关键限值和行动准则的确定。为了可以监控，应规定 CCP 的关键限值和 OPRP 的行动准则。其确定的理由应作为文件化的信息加以保留。

CCP 的关键限值应是可以测量的。OPRP 的行动准则应是可以测量的或观察的。

符合关键限值应确保食品安全危害的可接受水平不会超出。符合行动准则应能够保证食品安全危害的可接受水平不会超出。

③CCP 和 OPRP 监控系统。对于 CCP，应建立每个控制措施的监控系统，以发现任何不能满足的关键限值。系统应包括与关键限值有关的所有计划的措施。对于 OPRP，应建立每个控制措施或控制措施组合的监控系统，以证明是符合行动准则的。每个 CCP 和 OPRP 的监控体系，应由包括文件化信息的程序、指导书和记录，并应包括但不限于：在适宜的时间框架内提供结果的测量或观察；使用的监控方法和设备；适用的校准方法，对于 OPRP，可靠的测量或观测的验证的等效方法；监控频率；监控结果；与监视有关的职责和权限；与评价监视结果有关的职责和权限。

对于 CCP，监控方法和频次应能及时地发现不满足关键限值，以防止产品的使用和消费。对于 OPRP，监控方法和频次应与失效和后果的严重性的可能性相匹配。

当 OPRP 的监控是基于观察的主观信息时，应有指导书和规范和（或）负责监控活动人员的教育和培训的支持。

④关键限值和行动准则不符合的纠正。组织应在危害控制计划中规定关键限值和行动准则不满足时所采取的策划的纠正和纠正措施。这些行动应确保：潜在不安全产品不能放行；查明不符合的原因；CCP 或 OPRP 控制的参数重新回到关键限值或行动准则内；防止再次发生。

⑤危害控制计划的实施。危害控制计划应实施、保留和更新，相关的证据应作为文件化信息加以保留。

6. 更新前提方案和危害控制计划 制定前提方案和危害控制计划后，必要时，组织应更新如下信息：原料、辅料和产品接触材料的特性；终产品特性；预期用途；流程图、过程和过程环境描述。

7. 监视和测量的控制 组织应提供证据表明采用的监视和测量方法以及设备，对于 PRP 和危害控制计划的监视和测量活动是适宜的。所使用的测量设备和方法应：使用前以规定的时间间隔校准或验证；进行调整或必要时再调整；得到识别，以确定其校准状态；防止可能使测量结果失效的调整；防止损坏和失效。

校准和验证结果应作为形成文件化的信息加以保留。所有设备应使用可追溯到国际或国家测量标准进行校准。当不存在上述标准时，标准或验证的依据应加以保留。

当发现设备或过程不符合要求时，组织应评估和记录以往测量结果的有效性。组织应对该设备以及任何受影响的产品采取适当的措施。

当计算机软件用于规定要求的监视和测量时，应确认其满足预期用途的能力，且确认应在初次使用前进行，必要时再确认。

8. 验证前提方案和危害控制计划

（1）验证　组织应建立、实施和保持验证的策划，其规定了验证活动的目的、方法、频次和职责。验证活动应证实：已实施且有效；危害分析的输入持续更新；危害控制计划已实施且有效；危害水平在确定的可接受水平之内；组织确定的其他措施得以实施且有效。

验证结果应作为形成文件的信息加以保留和沟通。

（2）验证活动结果的分析　食品安全小组必须实施验证结果的分析，并将结果分析作为食品安全管理体系的绩效评价的输入。

9. 产品和过程的不符合控制

（1）监视并获取数据　通过监视 OPRP 和 CCP 获得的数据，应由具有能力的指定人员进行评估，该人员具备足够的知识和权限，以启动纠正措施。

（2）识别和控制　组织应确保当 CCP 的关键限值和/或 OPRP 的行动准则未满足时，根据产品的用途和履行要求，受影响的产品得到识别和控制。组织应建立、保持和更新文件化的信息，包括：受影响终产品的识别、评估、纠正和纠正措施，以确保对其正确的处置；所实施的纠正评审的安排。

在关键限值超出条件下生产的产品应得到识别并作为潜在不安全产品进行处置。

当 OPRP 的行动准则未满足时，以下活动应执行：确定失效原因；确定与食品安全有关的失效后果；评估潜在不安全产品。

文件化信息应保留，描述对不安全产品采取的措施，包括：不符合的性质；不符合的原因；不符合的后果；与不符合产品批号和批次有关的追溯信息。

（3）纠正措施　当 CCP 的关键限值超出或 OPRP 的行动准则不满足时，应评估是否需要采取纠正措施。

组织应建立和保留文件化的信息，以规定适宜的措施以识别和消除已发现的不符合的原因，防止其再次发生，并在不符合发生后，使相应的过程恢复控制。这些措施包括：评审不符合（包括顾客投诉和执行检查报告）；评审监视结果可能和失效发展的趋势；确定不符合的原因；评价采取措施的需求，以确保不符合不再发生；确定和实施所需的措施；记录所采取纠正措施的结果；评审采取的纠正措施，以确定其有效；全部纠正措施记录应作为文件化信息予以保留。

（4）潜在不安全产品的处置　组织应采取措施防止不符合产品进入食品链，除非有可能确保：相关的食品安全危害降至规定的可接受水平；相关的食品安全危害在进入食品链前将降至确定的可接受水平；尽管不符合，但产品仍能满足规定的相关食品安全危害的可接受水平。

作为潜在不安全的产品应在评估之前处于受控状态。当产品已离开组织的控制，并继而确定为不安全时，组织应通知相关方，并启动撤回。来自相关方的控制和呼应，以及处置潜在不安全产品的授权应作为形成文件化的信息加以保留。

根据评价，不符合 CCP 关键限值的产品应不能放行，但应进行处理。

根据评价，不符合 OPRP 行动准则的产品，只有应用以下情况时才能放行：除监视系统外的其他证据证实控制措施仍有效；证据表明，针对特定产品的控制措施的组合作用符合预期绩效（例如，确定的可接受水平）；抽样、分析和（或）其他验证活动的结果证实受影响批次/批号的产品符合确定的相关食品安全危害的可接受水平。

放行产品评估结果的记录应作为文件化信息加以保留。

不能放行的产品应按如下之一进行处理：在组织内部或组织外重新加工或进一步加工，以确保食品安全危害得到消除或降至可接受水平；只要食品链中的食品安全不受影响，可改做其他用途；不符合产品的处理记录，包括指定的批准权限，应作为形成文件化的信息加以保留。

（5）撤回　组织应能够确保完整、及时地撤回已被识别为潜在不安全的批次/批号的终产品，通过：授予人员启动撤回和执行撤回的权限；建立和保留形成文件化的信息，通知相关方（如：立法和执法部门、顾客和（或）消费者）；处置撤回产品及库存中受影响的批次/批号产品，和按照顺序实施采取的措施。

撤回/召回的产品和库存中的产品应在组织的控制之下进行监控和扣留，直到按照不合格品处理的要求进行管理。撤回的原因、范围和结果应作为形成文件化的信息加以保留，作为管理评审的输入之一向最高管理者汇报。组织应通过应用适宜技术（如模拟撤回或实际撤回）验证撤回的实施和有效性，并保留文件化的信息。

10. 绩效评价

（1）监视、测量、分析和评价　组织应确定监视和测量的对象；适用时，监视、测量、分析和评价方法，确保有效结果；实施监视和测量的时机；分析和评价监视和测量结果的时机；谁负责分析和评价监视和测量结果。

组织应保留适当的形成文件化的信息，作为结果的证据。组织应评估食品安全绩效和食品安全管理体系的有效性。

组织应分析绩效评价的结果，包括与 PRP、危害控制措施、内审和外审有关的验证活动的结果。应进行分析以实现：证实体系的整体运行满足策划的安排和本组织建立食品安全管理体系的要求；识别食品安全管理体系改进或更新的需求；识别表示潜在不安全产品或过程失效高风险的趋势；确定信息，用于策划与受审核区域状况和重要性有关的内部审核方案；提供证据已采取纠正和纠正措施的有效性。

分析的结果和由此产生的活动应作为形成文件化的信息予以保留，并向最高管理者报告，作为管理评审和食品安全管理体系更新输入。

（2）内部审核　组织应按照策划的时间间隔进行内部审核，以提供有关食品安全管理体系的信息，是否符合：组织自身的食品安全管理体系的要求；ISO 22000 标准的要求；得到有效地实施和保持。

组织应：依据过程的重要性和食品安全控制关注点，对组织和食品安全管理体系产生影响的变化和以往的审核结果，策划、制定、实施和保持一个审核方案，审核方案包括频次、方法、职责、策划要求和报告；根据拟审核区域的状况和重要性，规定审核方案的频次；规定每次审核准则和范围；选择有能力的审核员进行审核，并确保审核过程的客观性和公正性；确保相关的管理部门获得审核结果报告；保留作为实施审核方案以及审核结果的证据的文件化信息；在协商一致的时间内采取必要的纠正和纠正措施；确保食品安全管

理体系在规定的时间间隔进行了审核；确定食品安全管理体系是否满足食品安全方针的意图和食品安全目标。

（3）管理评审　最高管理者应按照策划的时间间隔对组织的食品安全管理体系进行评审，以确保其持续的适宜性、充分性和有效性。

管理评审应考虑下列内容：以往管理评审采取措施的实施情况；有关食品安全管理体系的内外部因素；包括组织和其环境的变更；资源的充分性；发生的任何紧急情况、事故或撤回和召回；通过内外部沟通得到的相关信息，包括相关方的要求和投诉；持续改进的机会。

食品安全绩效和食品安全管理体系有效性的信息，包括以下趋势：体系更新活动的结果；监视和测量结果；与 PRP 和危害控制计划有关的验证活动结果的分析；不符合和纠正措施；审核结果（内部和外部）包括执法检查结果；外部供方绩效；评审风险和机遇以及其对措施的有效性；食品安全管理体系目标的实现程度。

数据应以能使最高管理者将信息与食品安全管理体系所声明的目标相联系的方式提交。

管理评审的输出应包括：与持续改进的机会有关的决定和措施；食品安全管理体系更新和变更的需求，包括资源需求、组织食品安全方针和目标的修订。

组织应保留作为管理评审结果证据的文件化的信息。

11. 改进

（1）不符合和纠正措施　若出现与 ISO 22000 标准的要求不符合，组织应：对不符合做出应对，适用时，采取措施予以控制和纠正；处置产生的后果。

通过以下活动，评价是否需要采取措施，以消除产生不符合的原因，避免其再次发生：评审不符合；确定不符合的原因；确定是否存在或可能发生类似的不符合。

实施所需的措施；评审所采取的纠正措施的有效性；需要时，变更食品安全管理体系。

组织应保留作为证据的文件化的信息：不合格的性质以及随后所采取的措施；纠正措施的结果。

（2）持续改进　组织应持续改进食品安全管理体系的适宜性、充分性和有效性，以加强组织的运营。

最高管理者应确保组织通过以下活动，持续改进食品安全管理体系的有效性：沟通、管理评审、内部审核、验证活动结果的分析、控制措施组织的确认、纠正措施和食品安全管理体系的更新。

（3）更新食品安全管理体系　最高管理者应确保食品安全管理体系持续更新。为此，食品安全小组应按策划的时间间隔评价食品安全管理体系。小组应考虑评审危害分析和已建立的危害控制计划的必要性。评价和更新活动应基于：内部和外部沟通的输入；与食品安全管理体系适应性、充分性和有效性有关的其他信息的输入；验证活动结果分析的输入；管理评审的输出。

体系更新活动应以文件化信息予以保留，并作为管理评审的输入。

二、食品安全管理体系的认证

1. 认证申请与受理申请

（1）认证申请　企业向认证机构提出认证申请；向认证机构提交食品安全管理手册及有关文件和资料。

（2）受理申请　认证机构对企业（受审核方）的申请资料进行初步检查，确定是否受理申请。如果发现不符合的地方，认证机构通知企业进行修正或补充。

2. 第一阶段审核

（1）文件审核　认证机构对企业提供的食品安全管理手册等体系文件进行审查，如果发现不符合的地方，认证机构通知企业进行修改或补充。

（2）第一阶段现场审核准备　确定现场审核日期；编制第一阶段现场审核计划；编制检查表。

（3）第一阶段现场审核

①见面会。审核组与组织的管理者，食品安全小组组长及有关人员会面，说明第一阶段审核的目的、范围、内容、程序和方法，并陈述保密声明。

②现场检查。了解组织情况；对体系文件进行补充审核；收集评审有关信息；评审自我完善和持续改进机制；现场调查。

③开不符合报告。

④交流会。现场审核结束前，召开交流会，审核组长向受审企业通报第一阶段审核结论，指出存在的不符合项，提出纠正要求，并确定第二阶段审核的条件和具体事宜。

（4）编制第一阶段审核报告　第一阶段审核完成后，审核组应编制审核报告，报告内容包括审核的实施情况与审核结论、发现的问题及下一步工作的重点。

3. 第二阶段审核

（1）第二阶段现场审核准备　确定现场审核日期；编制第二阶段现场审核计划；编制检查表。

（2）第二阶段现场审核　首次会议；现场检查，收集审核证据；内部评定；末次会议。

（3）编制审核报告　现场审核后，审核组应编制审核报告，作出审核结论。审核组将审核报告提交认证机构、申请方等。

4. 企业对审核中的不符合项采取纠正措施　受审核企业制定纠正措施计划并实施；审核组验证纠正措施的有效性并给出结论。

5. 审批与注册发证　认证机构对审核组提出的审核报告进行全面审查。经审查，若批准通过认证，由认证机构颁发体系认证证书并予以注册。

扫码“学一学”

第三节　食品安全管理体系前提方案、操作性前提方案的制订

一、前提方案

（1）组织应建立、实施和保持前提方案［PRP（s）］，以助于控制：①污染物（包括食品安全危害）通过工作环境进入产品的可能性；②产品的生物性、化学性和物理性污染，包括产品之间的交叉污染；③有助于产品和产品加工环境污染物（包括食品安全危害）的控制。

（2）前提方案应与组织和其在食品安全方面的环境相适宜；与运行的规模和类型、制造和（或）处置的产品性质相适宜；无论是普遍适用还是适用于特定产品或过程，前提方

案都应在整个生产系统中实施；获得食品安全小组的批准。

PRP 应在进行危害分析前建立和设计。但更新 PRP 和食品安全管理体系其他部分时，可识别 PRP 变更和改进的需求。

（3）当制定前提方案时，组织应考虑建筑物和相关设施的布局和建设；包括工作空间和员工设施在内的厂房布局；空气、水、能源和其他基础条件的提供；支持服务，包括虫害控制，废物和污水处理；设备的适宜性，及其清洁、保养和预防性维护的可实现性；供应商批准和保证过程（如原料、辅料、化学品和包装材料）；到货物料的接收、贮存、运输和产品的处置；交叉污染的预防措施；清洁和消毒；人员卫生；产品信息和消费者意识；其他适用的方面。

二、控制措施的选择和分类

（1）基于危害评估，组织应选择适宜的控制措施或控制措施组合，以预防、消除或减少食品安全危害至规定的可接受水平。组织应对所选择的控制措施进行分类，以决定其是否需要通过操作性前提方案或 HACCP 计划进行管理。应使用系统方法对控制措施进行分类，其包括下面可行性的评估：建立可测量的关键限值和/或可测量/观察的行动准则；监视可发现不符合关键限值和/或可测量/观察的行动准则的任何失效；一旦不符合及时采取纠正。

（2）另外，对于每个控制措施，系统方法应包括以下的评估：对于识别的显著食品安全危害的效果；相对于其他控制措施，该控制措施的位置；控制措施功能失效或工艺发生显著变化的可能性；控制措施功能失效后果的严重性；控制措施是否有针对性建立，并用于消除或显著降低危害水平；控制措施是否单项措施或控制措施组合的一部分（例如，组合的控制措施是否相互作用，产生协同效应）。

做决定的过程和分类的结果应保持文件化的信息。对选择控制措施及其严格程度有影响的外部要求（例如，法律法规和顾客要求）也应作为文件化信息加以保留。当健康程序基于主观信息，例如，对产品和/或过程的感官检验，其应有负责监控活动人员的指导书、规范和/或教育及培训的支持。

三、危害控制计划

1. 组织应建立、实施和维护作为 OPRP 或 CCP 的危害控制计划　危害控制计划应作为文件化信息加以保留，并且每个 CCP 和 OPRP 应包括以下信息：CCP 或 OPRP 控制的食品安全危害；控制措施；CCP 的关键限值或 OPRP 的行动准则；监控程序；如果限值和标准不满足时的纠正和纠正措施；职责和权限；监控记录。

2. 关键限值和行动准则的确定　为了可以监控，应规定 CCP 的关键限值和 OPRP 的行动准则。其确定的理由应作为文件化的信息加以保留。CCP 的关键限值应是可以测量的。OPRP 的行动准则应是可以测量的或观察的。符合关键限值应确保食品安全危害的可接受水平不会超出。符合行动准则同样应能够保证食品安全危害的可接受水平不会超出。

3. CCP 和 OPRP 监控系统　对于 CCP，应建立每个控制措施的监控系统，以发现任何的不能满足关键限值。系统应包括与关键限值有关的所有计划的措施。对于 OPRP，应建立每个控制措施或控制措施组合的监控系统，以证明是符合行动准则的。

每个 CCP 和 OPRP 的监控体系，应由包括文件化信息的程序、指导书和记录，并应包括但不限于：在适宜的时间框架内提供结果的测量或观察；使用的监控方法和设备；适用的校准方法，对于 OPRP，可靠的测量或观测的验证的等效方法；监控频率；监控结果；与监视和评价监视结果有关的职责和权限。

对于 CCP，监控方法和频次应能及时地发现不满足的关键限值，以防止产品的使用和消费。对于 OPRP，监控方法和频次应与失效和后果的严重性的可能性相匹配。当 OPRP 的监控是基于观察的主观信息时，应有指导书和规范和/或负责监控活动人员的教育和培训的支持。

4. 关键限值和行动限值不符合时的纠正 组织应在危害控制计划中规定关键限值和行动准则不满足时所采取的策划的纠正和纠正措施。这些行动应确保：查明不符合的原因；CCP 或 OPRP 控制的参数重新回到关键限值或行动准则内；防止再次发生。

5. 危害控制计划的实施 危害控制计划应实施、保留和更新，相关的证据应作为文件化信息加以保留。

四、PRP、OPRP 和 CCP 之间的区别和联系

PRP、OPRP 和 CCP 之间的区别和联系如表 10－1 所示。

表 10－1 PRP、OPRP 和 CCP 之间的区别和联系

序号	区别和联系	PRP	OPRP	CCP
1	定义	生产安全食品所需的基本条件和活动	防止显著食品安全危害或降低至可接受水平，具有规定的行动准则的控制措施或其组合，测量和观察能有效地控制过程和或产品	过程中的步骤，通过应用控制措施，来防止或降低显著的食品安全危害到可接受水平，并有规定的关键限值，通过测量能够运用纠正。
2	控制对象	不控制具体的食品安全危害	控制具体的显著食品安全危害	控制具体的显著食品安全危害
3	控制标准	需求、规范、程序	行动准则（可观察或可测量）	关键限值（可测量）
4	控制标准的依据	根据产品的特性确定控制措施，根据产品特性确定是否需要确认	以理论和实践为依据，必须确认	以理论和实践为依据，必须确认
5	不符合时的处理	根据产品特性，采取相应的纠正和纠正措施（可能存在食品安全危害，具体情况要具体分析）	可能接受（合格产品） 可能不接受（潜在不安全产品）	一定是不可接受（潜在不安全产品）
6	结果验证	需要验证	需要验证	需要验证
7	举例	工厂发生虫害，干清洁，设备保养	包装、灌装、无菌环境、无菌空气	镜检、杀菌、UHT

第四节 ISO 22000 食品安全管理体系文件的编写

食品安全管理体系文件是食品企业开展食品质量管理和安全保证的基础，是食品安全管理体系审核和体系认证的主要依据。因此食品安全管理体系文件必须切合食品企业实际情况，具有系统性、协调性、科学性、针对性和可操作性。

一、食品安全管理体系文件的种类和层次

1. 食品安全管理体系所需的文件　根据 ISO 22000 标准中规定食品安全管理体系文件应由 5 部分组成：①食品安全方针和相关目标的声明；②食品安全管理手册；③ISO 22000 标准要求的形成文件的程序；④组织为确保食品安全管理体系有效建立、实施和更新所需的文件；⑤ISO 22000 标准所要求的记录。

2. 食品安全管理体系文件的层次　组织在建立食品安全管理体系时，需确定体系的文件层次。各组织的食品安全管理体系一般包括 4 个层次。

（1）第一层　管理手册，简述企业的食品安全方针、目标与指标，概括性、原则性、纲领性地描述食品安全管理体系过程及其相互作用。

（2）第二层　程序文件，是管理手册的展开和具体化，使得管理手册中原则性和纲领性的要求得到展开和落实。

程序文件规定了执行食品安全活动的具体办法。内容包括活动的目的和范围；做什么和谁来做；何时、何地和如何做；如何对活动进行控制和记录。

（3）第三层　作业指导书，在没有文件化的规定就不能保证管理体系有效运行的前提下，组织应使用作业指导书，详述如何完成具体的作业和任务。

管理规定、操作规程、食品配方、技术文件、HACCP 计划、工艺文件、PRP、OPRP 都属于作业指导书的范畴。

（4）第四层　为报告、表格，是用以记录活动的状态和所达到的结果，为体系运行提供查询和追踪依据。

二、食品安全管理体系文件的编制

（一）食品安全方针和相关目标的编制

食品安全方针是由组织的最高管理者正式发布的组织总的食品安全宗旨和方向，是实施、改进与更新食品安全管理体系的推动力。它与质量方针一样，应是其总方针的组成部分，并与其保持一致；它既可以与组织的质量方针合二为一，也可以不同于质量方针。

1. 食品安全方针的编写要求

（1）在内容上应满足下列要求

①与组织相适宜，应识别组织在食品链中的地位与作用，还应考虑组织的产品、性质、规模等，确保食品安全方针与组织的特点相适应；不同的组织在食品链中的作用不同，产品不同，其经营的宗旨也各不同，所以食品安全方针也有所不同。

②符合相关的食品安全法律法规要求及与顾客商定的食品安全要求，组织可根据政府有关食品安全的方针和目标制定自己的食品安全方针。

③为确保沟通的有效进行，应在方针中阐述沟通。

（2）在管理上应满足下列要求

①方针通常使用容易理解的语言来表达，确保组织的各层次进行宣贯，宣贯方式通常是培训、研讨、文件传阅等方式，确保组织的所有员工均能理解方针的含义，了解方针与其活动的关联性，以便大家明确努力的方向，行动协调一致，有效地实施并保持方针。

②对方针的适宜性进行评审，根据组织的实际情况以及持续改进的要求决定是否需要发生重大变更，如组织性质、产品等发生变化时也需对方针进行评审。

③应形成文件，按文件进行控制和管理。

2. 食品安全方针的示例

(1)“全员品管安全优质持续改进客户放心”。

(2)“提供绿色食品，不断推出品质高级化、价格合理化、口味大众化的新饮料。”

(3)“以规范管理，顾客至上持续提升服务品质。”

(4)“质量求精，开拓市场；完善服务，忠诚守信。”

(5)“优秀的品质让顾客放心，良好的服务让顾客满意。”

3. 食品安全目标的编写要求 食品安全方针为食品安全目标的制定提供基本框架。制定的食品安全目标应不仅可测量（定量或定性），而且应支持食品安全方针，应注意目标与方针之间的关联性，并保持一致，通过目标实现方针。目标除了可以直接体现食品安全的要求外，还可以是与食品安全相关的质量和环境等方面的内容（如污水处理系统），但以支持食品安全方针为宗旨。为了实现目标，组织应当规定相应的职责和权限、时间安排、具体方法，并配备适应的资源。

示例：(1)“顾客投诉：产品质量投诉每年不超过一次；顾客满意度85%，并逐年提高1%。”

(2)“成品检验合格率：100%；食品安全客户投诉件数：0件。”

（二）食品安全管理手册的编制

食品安全管理手册是食品企业开展食品安全管理活动的基础，是食品企业应长期遵循的文件。组织的管理手册是根据ISO 22000标准及有关法律法规和其他要求编制的。手册主要包括以下内容：食品安全管理体系范围的说明；引用的程序文件和管理体系中各过程的相互作用的描述。

食品安全管理手册具体包括前言部分、正文部分及附录三部分。

1. 前言部分

(1) 手册批准令应概括说明食品安全管理手册的重要性，手册发布及执行时间，本企业最高管理者签字等事项。

|示　例|

某食品公司的发布令

食品安全管理手册是由本公司组织各有关部门依据ISO 22000《食品安全管理体系 食品链中各类组织的要求》和相关法律法规，结合本公司实际情况编制而成，阐述了本公司食品安全管理体系的情况和作用，内容包括：食品安全管理体系的范围；本公司食品安全管理体系所形成的程序或对其引用；食品安全管理体系过程之间的顺序和相互作用的表述。

本食品安全管理手册是本公司食品安全管理的法规，从发布之日起，要求各部门、全体员工严格贯彻执行。

总经理：　年　月　日

（2）手册的管理及使用说明为保证食品安全管理手册管理的严肃性和有效性，本章应规定食品安全管理手册的编制、发放、修订等程序，保证手册的受控。具体包括手册管理的目的、适用范围、职责、编制和审批、手册发放、手册控制、手册修订、手册的再版、手册的宣贯、相关记录及文件等内容。

（3）食品安全方针目标发布令主要包括本公司的食品安全方针及内涵、食品安全目标、食品安全承诺等内容，最后由总经理签字发布。

（4）企业概况主要介绍本企业或公司的规模、性质、地址、产品种类、联系方式等内容。

（5）食品安全小组组长任命书主要说明任命食品安全小组组长的依据及其主要职责和权限。并且由本组织的最高管理者签字。

示　例

某公司的食品安全小组组长任命书

根据本公司食品安全管理体系建立、实施、保持和发展的需要，特任命×××同志为食品安全管理体系食品安全小组组长。其主要职责和权限如下：

（1）确保按照 ISO 22000 标准的要求建立、实施、保持和更新食品安全管理体系；

（2）直接向组织的总经理报告食品安全管理体系的有效性和适宜性，参与制定食品安全方针和目标，并具体决定实施方法和进行评审，作为体系改进的基础；

（3）为食品安全小组成员安排相关的培训和教育，理解本企业的产品、过程、设备和食品安全危害，以及与体系相关的管理要求，确保在整个组织内提高食品安全的意识；

配合总经理配置、调度体系建立和运行所需的资源和人员，掌握各部门职责和重要的接口方式；

（4）熟悉食品安全管理体系基本情况，掌握本企业质量卫生安全体系的工作状况，组织实施公司食品安全管理体系内部审核，任命内审组长；

（5）对内负责各部门之间体系运作的协调时，外负责食品安全管理体系有关事宜的联络。

总经理：　年　月　日

（6）组织机构图用图表的方式把本公司的组织机构表述出来。

示例：某企业的组织机构图如图 10－1 所示。

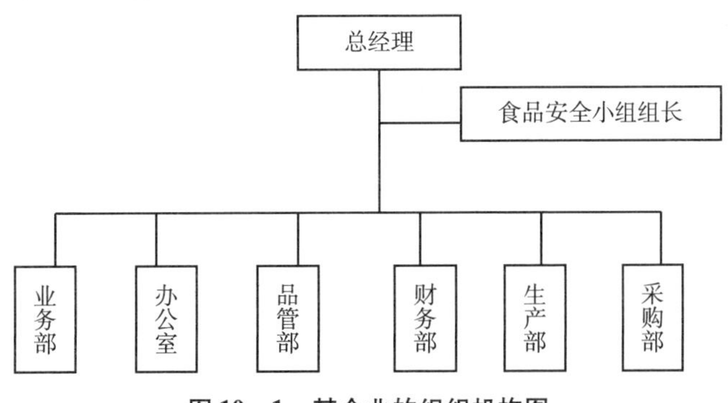

图 10－1　某企业的组织机构图

（7）食品安全管理体系职能分配表见表 10－2。

表 10－2　食品安全管理体系职能分配表

本手册章节号	要求	公司总经理	食品安全小组组长	食品安全小组	厂务部	品管部	管理部	业务部
4.1	总体要求	☆	▲	○	○	○	○	○
4.2	文件要求	○	☆	▲	○	▲	○	○
5.1	管理承诺	▲	○	○	○	○	○	○
5.2	食品安全方针	▲	○	○	○	○	○	○
5.3	策划	☆	▲	○	○	○	○	○
5.4	职责和权限		○	○	○	○	○	○
5.5	食品安全小组	☆	▲	○	○	○	○	○
5.6	沟通	☆	○	○	○	○	○	○
5.7	应急准备和响应	☆	▲	○	○	○	○	○
5.8	管理评审	▲	○	○	○	○	○	○
6.1	资源的提供		○	○	○	○	○	○
6.2	人力资源	☆	○	○	○	▲	○	○
6.3	基础设施	☆	○	○	▲	▲	○	○
6.4	工作环境	☆	○	○	○	▲	○	○
7.1	总则	☆	▲	○	○	○	○	○
7.2	前提方案	○	☆	▲	○	○	○	○
7.3	实施危害分析的预备步骤	○	☆	▲	○	○	○	○
7.4	危害分析	○	☆	▲	○	○	○	○
7.5	操作性前提方案的建立	○	☆	▲	○	▲	▲	○
7.6	HACCP 计划的建立预备信息的更新、描述前提	○	☆	▲	○	○	○	○
7.7	方案和 HACCP 计划的文件的更新	○	☆	▲	○	○	○	○
7.8	验证的策划	○	☆	▲	○	○	○	○
7.9	可追溯性系统	○	☆	○	▲	▲	▲	▲
7.10.1	纠正	○	☆	○	○	○	▲	○
7.10.2	纠正措施	○	☆	○	○	○	▲	○
7.10.3	潜在不安全产品的处置	○	☆	○	○	○	▲	○
7.10.4	撤回	☆	▲	○	▲	○	▲	▲
8.1	总则	☆	▲	○	○	○	○	○
8.2	控制措施组合的确认	○	☆	▲	○	○	○	○
8.3	监视和测量的控制	○	☆	○	○	○	▲	○
8.4.1	内部审核	○	☆	▲	○	○	○	○
8.4.2	单项验证结果的评价	○	☆	▲	○	○	○	○
8.4.3	验证活动结果的分析	○	☆	▲	○	○	○	○
8.5	改进	☆		○	○	○	○	○

注：☆. 归口，▲. 主管，○. 配合。

2. 手册正文部分　食品安全管理手册正文部分应按照 ISO 22000 标准框架结合自己的企业情况进行编写。具体包括如下八方面内容：①范围；②规范性引用文件；③术语和定义；④食品安全管理体系；⑤管理职责；⑥资源管理；⑦安全产品的策划和实现；⑧食品安全管理体系的确认、验证和改进。

3. 附录部分　附录可以包括程序文件清单，HACCP 计划表等。

（三）食品安全管理体系程序文件的编制

1. ISO 22000 标准要求的形成文件的程序　ISO 22000 标准要求的形成文件的程序共 9 个，分别是文件控制程序、记录控制程序、操作性前提方案程序、处置不安全产品程序、应急准备与相应程序、纠正程序、纠正措施程序、撤回程序、内部审核程序。

2. 程序文件的编制　每个程序文件应包括下列内容：活动目的和适用范围，应做什么，由谁来做；何时、何地以及如何去做；应使用什么材料，涉及的文件以及相关记录。

3. 示例　应急准备与相应控制程序。

|示　例|

应急准备与相应控制程序

（1）目的　建立应急状况的识别和响应机制，确定可能影响食品安全的潜在事故和紧急情况，制订相应的预案，在应急状况发生时做出有效的响应，防止和解决可能伴随的食品安全影响。

（2）范围　适用于公司所有的仓库、生产和服务场所及过程中出现的事故和紧急情况。

（3）职责　管理者代表负责应急准备的协调和管理。总经理承担响应的责任。

在应急现场的最高职级的主管负责按本程序做出响应。各部门按其职责执行本程序规定。

（4）程序

①应急状况识别。管理者代表负责对需要应急准备和响应的可能影响食品安全的潜在事故和紧急情况识别，同时识别出这些情况会给食品带来何种危害，并根据公司、社会和环境的变化不断进行完善。

②制定应急预案。管理者代表应针对识别出的可能影响食品安全的潜在事故和紧急情况预先制定应对措施。可考虑的应对措施包括：突然停水：略；火灾发生：略；传染病流行：略；地震、台风、洪水等天灾：略；突然停电：略；食物中毒：略；有害物泄漏：略；食品链的紧急变化：略。

③响应的保障。各部门各负其责，具体内容略。

④应急响应。响应的具体部署略。

⑤报告与完善。向最高管理者汇报，并进行总结和完善。

（5）相关文件　纠正和预防措施控制程序；各种应急方案。

（6）相关记录　XXX/SP/01－01 V1.0 应急联系单；XXX/SP/01－02 V1.0 应急报告书。

（四）组织为确保食品安全管理体系有效建立、实施和更新所需的文件

通常包括产品规范、HACCP计划、操作性前提方案和前提方案，以及要求的其他运行程序，如特定产品、过程或任何源于外部的有关合同（如虫害控制、产品检测），规定由谁、何时使用哪些程序，为某项活动或过程所规定的作业指导书或操作规程等。作业指导书在组织中大量使用，它主要针对具体操作者的具体活动而制定。如乳品厂使用的杀菌机作业指导书、无菌灌装机作业指导书等。规范是哪些阐明要求的文件，其中可包括与活动有关的规范（如过程规范、实验规范）和与产品有关的规范（如产品规范、图样、性能规范）。

ISO 22000的文件要求有很大的灵活性，组织能够根据需要考虑是否编制各类文件。此外，组织还可能存在其他类型的文件，如流程图、组织结构图、厂区平面图、车间平面图、人流物流图、水流气（汽）图等。

1. 作业指导书 一般包括作业目的、适用范围、职责、定义、作业程序、支持性文件、记录等内容。

2. HACCP计划 一般包括如下内容。

（1）描述

①产品描述。一般包括产品名称、产品执行标准、包装方式、净含量、食用方式、产品特性、保存期限、加工方式、保存条件、销售对象等内容。

②原料描述。一般包括原料名称、执行标准、制定依据、感官要求、理化指标等内容。

③配料描述。一般包括配料名称、执行标准、制定依据等内容。

（2）工艺流程图是危害分析的依据，从原辅料验收、加工直到贮存，建立清楚、完整的流程图，覆盖所有的步骤。流程图的精确性对危害分析是关键，因此流程图列出的步骤必须在现场进行验证，以免疏忽某一步骤而疏漏了安全危害。

（3）工艺步骤描述主要对工艺各步骤进行详细描述。

（4）建立危害分析工作单。

（5）HACCP计划表包括需要制定关键控制点的关键限值、监控程序、纠正措施、记录及验证。

（6）验证报告。当HACCP计划制定完毕，并进行运行后，由HACCP小组成员，按照HACCP原理7进行验证，并以书面报告的形式附在HACCP计划的后面。

验证报告包括：确认，获取制定HACCP计划的科学依据；CCP验证活动，监控设备校正记录复查、针对性取样检测、UP记录等复查；HACCP系统的验证，审核HACCP计划是否有效实施及对最终样品的微生物检测。

（五）ISO 22000标准所要求的记录

记录是一种特殊的文件。其特殊性表现在记录的表格是文件，一旦填写内容作为提供所完成活动的证据，从而成为记录，记录是不允许更改的。

记录可提供产品、过程和体系符合要求及体系有效运行的证据，具有追溯、证实和依据记录采取纠正措施和预防措施的作用。在规定的时限和受控条件下，保持适当的记录是组织的一项关键活动。在已考虑产品预期用途和在食品链中期望的保质期的情况下，组织应基于保持的记录做出决策。记录格式可结合企业实际进行设计。

ISO 22000 标准中有 23 个条款中提出记录的要求，分别是 5.6.1、5.8.1、6.2.1、6.2.2、7.2.3、7.3.1、7.3.2、7.3.5.1、7.4.2、7.4.3、7.4.4、7.5、7.6.1、7.6.4、7.8、7.9、7.10.1、7.10.2、7.10.4、8.3、8.4.1、8.4.3、8.5.2，其他过程是否需要记录则由组织根据需要确定。除此之外，记录还可为保持和改进食品安全管理体系提供信息。

思考题

1. 简述食品安全管理体系文件类型及层次。
2. 食品安全管理体系程序文件有哪几个？
3. 简述食品安全方针的编写要求。
4. 如何理解策划－实施－检查－改进（PDC 循环）和基于风险的思维方法？
5. 什么是食品链、食品安全、食品安全危害以及显著危害？
6. 如何编写食品安全管理体系程序文件？

（谢桂勉）

扫码“学一学”

第十一章　食品企业内部审核

知识目标

1. **掌握**　食品企业内部审核依据和检查表要求。
2. **熟悉**　内部审核方法、程序和技巧。
3. **了解**　内部审核首次会议的程序。

能力目标

1.能够编制年度审核方案、内审计划、检查表。
2.能够撰写内审报告。

一、内部审核员的概念

1. 审核　审核就是为获得审核证据并对其进行客观的评价，以确定满足审核准则的程度所进行的系统的、独立的并形成文件的过程。

2. 审核准则　审核准则就是用于与审核证据进行比较的一组方针、程序或要求，也叫审核依据。“方针”是指组织各管理体系（如食品安全、环境、财务等）确定的该体系总的宗旨和方向。“程序”是为进行某项活动或过程所规定的途径。“要求”是明示的、通常隐含的或必须履行的需求或期望。

3. 审核证据　就是与审核准则有关的并且能够证实的记录、事实陈述或其他信息。

记录、事实陈述、其他信息必须与审核准则有关，无关的不是。

记录、事实陈述、其他信息必须可以证实，否则不是。按照不符合的性质对不符合的分类就是这样不断得到证实的：有没有成文信息规定？按照规定做没做？规定做的如何？

4. 食品安全管理体系审核的类型　第一方审核：“我”组织内部对“我”自身的食品安全管理体系进行的审核；第二方审核：“你”（顾客或“你”的代表）对“我”组织的食品安全管理体系进行的审核；第三方审核：由公正的第三方的“他”认证机构或其他独立机构，对组织的食品安全管理体系进行的审核，其目的不一定是认证注册。

ISO 19011《管理体系审核指南》提供了一种统一的、协调的方法，能够同时对多个管理体系进行有效审核，不同管理体系的审核都可以使用本章节的这些相同的方法，即“食品安全管理体系审核”可以广义地使用于食品安全管理体系、质量管理体系、环境管理体系等各个“管理体系审核”。

5. 内部审核员　内部审核员就是在组织内部实施第一方审核的人员。

二、审核步骤和审核方法

1. 内审步骤　见表 11－1。

表 11－1　内审步骤

序号	责任部门或人	小过程	工作内容和要求
1	体系主管部门	编制年度内部审核方案	年初编制确定大致内审时间；体系主管领导审核；总经理批准
2	体系主管部门	提出内审	根据内审时机提出内审建议；领导同意；确定审核组长
3	审核组长	成立审核组	确定小组成员
4	审核组长	制定审核计划	领导批准；召开小组会，明确分工；审核前工作文件准备；审核计划下发至各受审部门
5	审核员	编制检查表	根据分工编制；审核组长认可
6	审核组长	召开首次会议	提前通知，明确要求；做好会议记录和签到
7	审核组	现场审核	收集审核证据；开具不符合项报告；受审核方确认与纠正承诺；每天审核组内沟通
8	审核组长	召开末次会议	审核双方参加、签到；宣读不符合项报告、结论；提出纠正措施要求
9	审核组长	编制审核报告	领导批准；报告分发；纠正措施实施
10	审核员	跟踪验证	纠正措施验证；跟踪报告；提出考核建议
11	考核部门	考核奖惩	确定考核奖惩；领导批准；执行考核决定

2. 审核方法　审核的基本方法是随机抽样，抽样本身有弃真存伪的风险。

三、审核方式

问：与受审核人员的面谈、提问；查：查阅“问”到的相关成文信息；看：看现场、看设备、看操作和核对；访：来自其他方面的报告。

记录的要求：应清楚易懂、全面，可追溯；如审核的时间、地点、受审核人员、主题事件、过程、活动实施概要；应准确具体：不符合事实情节清楚，数据具体；应及时当场记录，尽量避免事后回忆、追记。

四、年度内部审核方案

1. 审核方案　审核方案就是针对特定时间段所策划，并具有特定目的的一组（一次或多次）审核安排。特定时间段是指较长时间段，如外审可能是证书/合同有效期内，内审可能是一年时间段。内审的责任部门对内审进行策划，规定内审的频次、方法、职责、策划要求和报告等。

2. 内审审核方案　通常编制形成“年度内部审核方案”，见表 11－2。

表 11－2　年度内部审核方案实例

审核方案策划职责：由综合部编制年度内审方案，报体系主管领导审批。
策划考虑的因素：有关过程的重要性；对组织产生影响的变化；以往的审核结果；其他情况。
频次：每年内审至少进行一次且两次内审间隔时间不得超过 12 个月。
要求：一年内，应覆盖本公司食品安全管理体系运行下的所有产品、场所和部门。
审核方法：集中审核、滚动审核。
策划时机：每年年初。
策划结果报告如下：

条款号	审核要素	审核部门或人				
		最高管理者	综合部	市场部	生产部	研发部
4.2	文件要求		2 月与 8 月			
5.6	沟通		2 月与 8 月			
5.7	应急准备和响应		2 月与 8 月			
6.2	人力资源		2 月与 8 月			
7.7	预备信息的更新、规定前提方案和 HACCP 计划文件的更新		2 月与 8 月			

五、内部审核计划

内部审核计划是对一次具体审核的活动和安排的描述，是为各方就审核的实施达成一致提供依据。

内部审核计划包括：审核目的；审核范围；审核准则（审核依据）；审核组成员分组名单；审核起止日期；审核活动的日程安排。

1. 审核目的　①食品安全管理体系正常运行和改进的需要，自我诊断，寻求纠正措施，建立自我完善的机制；②外部审核前的准备、自查活动，为顺利通过第二方、第三方审核，预先采取纠正措施；③作为一种管理手段，达到实施管理的目的。

2. 审核范围　审核范围指审核的内容和界限。审核范围在一年内都要覆盖到认证范围，但具体某次审核范围可以等于或小于认证范围。

3. 审核准则　ISO 22000：2005 食品安全管理体系标准；组织的食品安全管理体系成文信息；适用的国家、行业、地方法律、法规、技术标准要求；其他要求，如合同要求（适用时）。

4. 制定内部审核计划注意事项　①按部门审核时，注明审核哪些标准条款？“年度内部审核方案”作为其输入；②内部审核计划由组长编制，体系主管领导批准；③考虑对管理活动有较大影响的对组织产生影响的变化的过程及承担较重要职能的部门安排较多的时间；④强调对组织最高管理者的审核；⑤年度内部审核计划不同于内部审核计划，前者的范围大；⑥选择可确保审核过程客观公正的审核员实施审核。见表11－3。

表 11－3　审核员选择方案

方案	原则	内审员数量	适用范围
第一方案	内审员不审本部门的工作	本次审核组中每个部门至少有 1 个内审员参加本次审核组	每个部门最好有 2 个内审员参加培训的组织
第二方案	内审员不审本人的工作	只有 2 个内审员，且在同一部门	中小型组织
第三方案	内审员审本人的工作	只有 1 个内审员	小微型组织

审核组成员的分工，考虑其对受审核部门熟悉程度和具备相应的专业能力。见表 11－4。

表 11－4　审核组成员分工

审核组		审核甲部门	审核乙部门
审核组 A	A1	主审	主记，并编写不符合项报告
	A2	主记，并编写不符合项报告	主审
	A3	审核助理	审核助理
	A4	审核助理	审核助理
审核组 B			
审核组 C			

5. 内部审核计划示例　见表 11－5。

表 11－5　食品安全管理体系内部审核计划

<table>
<tr><td>审核目的</td><td colspan="4">通过内审发现问题，为采取纠正措施提供依据，确保食品安全管理体系持续、正常、有效的运行，迎接第三方认证机构的初次审核</td></tr>
<tr><td>审核范围</td><td colspan="4">公司包装饮用水（饮用天然泉水）的生产；场所位于鹤山市××山生态自然保护区</td></tr>
<tr><td>审核准则</td><td colspan="4">食品安全管理体系标准；公司食品安全管理体系成文信息；适用的法律法规；其他要求</td></tr>
<tr><td>审核日期</td><td colspan="4">2017 年 11 月 9～10 日</td></tr>
<tr><td>审核组长</td><td>张××</td><td>审核员</td><td colspan="2">第一组 陈××等 2 人
第二组 李××等 2 人　第三组王××等 2 人</td></tr>
<tr><td>首次会议</td><td colspan="4">9：00－9：30</td></tr>
<tr><td>末次会议</td><td colspan="4">16：00－16：30</td></tr>
<tr><td rowspan="7">11 月 9 日</td><td rowspan="2">时间安排</td><td colspan="3">审核部门/过程及涉及条款</td></tr>
<tr><td>第一组</td><td>第二组</td><td>第三组</td></tr>
<tr><td>9：00－9：30</td><td colspan="3">首次会议</td></tr>
<tr><td>9：30－12：00</td><td>管理层/食品安全小组
4.1/4.2.1/5.1/5.2/5.3/5.4/5.5/5.8/6.1/8.1/8.5.1/ 8.5.2</td><td>质量部
5.8/7.3.1/7.3.2/7.4/7.5/7.6/7.8/
7.10.1/7.10.2
7.10.3</td><td>生产部
6.3/6.4/7.1/7.2
7.3.5/7.9</td></tr>
<tr><td>12：00－13：30</td><td colspan="3">午餐和午休</td></tr>
<tr><td>13：30－16：30</td><td>综合部
4.2.2/4.2.3/5.6/5.7/6.2/7.7</td><td>质量部
8.2/8.3/8.4.1/8.4.2/8.4.3/ 8.5.1/8.5.2</td><td>生产部车间
6.3/6.4/7.1/7.2
7.3.5/7.9</td></tr>
</table>

续表

	时间安排	审核部门/过程及涉及条款		
		第一组	第二组	第三组
11 月 10 日	9：00－12：00	仓库 6.4/7.2	销售部 7.3.3/7.3.4/7.10.4	采购部 7.4
	12：00－13：30	午餐和午休		
	13：30－15：30	补充审核	补充审核	补充审核
	15：30－16：00	审核组内部沟通		
	16：00－16：30	末次会议		

编制（日期）：张×× 2017.11.1　　　　批准（日期）：许×× 2017.11.1

六、内部审核检查表

1. 检查表的定义　检查表是对具体标准条款（输入为上一张表，即内部审核计划）进行审核策划的结果，明确审核中要确认的问题，抽取什么样本，收集什么审核证据。

2. 检查表的作用　检查表是审核员的工作文件、审核提纲、审核工具；必要时，是审核员的“救命稻草”；使审核程序规范化，减少审核的随意性和盲目性；胸有成竹，保持审核目的的清晰和明确，防止由于审核员的兴趣和爱好对审核的影响；保持审核进度，防止时间过松或过紧；作为审核记录存档。

3. 检查表的编制　对照标准的要求编写（由本部门内审员编写）；对照组织食品安全管理体系成文信息的要求编写（由实施审核的内审员改写）；结合受审核部门的特点；选择典型的管理问题；抽样应有代表性、典型性，样本量合理；时间要留有余地，确保审核进度；检查表应有可操作性；按部门编制的检查表要考虑涉及的过程。

4. 检查表的四要素　①去哪里——地点，即受审核部门/区域；②找谁——被审核人，即具体工作责任人/部门负责人；③审什么——“审核内容/检查内容/审核项目/审核要点”有哪些？即审核中要确认的问题是什么？要确保审核覆盖面的完整，如：“创建和更新成文信息时有哪些要求?”；④怎么审——“检查方法/审核（验证）方式”是什么？即审核中如何确认问题？要收集什么审核证据？如何收集审核证据？如：“询问现场负责人”。

5. 编写检查表实例　对照标准条款“4.2 文件要求”（ISO 22000：2018 标准条款 7.5 成文信息）的要求编写，先分段落学习该条款，表 11－6 为检查表实例。

表 11－6　检查表实例

序号	审核项目（审什么?）	标准条款	审核方式（怎么审?）	审核记录
1	受控成文信息的范围包括哪些?	4.2	询问文件管理人员，查看受控文件清单和记录清单中的成文信息各 3 份是否与所述范围相符?	
2	创建和更新成文信息时有哪些要求?	4.2	询问文件管理人员，抽查 3 份成文信息，查看它们的标识、说明、格式、载体、评审和批准是否符合要求?	
3	受控成文信息是否都发放到了它使用的岗位?	4.2	查成文信息发放记录，抽查 3 份成文信息发放到了哪些部门？据此去使用处查看是否收到了该成文信息?	
4	在需要使用成文信息时是否可以获得？是否适用?	4.2	现场查看较复杂工序正在操作时是否有作业性成文信息?	
5	成文信息是否得到有效保护?	4.2	现场抽查 3 份成文信息是否有泄密？是否有不当使用？是否有缺失?	
6	成文信息是如何分发、访问、检索和使用的?	4.2	询问文件管理人员是如何规定的？抽查 3 份成文信息的实际情况是否相符?	

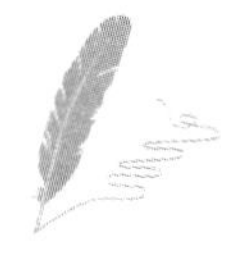

6. 检查表编写经验　要用疑问句，用？号，但不能直接把标准的肯定句生硬地简单地变为疑问句；语言更通俗更准确。

要用开放式提问的疑问句，提问范围以能在 5 分钟左右回答清楚为宜；一个条款分成几次提问而不是仅一次提问。

以抽样开始。先问总体情况，后从中抽样，如某产品的生产有哪些工艺过程，后从中抽取具体工序。

准确理解审核标准的要求是写好检查表的前提，多读，读懂，整体理解该条款后，再按正确思路方法编写检查表，而非机械地对应标准条文一段段地写检查表，或从中找出自认为容易编写检查表的段落编写。编写检查表的过程也是深入理解标准的过程，多次 PDCA 循环。

七、内部审核不符合报告

1. 定义　什么叫不符合？没有满足某个“规定”的要求（未满足要求）。

“规定”是指下列审核准则：食品安全管理体系标准、食品安全管理体系成文信息、有关法律规定、合同等。如图 11 – 1 所示。

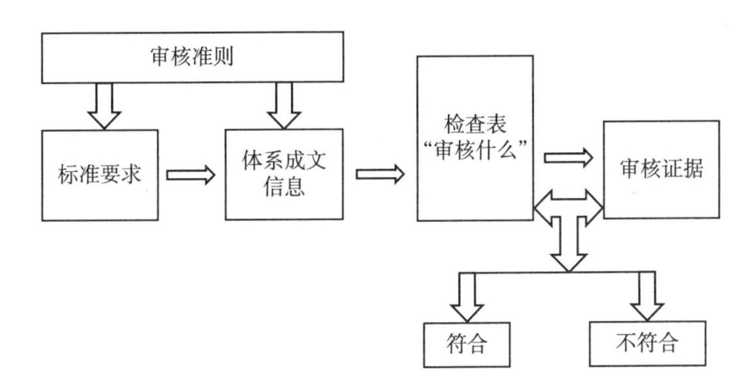

图 11 – 1　审核发现不符合

2. 不符合的性质类型　体系性不符合：食品安全管理体系成文信息与体系标准、法规、合同（合规义务）等不符合，有没有？

实施性不符合：食品安全管理体系实施情况与标准或成文信息规定要求不符合，做没做？

效果性不符合：食品安全管理体系实施了但不到位，效果未达到规定要求，做得如何？

3. 不符合的严重程度类型

（1）严重不符合项　①系统性失效：内审/管理评审资料高度类同；②区域性失效；③后果严重；④重复出现的一般不符合要考虑加严。

（2）一般不符合项　占多数。包括个别的、偶发的、后果不严重的。

（3）观察项　轻微且偶发性的不符合；虽有不符合迹象，但缺乏审核证据；审核准则未作规定，难以准确判断的不符合。

观察项可不开不符合报告。

4. 判标（不符合条款）的判断技巧　生产工序作业指导书不符合判标，见表 11 – 7。

表 11－7　生产工序作业指导书不符合判标实例

序号		不符合事实	不符合条款	不符合的原因
1	××关键生产工序作业指导书	没有制定或策划不到位	8.1	组织应通过采取下列措施，策划、实施和控制满足产品和服务要求所需的过程（见4.4），并实施第6章所确定的措施：建立下列内容的准则：1）过程
2		没有发放到位	7.5.3.2a）	为控制成文信息，适用时，组织应关注下列活动：分发、访问、检索和使用
3		没有控制到位	7.5.3.2	为控制成文信息，适用时，组织应关注下列活动
4		实施和控制不到位	8.1	组织应通过采取下列措施，策划、实施和控制满足产品和服务要求所需的过程（见4.4），并实施第6章所确定的措施：按照准则实施过程控制
5	××关键生产工序作业指导书	变更不到位	8.1	组织应控制策划的变更，评审非预期变更的后果，必要时，采取措施减轻不利影响
6		已发放但未获得	8.5.1a）	组织应在受控条件下进行生产和服务提供。适用时，受控条件应包括：可获得成文信息

5. 不符合条款的判定原则　就近不就远（先局部后全局）；由表及里（原因明确判原因不判现象）；该细则细判到最小条款。

6. 不符合条款的判定技巧　不符合内容处于 PDCA 哪个阶段？做题时只判一个条款，从审核案例里只取得部分例证。

7. 不符合事实描述小结　在哪里发现（地点，受审核部门/车间/工序岗位/设备）；发现了什么（不符合的事实）；为什么不符合（不符合的原因，找到标准原文）；谁在场（职位＋姓＋×）；采用专业术语（正规）。

8. 不符合报告示例　见表 11－8。

表 11－8　不符合报告示例

被审核部门/车间：生产部灌装车间			内审员： 张××	日期： 2016.8.11
不合格事实描述：杀菌关键生产工序作业指导书没有制定，不符合“组织应通过采取下列措施，策划、实施和控制满足产品和服务要求所需的过程（见4.4），并实施第6章所确定的措施：建立下列内容的准则：1）过程”的规定。				
不符合条款	ISO 22000：2005 标准	食品安全管理体系成文信息	适用的法律、法规	其他要求
	ISO 14001：2015 标准	环境管理体系成文信息	适用的环境法律、法规	其他要求
	ISO 45001：2018 标准	职业健康安全管理体系成文信息	适用的职业健康安全法律、法规	其他要求
不符合性质	□体系性　√实施性	□效果性	严重程度	□严重　√一般

八、内部审核报告

1. 内部审核报告内容　审核目的、范围、准则；审核组成员；审核日期；审核过程综述；食品安全管理体系运行综合评价及审核结论；内部审核报告的分发范围。

2. 内部审核报告编制　审核组长编制；体系主管领导审批公布。

3. 内部审核报告实例　见表 11－9。

表 11－9　内部审核报告

审核目的：确认公司的食品安全管理体系是否符合 ISO 22000：2005 标准要求，评价食品安全管理体系运行的充分性、有效性，并寻找可以改正的机会。

审核组成员：组长：陈某某；第一组：陈某某等三人；第二组：张某某等三人

审核范围：公司食品安全管理体系涉及的所有部门、场所、项目部。

审核依据：ISO 22000：2005《食品安全管理体系　食品链中各类组织的要求》；公司食品安全管理体系成文信息；适用法律法规。

审核时间：2016 年 12 月 5 日—6 日。

审核方式：按部门进行集中式审核。

审核情况概述

本次内审共进行了两天，采取正规的独立的集中的检查方式，由于公司各级领导非常重视，加之全体内审员的努力、全体员工的鼎力支持，顺利地完成了这次内审工作。

12 月 5 日 8：00 时，在公司会议室召开了首次会议，公司领导、各单位、各部门负责人及全体内审员均出席了会议。会后，按照审核计划的安排，分为两个小组对公司食品安全管理体系涉及的所有部门、场所进行了现场审核。分别审核了公司最高管理者、商务营销部、行政部、生产部、技术部、质安部、财务部，通过本次内部审核，发现轻微不合格 2 项，没有严重不合格，具体见不合格项分布表。

根据本次内审出现的不合格项统计分析，具体如下：

按单位统计：

公司最高管理者：不合格项 0 项；商务营销部：不合格项 0 项；行政部：不合格项 0 项；生产部：不合格项 1 项；质安部：不合格项 1 项；技术部：不合格项 0 项；财务部：不合格项 0 项。

按条款统计：

ISO 22000：2005　　8. 1 一项；ISO 22000：2005　　8. 2 一项

这次内审虽然发现的不合格项不是很多，因为是抽样检查，也发现了下列一些问题，比如：

公司个别员工存在对食品安全管理体系成文信息中的规定要求不是非常重视，认为已通过了多次的审核，已经很熟悉了，实施过程中还存在不严格按照规定要求执行的现象。

虽然在内部审核中没有开出很多不合格报告，但针对存在的问题，还要求全体员工认真学习成文信息、熟悉成文信息、运用成文信息，进一步提高管理意识，推动和保持食品安全管理体系有效的运行。

审核结论：

通过两天的内审，我们仍然发现了一些存在的问题，但是我们认为，公司的食品安全管理体系运行是正常的，公司食品安全管理体系已经过多次的内外部审核，各单位、各部门都能确实按照体系成文信息的要求去开展工作，特别是 ISO 22000：2005 标准实施以来，进一步规范了管理行为，公司的各项管理均有了一定的提升。对比以前的内审，我们这次内审发现的情况不但量少、而且程度轻，这很好地表明了公司员工是在尽力推进体系运作的。

因此，我们认为食品安全管理体系在本公司的运行，是有效的和符合的，在今后的工作中，只要认真学习成文信息、执行文件，就一定可以实现食品安全管理方针和目标的要求，从根本上提高公司整体的管理水平。

对存在的问题和不符合项，要求责任部门在 20 日内整改完毕，内审组成员负责跟踪验证整改实施有效性，以实现持续改进。

九、首末次会议

1. 首次会议的目的　确认所有有关方对审核计划的安排达成一致；介绍审核组成员；使受审核部门了解审核目的和方法，取得配合和支持，确保所策划的审核活动能够实施。

2. 首次会议的程序　签到；重申内部审核的目的、范围和准则；确认内部审核计划；简要介绍实施审核所采用的方法和程序；强调审核的公正性和客观性；确定各受审部门的陪同人员；澄清内部审核计划中不明确的内容；在场的最高管理者讲话。

3. 首次会议注意事项　内审首次会议可简化，但不能取消；由组长主持，准时开会，准时结束，不超过 30 分钟；高层管理者（必要时）和受审核部门代表出席会议并签到；力求守时、务实、高效、坦诚；做好记录。

4. 末次会议　介绍审核情况；宣布审核结果；提出跟踪验证要求；宣布现场审核结束；末次会议由审核组长主持；审核组长综述审核情况，审核计划完成情况，说明不符合报告的数量和分类，并感谢受审核方的支持和协作；概述审核所涉及的范围和程度。

思考题

1. 简述审核员应具备的能力。
2. 如何编写年度审核方案？
3. 如何编写一次内部审核计划？
4. 审核检查表的作用是什么？
5. 如何编写内部审核报告？

（吴炎松）

参考文献

[1] 石瑞智，范龙兴，田赛，等．食源性大肠埃希菌 O157：H7 检测方法的研究进展 [J]．职业与健康，2018（3）：425－432.

[2] 陈瑞英，鲁建章，苏意诚，等．食品中副溶血性弧菌的危害分析、检测与预防控制 [J]．食品科学，2007，28（1）：341－347.

[3] 向红，周藜，廖春，等．金黄色葡萄球菌及其引起的食物中毒的研究进展 [J]．中国食品卫生杂志，2015，27（2）：196－199.

[4] 梁玉萍，黄淑君，陈德云．肉毒梭菌实验室检测方法的研究进展 [J]．中国卫生检验杂志，2014（6）：909－912.

[5] 宣晓婷，丁甜，刘东红．食品中亚致死损伤单增李斯特菌的研究进展 [J]．食品科学，2015，36（3）：280－284.

[6] 沈青山，周威，莫海珍，等．黄曲霉毒素污染控制的研究进展 [J]．食品科学，2016，37（9）：237－243.

[7] 常晓依，兰喜，白银梅，等．乙型肝炎病毒的研究进展 [J]．中国农学通报，2010，26（18）：6－11.

[8] 刘在新．全球口蹄疫防控技术及病原特性研究概观 [J]．中国农业科学，2015，48（17）：3547－3564.

[9] 张毅，王幼明，王芳，等．我国禽流感研究进展及成就 [J]．微生物学通报，2014，41（3）：497－503.

[10] 李焕璋，臧新中，钱门宝，等．囊尾蚴病流行现况及研究进展 [J]．中国血吸虫病防治杂志，2018（1）：99－103.

[11] 曹秀珍，曾婧．我国食品中铅污染状况及其危害 [J]．公共卫生与预防医学，2014，25（6）：77－79.

[12] 颜振敏，吴艳兵，李广领，等．农药残留对食品安全的影响及其控制措施 [J]．湖南农业科学，2009，2009（3）：72－74.

[13] 任列花，张登福．对食用植物中天然毒素的初探 [J]．农产品加工（学刊），2010（8）：85－88.

[14] 史巧巧，席俊，陆启玉．食品中苯并芘的研究进展 [J]．食品工业科技，2014，35（5）：379－381.

[15] 孙秋菊，辛士刚．塑料食品包装材料与食品安全 [J]．沈阳师范大学学报（自然科学版），2014，32（2）：151－155.

[16] 高琳，杨安树，高金燕，等．食物过敏原致敏性评估方法研究进展 [J]．食品科学，2014，35（7）：252－257.

[17] 刁恩杰．食品安全与质量管理学 [M]．北京：化学工业出版社，2008.